国家级一流本科专业精品课程教材

化学工业出版社"十四五"普通高等教育规划教材

大学化学实验教程

（上册）

李丹　卿志和　主　编
夏姣云　李君　陈平　李俊彬　副主编

化学工业出版社

·北京·

内容简介

化学是一门实验性很强的学科，本书是编者总结多年来各类大学化学实验教学与研究方面的改革成果，并设计新的实验教学体系和模式编写而成的。

全书分上、下两册，共分 10 章五大部分，分别是基础知识、基本操作、基本实验、创新研究性实验和附录，将无机化学、分析化学、有机化学、物理化学、仪器分析等实验，编排为基本实验与创新研究性实验两大块，其中基本实验又分为基础性实验、综合性实验与设计性实验。一方面增加项目式探究实验内容，另一方面选取教师科研课题成果开设创新性实验项目，并接入数字化拓展资源，融入大情怀、大格局的思政元素；同时，针对不同理科和工科专业，开设能源、环境、材料、食品、生物、制药、水利、机械、交通、土木类等具有相关专业背景的实验项目，全方位培养学生学习化学实验的"好奇心"和"智能制造"，交叉融合，以适应行业、产业、地方经济发展的需要。

《大学化学实验教程（上册）》共收录实验项目 114 个，其中三性实验达 95 个，占 83%。本书可作为高等院校化学、化工、轻工、环境、材料、农业、食品、生物、制药、医学以及土木、水利、机械、交通等理工科专业学生的大学化学实验教材，也可供其他专业科研和技术人员参考。

图书在版编目（CIP）数据

大学化学实验教程．上册／李丹，卿志和主编；夏姣云等副主编．—北京：化学工业出版社，2024.1
ISBN 978-7-122-45298-6

Ⅰ.①大… Ⅱ.①李…②卿…③夏… Ⅲ.①化学实验-高等学校-教材 Ⅳ.①O6-3

中国国家版本馆 CIP 数据核字（2024）第 059111 号

责任编辑：李　琰　宋林青　　文字编辑：杨玉倩　朱　允
责任校对：宋　玮　　　　　　装帧设计：韩　飞

出版发行：化学工业出版社
　　　　　（北京市东城区青年湖南街 13 号　邮政编码 100011）
印　　刷：北京云浩印刷有限责任公司
装　　订：三河市振勇印装有限公司

787mm×1092mm　1/16　印张 15¾　字数 384 千字
2024 年 3 月北京第 1 版第 1 次印刷

购书咨询：010-64518888　　　　　售后服务：010-64518899
网　　址：http://www.cip.com.cn
凡购买本书，如有缺损质量问题，本社销售中心负责调换。

定　　价：39.80 元　　　　　　　　　版权所有　违者必究

《大学化学实验教程（上册）》编写人员名单

主　　编：李　丹　卿志和

副 主 编：夏姣云　李　君
　　　　　陈　平　李俊彬

参　　编：（按姓氏拼音排序）
　　　　　曹　忠　陈　平　龚福春
　　　　　何婧琳　何宛虹　李　丹
　　　　　李　君　李俊彬　马天骥
　　　　　卿志和　谭淑珍　吴道新
　　　　　吴　玲　夏姣云　张　进
　　　　　周怡波　朱　玲

前言

为了适应国家"强基计划"和新时代人才培养战略，需要发展基础学科，并促进工程实践能力，需要培养厚基础、强能力、高素质的创新人才。化学是一门中心科学，它作为重要的基础学科，与化工、轻工、环境、材料、食品、生物、制药、医学、生命健康，甚至能源交通、土木水利、机械电气及智能制造与工程等多个核心领域的发展息息相关。同时，化学是一门实验性很强的学科，化学理论和化学规律的发展、演进和应用都来源于化学实验；化学实验教学是培养学生创新能力和工程实践能力的重要环节。因此，在进行化学类、化工类和相关理工科专业学生的化学教学中，要从基础实验出发，培养学生"化学"思维创新能力，锻炼学生"化学"实践动手能力，从而为培养高素质的创新型人才打下坚实的基础。

本书是编者总结本校和兄弟院校多年来，尤其是近几年进行国家级一流本科专业建设、国家级和省级基础课示范实验室建设以来，在大学中各类化学实验教学与研究方面的改革成果，并设计新的实验教学体系和模式编写而成的。最大的特点是结合国家重点发展领域和湖南省"十四五"规划重点发展产业，以及学校重点发展学科专业，优化了实验设计，增加了与生产实际及工程相关的实验内容，这也是满足各级一流精品课程、一流专业建设、工程教育专业认证的需要。本实验教材的特色如下：

（1）对传统的实验内容进行改革和重组：将无机化学、分析化学、有机化学、物理化学、仪器分析等实验，编排为基本实验与创新研究性实验两大块，其中基本实验又分为基础性实验、综合性实验与设计性实验。全书综合性、设计性与创新研究性实验所占比例达85%，增强了大学化学实验对学生的综合化学知识、动手与动脑能力以及创新研究基本素质的培训与强化。

（2）针对不同专业，选取学生感兴趣的具有专业背景的实验内容：依托现有资源，针对不同理科和工科专业，开设能源、环境、材料、食品、生物、制药、水利、机械、交通、土木类等具有相关专业背景的实验项目，教学大纲中涉及的每个内容模块下均有2～3个实验项目供选择，能分别满足不同专业、不同兴趣学生对化学实验课程学习的需求，将人才培养从服务型人才向创新型人才推进。

（3）依据实验大纲教学要求，将教学内容情景化、数字化：增加项目式探究实验内容，构建"技能训练+实际问题+课题研究"三位一体课程实验内容，而这些主要体现在创新研究性实验部分，如"采用电化学方法回收废旧电池中的锰""未知有机物的结构鉴定"等。同时，增加了拓展学习内容，如实验知识拓展介绍、习题训练等，这部分内容以数字化资源形式呈现，可扫描二维码进行学习。

（4）科教融合，选择前沿科研课题部分内容作为实验项目：选取教师科研课题成果开设创新性实验项目，强调实验方案的开放性和实验过程的自主性，能够运用所学理论知识和实验技能来解决实验中遇到的各种问题，独立开展实验研究，培养学生学习化学实验的"好奇心"和"智能制造"，交叉融合，培养助力下游学科和产业高质量发展的复合型人才。

（5）强化思政育人：将创新创业、爱国主义、节能环保、严谨治学的科研态度等思政元素有机地融合在大学化学实验教程里，如插入典型化学实验发展历史、著名科学家故事等，激发学生的斗志，指引学生前进的方向，使学生拥有大情怀、大格局，从而给予学生前进的动力，以适应行业、产业、地方经济发展的需要。

《大学化学实验教程》全书分上、下两册，共包括10章五大部分，即基础知识、基本操作、基本实验、创新研究性实验和附录。上册由李丹副教授和卿志和教授担任主编，由夏姣云、李君、陈平、李俊彬担任副主编；下册由曹忠教授和童海霞副教授担任主编，由潘彤、聂艳媚、周俊、曾巨澜担任副主编。长沙理工大学无机化学、分析化学、物理化学、有机化学等相关教研室（组）在大学化学相关领域具有丰富教学、教研、科研经验的中青年骨干教师参与了本书的编写。全书由曹忠教授和李丹副教授负责统编、整理、定稿。

湖南大学王青教授、中南大学丁治英副教授、湖南科技大学刘灿军副教授、吉首大学刘文萍副教授、湖南工程学院方正军教授等对本书的编写给予了热情的帮助，在此表示衷心的感谢。此外，本书得到长沙理工大学应用化学国家级一流本科专业建设项目和化学ESI全球前1‰学科"双一流"建设项目的资助和支持。

由于编者水平有限，书中难免存在疏漏和不妥之处，敬请读者批评指正，以便今后修订。

《大学化学实验教程》教材编委会
2024年2月于长沙

目 录

第一章 大学化学实验基础知识

第一节 绪　论 ………………………………………………………… 1
第二节 实验室规则与制度 ……………………………………………… 2
第三节 实验室的安全与防护 …………………………………………… 3
第四节 实验结果与数据处理 …………………………………………… 7
第五节 大学化学实验基础知识 ………………………………………… 12
第六节 大学化学实验通用基本操作 …………………………………… 16

第二章 大学化学基本实验（Ⅰ）（无机化学）

第一节 基础性实验 …………………………………………………… 45
实验一　仪器的认领和洗涤 …………………………………………… 45
实验二　玻璃加工和塞子钻孔 ………………………………………… 46
实验三　解离平衡 ……………………………………………………… 50
实验四　平均反应速率、反应级数和活化能的测定 ………………… 53
实验五　弱电解质电离常数的测定 …………………………………… 56
实验六　氧化还原与电化学 …………………………………………… 58
实验七　一些无机化合物的性质 ……………………………………… 62
实验八　配合物的生成、性质和应用 ………………………………… 66
实验九　银氨配离子配位数的测定 …………………………………… 69
实验十　磺基水杨酸合铜配合物的组成及其稳定常数的
　　　　测定 …………………………………………………………… 72

第二节 综合性实验 …………………………………………………… 74
实验十一　s区重要化合物的性质 …………………………………… 74
实验十二　p区元素重要化合物的性质 ……………………………… 78
实验十三　d区元素重要化合物的性质 ……………………………… 83

实验十四　ds 区元素重要化合物的性质 87
实验十五　硫酸亚铁铵的制备 91
实验十六　氯化钠的提纯 93
实验十七　三草酸合铁（Ⅲ）酸钾的制备及其配阴离子
　　　　　电荷的测定 94
实验十八　溶胶-凝胶法制备纳米二氧化钛 96
实验十九　发光稀土配合物 $Eu(phen)_2(NO_3)_3$ 的制备 98
实验二十　硫代硫酸钠的制备 100
实验二十一　利用废铝罐制备明矾 102
实验二十二　由软锰矿制备高锰酸钾 104
实验二十三　由白钨矿制备三氧化钨 105
实验二十四　由钛铁矿提取二氧化钛 108
实验二十五　过碳酸钠的制备及产品质量检验 110
实验二十六　磷酸盐在钢铁防蚀中的应用 112

第三节　设计性实验 114
实验二十七　水溶液中 Fe^{3+}、Co^{2+}、Ni^{2+}、Mn^{2+}、Al^{3+}、
　　　　　　Cr^{3+}、Zn^{2+} 等的分离和检出 114
实验二十八　三氯化六氨合钴（Ⅲ）的合成和组成的测定 116
实验二十九　无机颜料铁黄的制备 118
实验三十　稀土有机配合物的合成、表征与发光性能研究 120
实验三十一　钼硅酸的制备及性质测试 121
实验三十二　乙酸铜的制备与分析 123
实验三十三　过二硫酸钾的制备与性质 124

第三章　大学化学基本实验（Ⅱ）（分析化学）

第一节　基础性实验 127
实验一　分析天平的称量练习 127
实验二　盐酸标准溶液的配制与标定 128
实验三　酸碱标准溶液的配制和浓度的比较 130

第二节　综合性实验 131
实验四　有机酸摩尔质量的测定 131
实验五　混合碱的测定 133
实验六　硫酸铵中含氮量的测定 134
实验七　蛋壳中碳酸钙含量的测定 135
实验八　水的总硬度测定 136
实验九　混合试样中 Pb^{2+}、Bi^{3+} 含量的连续测定 137

实验十　　铝合金中铝含量的测定　　139
　　实验十一　试样中过氧化氢含量的测定　　140
　　实验十二　重铬酸钾法测定铁矿石中铁的含量　　141
　　实验十三　碘量法测定铜含量　　143
　　实验十四　水样中化学需氧量的测定　　146
　　实验十五　直接碘量法测定水果中维生素C的含量　　147
　　实验十六　氯含量的测定　　148
　　实验十七　邻二氮菲分光光度法测定铁　　150
　　实验十八　钢铁中镍含量的测定　　153
　　实验十九　$BaCl_2 \cdot 2H_2O$ 中钡含量的测定　　154
　　实验二十　水泥熟料中 SiO_2、Fe_2O_3、Al_2O_3、CaO 和 MgO 含量的测定　　156

第三节　设计性实验　　161
　　实验二十一　酸碱滴定方案设计　　161
　　实验二十二　配位滴定方案设计　　163
　　实验二十三　氧化还原滴定方案设计　　164
　　实验二十四　石灰石中钙含量的测定　　165
　　实验二十五　漂白精中有效氯和总钙量的测定　　165
　　实验二十六　黄连素片中盐酸小檗碱的测定　　165
　　实验二十七　Fe_2O_3 与 Al_2O_3 混合物的测定　　166
　　实验二十八　铅精矿中铅的测定　　166

第四章　大学化学基本实验（Ⅲ）（仪器分析）

第一节　基础性实验　　167
　　实验一　气相色谱填充柱的制备　　167
　　实验二　苯系混合物的定性分析　　168
　　实验三　对羟基苯甲酸酯类混合物的反相高效液相色谱分析　　170
　　实验四　用薄膜法制样测定聚乙烯和聚苯乙烯膜的红外吸收光谱　　171
　　实验五　用溴化钾压片法制样测定苯甲酸红外吸收光谱　　172
　　实验六　红外吸收光谱法鉴定邻苯二甲酸氢钾和正丁醇　　174

第二节　综合性实验　　175
　　实验七　用归一化法定量分析苯系混合物中各组分的含量　　175
　　实验八　苯系混合物中各组分含量的气相色谱分析——内标法定量　　177

实验九　气相色谱法测定白酒中乙酸乙酯 ———————— 178
实验十　稠环芳烃的高效液相色谱法分析及柱效评价 ———— 179
实验十一　奶制品中防腐剂山梨酸和苯甲酸的测定 ———————— 182
实验十二　离子色谱法测定火电厂用水中 SO_4^{2-} 和 NO_3^- 的
　　　　　含量 ———————————————————————————— 183
实验十三　高效液相色谱法测定水样中苯酚类化合物 ———— 186
实验十四　离子选择性电极法测定水中微量的 F^- ————— 187
实验十五　循环伏安法测定铁氰化钾 ———————————————— 188
实验十六　自来水中钙、镁含量的测定 ———————————————— 191
实验十七　火焰原子吸收法测定钙片中钙含量 ———————— 193
实验十八　荧光分光光度法测定色氨酸的含量 ———————— 195
实验十九　紫外吸收光谱测定蒽醌粗品中蒽醌的含量 ———— 197
实验二十　苯甲酸、苯胺、苯酚的鉴定及废水中苯酚
　　　　　含量的测定 ————————————————————————— 198
实验二十一　紫外-可见分光光度法测定自来水中
　　　　　　硝酸盐氮 ————————————————————————— 200
实验二十二　红外吸收光谱法测定车用汽油中的苯含量 —— 202
实验二十三　核磁共振波谱仪测定乙酸乙酯和丙磺舒 —————— 203
实验二十四　粒度仪测定果汁中微粒粒径 ———————————— 204

第三节　设计性实验 ———————————————————————————— 205

实验二十五　甲酚同分异构体的气相色谱分析 ———————— 205
实验二十六　白酒中甲醇的气相色谱分析 ———————————— 206
实验二十七　高效液相色谱法测定复方阿司匹林 ———————— 206
实验二十八　电解二氧化锰中铜和铅的含量测定 ———————— 206
实验二十九　光谱分析法测定工业废水中三价铬和六价铬
　　　　　　含量 ———————————————————————————— 207
实验三十　纸张中金属离子含量的测定 ———————————————— 207
实验三十一　活性炭对染料吸附的紫外-可见光谱分析 ———— 207
实验三十二　生物样品中游离氨基酸的紫外-可见
　　　　　　分光光度法测定 ——————————————————— 208
实验三十三　碳酸饮料中防腐剂苯甲酸钠的测定 ———————— 208
实验三十四　HPLC法测定雷贝拉唑钠中杂质含量 ——————— 209

第五章　创新研究性实验

实验一　化学沉淀法去除废水中的镉 ———————————————— 210
实验二　喹诺酮类铜配合物的制备 ———————————————————— 211
实验三　火电厂脱硫石膏制备硫酸钙晶须 ———————————— 211

实验四	以磷石膏为原料制备纳米碳酸钙	212
实验五	DNA 介导荧光铜纳米簇的合成	212
实验六	CdSe 量子点的制备及其光学性质调控	213
实验七	电子废料中金的绿色特异性回收	214
实验八	电厂水质综合检测	217
实验九	自组装膜金电极用于微量汞离子的检测研究	217
实验十	新型金纳米颗粒传感膜的制备和表面修饰	217
实验十一	电化学分析法用于食品中微量亚硝酸根的检测	218
实验十二	原子吸收分光光度法测定火电厂水汽中微量铁、铜、锌	218
实验十三	奶粉中微量元素 Zn、Cu 的原子吸收分光光度法测定	218
实验十四	电位滴定法测定维生素 B_1 药丸中维生素 B_1 含量	219
实验十五	金纳米颗粒的制备及紫外光谱分析	219
实验十六	仿生纳米孔道用于手性氨基酸的检测	219
实验十七	核酶传感体系的荧光光谱分析	220
实验十八	未知有机物的结构鉴定	220
实验十九	卷烟纸助燃剂的快速测定	220

参考文献

附 录

附录 A	常用指示剂	222
附录 B	常用缓冲溶液的配制	224
附录 C	常用浓酸、浓碱的密度和浓度	225
附录 D	常用基准物质及其干燥条件与应用	226
附录 E	原子量表	227
附录 F	常用化合物的分子量表	228
附录 G	仪器分析常用仪器介绍	230

第一章 大学化学实验基础知识

第一节 绪 论

一、大学化学实验的目的

随着世界科学技术的飞速发展，化学科学的发展越来越倚重于实践的检验与归纳。新的化学实验手段与技术不断地被应用到化学相关领域的研究当中。大学化学实验技能的培训毫无疑问是掌握新的实验手段与技术的基础。大学化学实验是与化学、化工相近和相关专业本科学生必修的一门以实验操作为主的基础课程。本课程由传统的无机化学实验、分析化学实验、仪器分析实验、有机化学实验、物理化学实验组成。课程以基本技能培训为基础，以创新实验教育为重点，组成二级实践教学体系。

该课程的目标是：在培养学生掌握实验的基本操作、基本技能和基本知识的基础上，努力培养学生使用所学操作技能与知识进行创新的意识和能力，使学生养成严谨的科学精神，具有一定的分析和解决较复杂问题的实践能力，以及收集和处理各种相关信息的能力。

二、大学化学实验的学习方法

1. 预习

实验前必须进行充分的预习和准备，并写出预习报告。预习报告切忌照抄书本，要从本质上弄清实验的目的与原理，了解实验过程中所用到的仪器的结构、使用方法和注意事项，以及所用药品的等级和物化性质。对实验装置、实验步骤要做到心中有数，不要出现边做边看书的"现炒现卖"式的实验，这是做好实验的前提。

对于三性实验，首先要明确需要解决的问题，然后根据所学的知识，必要时要查阅参考文献等资料，以及实验室能提供的条件选定实验方法，以此作为设计依据写出预习报告，和指导教师讨论、修改、定稿后方可实施。

2. 实验过程

在实验过程中要严格遵守相关实验室的各项规则制度，按拟定的实验操作计划与方案进行。做到"轻"（动作轻、讲话轻），"细"（细心观察、细致操作），"准"（试剂用量准、结果及其记录准确），"洁"（使用仪器清洁、实验桌面整洁，实验结束要做好实验室清洁）。在实验全过程中，应集中注意力，独立思考解决问题，自己难以解决时可请教师解答。实验结束后，实验记录应经指导教师签字后作为撰写实验报告的依据。

3. 撰写实验报告

做完实验后，应解释实验现象，并得出结论，或根据实验数据进行计算和处理。

实验报告的内容主要包括以下几项。

① 目的。

② 原理。

③ 操作步骤及实验性质、现象与记录。

④ 数据处理（含误差原因及分析）、现象解释、讨论。

⑤ 经验与教训。

⑥ 思考题回答。

第二节 实验室规则与制度

一、化学实验室规则

① 实验前认真预习实验教材和实验指导书。明确实验目的和要求，了解实验的基本原理、实验内容、实验步骤和基本操作要求。写好预习报告。

② 实验中严格遵守操作规程，正确使用仪器设备，按照要求进行操作，认真观察、记录实验现象，实事求是地记录所得数据。保持实验室安静，不准大声喧哗，不得擅自离开实验室和随意走动，合理安排时间做完实验。不得无故缺席，因故缺席的，应补做实验。

③ 遵守实验室的各项制度。节约水电、耗材，严格控制药品用量，爱护实验室设备和器材。不得将实验室仪器设备、药品、材料等带出实验室。

④ 听从教师和实验室工作人员的指导，遵守实验室安全规则。

⑤ 使用精密仪器时，必须严格按照操作规程进行操作，细心谨慎，避免因粗心而损坏仪器。如发现仪器故障，应立即停止使用，报告教师，及时排除故障。

⑥ 保持实验室整洁，实验室桌面、地面、水槽、仪器要干净。实验完毕，清洁器皿，整理、清点仪器，打扫卫生，切断水电，关好门窗，经指导教师检查后，方可离去。

⑦ 根据要求，认真书写实验报告，并及时交教师批阅。

⑧ 讲究精神文明，注意仪表端庄，严禁穿背心、拖鞋、短裤进入实验室。

⑨ 发生意外事故时应保持镇静，不要惊慌失措；遇有烧伤、烫伤、割伤，应立即报告教师，及时急救和治疗。

⑩ 损坏仪器设备、器材者，应按规定赔偿并给予批评教育；致使发生重大事故者，按规定进行严肃处理。

二、化学实验室制度

① 须严格遵守国家环境保护工作的有关规定，不随意排放废气、废水、废物，不得污染环境。

② 实验教师和实验技术人员应加强环保法规学习，向学生宣传《中华人民共和国环境保护法》，保证师生身心健康，保护校园环境。

③ 实验室应有符合通风要求的通风橱，实验过程会产生有害废气的实验应在通风橱中进行，把有毒气体经处理后排向高空。

④ 实验室应设废液桶，实验过程的废液要倒入废液桶，不能直接倒入水池或下水道。实验结束后，经处理后再统一倒入废液处理池。

⑤ 加强实验室剧毒品、危险品、贵重物品的使用管理，实验教师应详细指导并采用必要的安全防护措施，确保不污染环境。

⑥ 危险物品的空容器、变质料、废液渣泽应予妥善处理，严禁随意抛弃。

⑦ 进入实验室的全体人员必须认真学习"实验室安全工作规定"和"实验室安全管理制度"等有关规章制度，掌握基本安全知识和事故救护常识，达到"应知""应会"方可操作。

⑧ 认真贯彻"安全第一，预防为主"和"谁主管谁负责"的原则，实验室专职技术人员必须对所管理的实验室的安全负责。

⑨ 实验室安全由安全员定期检查，并做好记录。重大问题必须向中心主任汇报，必要时提请中心研究处理。

⑩ 学生进入实验室前应熟悉实验室的环境，了解灭火器材的使用方法和存放位置，严格遵守实验室的安全守则和每个具体实验操作中的安全注意事项。如有意外事故发生，应报请教师处理。

⑪ 禁止在实验室使用明火电炉取暖，实验室内严禁吸烟。实验过程中，实验设备发生故障时应及时切断电源，查明原因以防事故扩大。

⑫ 实验完毕应及时切断仪器电源；离开实验室之前，切断实验室电源总开关，检查门、窗、水、电是否关闭。

⑬ 节假日及寒暑假之前，应对实验室内的电源切断情况、门窗是否关好、贵重物品的保管是否妥善、报警系统是否完好等进行检查。

第三节 实验室的安全与防护

一、化学实验室安全守则

① 不要用湿手、物接触电源。水、电、煤气一经使用完毕，就立即关闭。点燃的火柴用后立即熄灭。

② 严禁在实验室内饮食、吸烟，或把食具带入实验室。实验完毕，必须洗净双手。

③ 绝对不允许随意混合各种化学药品，以免发生意外事故。

④ 钾、钠、白磷等暴露在空气中易燃的药品，要注意保存。绝大多数有机溶剂（如苯、丙酮、乙醚）易燃，使用时远离明火。

⑤ 不纯的氢气遇火易爆炸，操作时严禁接近明火，点燃前必须先检查并确保纯度。银氨溶液不能久存，久置易生成易爆炸的氮化银。某些强氧化剂（如氯酸钾、硝酸钾、高锰酸钾等）或其混合物不能研磨，否则会引起爆炸。

⑥ 应配备必要的防护眼镜。

⑦ 不要俯向容器去闻试剂的气味。制备有刺激性的、恶臭的、有毒的气体（如 H_2S、Cl_2、CO、SO_2 等），加热或蒸发盐酸、硝酸、硫酸时，应该在通风橱内进行。

⑧ 有毒药品（氰化物、砷盐、锑盐、可溶性汞盐、铬的化合物、镉的化合物等）不得进入口内或接触伤口，剩余废液也不能随便倒入下水道。

⑨ 金属汞易挥发，并通过呼吸道而进入体内，累积会引起慢性中毒，所以当汞洒落在桌上或地上时，必须尽可能收集起来，并用硫粉覆盖，使汞转化为不挥发的硫化汞。

⑩ 实验室所有药品不得携带到室外。用剩的有毒药品应交还教师。

二、实验室事故预防和急救常识

化学实验室常使用易燃、易爆、有毒、有腐蚀性的试剂和易碎的玻璃仪器以及贵重的电气设备，如不熟悉试剂和仪器设备的性能，麻痹大意，违反操作规程，就会发生火灾、爆炸、烧伤、割伤、触电、中毒等事故。所以要做到以下几点：①集中注意力，不可掉以轻心；②严格执行操作规程；③加强安全措施。

1. 火灾的预防和处理

化学实验室用到的绝大多数有机物和一些无机物是易燃易爆的，因此，火灾是化学实验室中常见的事故。

表 1-3-1 列出了几种常见有机物的闪点及爆炸范围。

表 1-3-1　常见有机物的闪点和爆炸范围

有机物	乙醚	丙酮	乙醇	苯	乙酸乙酯
闪点/℃	−45	−20	13	−11	−4
爆炸范围(体积分数)/%	1.9～48	2.6～12.0	3.3～19.0	1.3～7.1	2.2～11.0

（1）火灾预防

① 不能用烧杯或敞口容器盛装易燃物。加热时，应根据实验要求及易燃物的特点选择热源，注意远离明火。严禁用明火进行易燃液体（如乙醚）的蒸馏或回流操作。

② 尽量防止或减少易燃气体的外逸，倾倒时要灭火源，且注意室内通风，及时排出室内的有机物蒸气。

③ 严禁将与水可发生剧烈反应的物质倒入水槽中，如金属钠。切忌养成一切东西都往水槽里倒的习惯。

④ 注意一些能在空气中自燃的试剂的使用与保存，如钾、钠保存在煤油中，白磷保存在盛有冷水的广口试剂瓶中。

⑤ 回流或蒸馏时应放沸石，以防止液体因过热暴沸而冲出。若在加热后发现未加沸石，应停止加热，稍冷后再补加。

⑥ 装置应严密但不能密闭。

（2）火灾处理

实验室如果发生了火灾事故，应保持沉着镇静，切忌惊慌失措，及时采取措施，控制事故的扩大。

① 灭火的基本原则是：首先切断附近所有火源，如移去附近易燃溶剂、关掉电源、关掉煤气等，使火源与易燃物尽可能离得远些，然后，根据易燃物的性质和火势设法扑灭。

② 地面或桌面着火，如火势不大，可用淋湿的抹布来灭火；反应瓶内有机物的着火，可用石棉布或湿布盖住瓶口，火即熄灭；身上着火时，切勿在实验室内乱跑，应就近卧倒滚动以灭火焰，或用石棉布等把着火部位包起来。

③ 不管用哪一种灭火器，都是从火的周围开始向中心扑灭。水在大多数场合下不能用来扑灭有机物的着火。因为一般有机物都比水轻，泼水后，不但火不熄，而且有机物漂浮在水面燃烧，致使火势蔓延。

灭火器的制造及使用如图 1-3-1 所示。

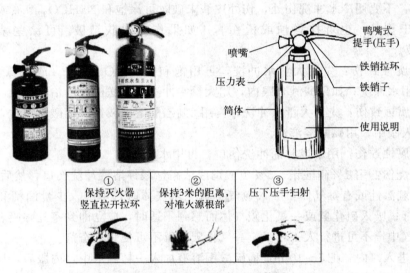

图 1-3-1 灭火器的构造及使用

常用灭火器主要有以下几种类型，如表 1-3-2 所示。

表 1-3-2 常用灭火器的类型

名　称	主要成分	适用范围
泡沫灭火器	$Al_2(SO_4)_3$ 和 $NaHCO_3$	用于一般失火及油类着火。因为泡沫能导电，所以不能用于扑灭电气设备着火。火后现场清理较麻烦
四氯化碳灭火器	液态 CCl_4	用于电气设备及汽油、丙酮等着火。四氯化碳在高温下生成剧毒的光气，不能在狭小和通风不良的实验室使用。注意四氯化碳与金属钠接触会发生爆炸
二氧化碳灭火器	液态 CO_2	用于电气设备失火和忌水的物质及有机物着火。注意喷出的 CO_2 使温度骤降，手若握在喇叭筒上易被冻伤
干粉灭火器	$NaHCO_3$ 等盐类与适量的润滑剂和少量防潮剂	用于油类、电气设备、可燃气体及遇水燃烧等物质着火

2. 爆炸预防与处理

① 常压操作加热反应时，切勿在封闭系统内进行。在反应进行时，必须经常检查仪器装置的各部分有无堵塞现象。

② 减压蒸馏时，不得使用机械强度不大的仪器（如锥形瓶、平底烧瓶、薄壁试管等）。必要时，要戴上防护面罩或防护眼镜。

③ 使用易燃易爆物（如氢气、乙炔和过氧化物）或遇水易燃易爆的物质（如钠、钾等）时，应特别小心，严格按操作规程进行操作。

④ 若反应过于剧烈，要根据不同情况采取冷冻和控制加料速度等措施。

三、实验室中一般伤害的救护

① 创伤：伤处不能用手抚摸，也不能用水冲洗，应先把异物从伤处挑出；轻伤可涂以紫药水（或红汞、碘酒），必要时撒些消炎粉或敷些消炎膏，用绷带包扎。

② 烫伤：不要用冷水冲洗伤处，伤处皮肤未破时可涂饱和 $NaHCO_3$ 溶液或用 $NaHCO_3$ 调成糊状敷于伤处，也可抹獾油或烫伤膏；如果伤处皮肤已破，可涂些紫药水或 1% $KMnO_4$ 溶液。

③ 受酸腐蚀致伤：先用大量水冲洗，再用饱和 $NaHCO_3$ 溶液（或稀氨水、肥皂水）洗，最后再用水冲洗；如果酸溅入眼内，用大量水冲洗后，送医院诊治。

④ 受碱腐蚀致伤：先用大量水冲洗，再用 2% 乙酸溶液或饱和硼酸溶液洗，最后用水冲洗；如果溅入眼中，用硼酸溶液洗。

⑤ 受溴腐蚀致伤：用苯或甘油冲洗伤口，再用水洗。

⑥ 受磷烧伤：用 1% 硝酸银、5% 硫酸铜或浓高锰酸钾溶液冲洗伤口，然后包扎。

⑦ 吸入刺激性或有毒气体：吸入氯气、氯化氢气体时，可吸入少量酒精和乙醚的混合蒸气使之解毒；吸入硫化氢或一氧化碳气体而感到不适时，应立即到室外呼吸新鲜空气；应注意氯、溴气中毒不可进行人工呼吸，一氧化碳中毒不可使用兴奋剂。

⑧ 毒物进入口内：把 5~10 mL 稀硫酸铜溶液加入一杯温水中，内服后，用手指伸入咽喉部促使呕吐，吐出毒物，然后立即送医院。

⑨ 触电：立即切断电源，必要时进行人工呼吸。

⑩ 伤势较重者，应立即送往医院。

此外，为了对实验室内意外事故进行紧急处理，应该在每个实验室内都准备一个急救药箱。药箱内可准备下列药品：

红药水、甘油、消炎粉；碘酒（3%）；獾油或烫伤膏；碳酸氢钠溶液（饱和）；硼酸溶液（饱和）；乙酸溶液（2%）；氨水（5%）；硫酸铜溶液（5%）；高锰酸钾晶体（需要时再制成溶液）；氯化铁溶液（止血剂）。

四、实验室三废的处理

实验中经常会产生某些有毒的气体、液体和固体，都需要及时处理，特别是某些剧毒物质，如果直接排出就可能污染周围空气和水源，使环境受污染，损害人体健康。因此对废液和废气，要经过一定的处理后，才能排弃。

产生少量有毒气体的实验应在通风橱内进行。通过排风设备将少量毒气排出室外（使排出气在外面大量空气中稀释），以免污染室内空气。产生毒气量大的实验必须备有吸收或处理装置。如 NO_2、SO_2、Cl_2、H_2S、HF 等可用导管通入碱液中使其大部分吸收后排出，CO 可点燃转化成 CO_2 排出。产生的少量有毒废渣常埋于地下（只有固定地点）。

下面主要介绍常见废液的处理方法。

① 废酸液可先用耐酸塑料网纱或玻璃纤维过滤，滤液加碱中和，调 pH 值至 6~8 后就可排出。少量滤渣可埋于地下。

② 无机实验中含铬量大的废液是废铬酸洗液，可以用高锰酸钾氧化法使其再生，继续使用（氧化方法：先在 110~130 ℃不断搅拌加热浓缩，除去水分后，冷却至室温，缓缓加入高锰酸钾粉末，每 1000 mL 加入 10 g 左右，直至溶液呈深褐色或微紫色，边加边搅拌，直至全部加完；然后直接用火加热至有 SO_3 出现，停止加热，稍冷通过玻璃砂芯漏斗过滤，除去沉淀；冷却后析出红色 CrO_3 沉淀，再加适量硫酸使其溶解即可再生）。少量的废洗液可加入废碱液或石灰使其生成 $Cr(OH)_3$ 沉淀，再将此废渣埋于地下。

③ 氰化物是剧毒物质，含氰废液必须认真处理。少量的含氰废液可先用 NaOH 调至 pH>10，再加入几克高锰酸钾使 CN^- 氧化分解。量大的含氰废液可用碱性氯化法处理，先用碱调至 pH>10，再加入次氯酸钠，使 CN^- 氧化成氰酸盐，并进一步分解为 CO_2 和 N_2。

④ 含汞盐废液应先调 pH 值至 8~10 后，加适当过量的 Na_2S，生成 HgS 沉淀，并加 $FeSO_4$，生成 FeS 沉淀，从而吸附 HgS 共沉淀。静置后离心、过滤。清液含汞量可降至 0.02 g·L^{-1} 以下排放。少量残渣可埋于地下，大量残渣可用焙烧法回收汞，但注意一定要在通风橱内进行。

⑤ 含重金属离子的废液，最有效和最经济的方法是加碱或加 Na_2S 把重金属离子变成难溶的氢氧化物或硫化物而沉积下来，从而过滤分离。少量残渣可埋于地下。

第四节　实验结果与数据处理

在分析测试过程的各个环节中，有很多因素影响所取得实验结果的准确程度，即人们不能得到绝对无误的真值，只能对测试对象作出相对准确的估计。因此作为分析工作者，必须有正确的误差概念，能够判断误差的种类，找出产生误差的原因，然后有针对性地采取措施，以提高测定的准确度。

鉴于在基础化学分析课程中已经详细阐述过分析测量误差的基本知识，因此在本教材中仅对有关内容作提纲挈领式的概述，以便读者复习和运用。

一、误差

1. 误差分类

实验误差由系统误差与随机误差两部分所组成。

2. 误差的来源

系统误差是由方法、仪器、试剂和个人等比较确定的、经常性的因素引起的；随机误差是由偶然的、无法控制的因素引起的。

3. 减免误差的措施

通过标准方法、标准试样、空白实验、对照实验和仪器校正等措施检出和减免系统误差；通过增加平行测定的次数，减少随机误差。

4. 准确度和精密度

准确度是指测定值 x 与真值 μ 相符的程度。

精密度是指单次测定值 x_i 与 n 次测定平均值 $\bar{x}$ 的偏差程度。

通常用平均偏差 $\bar{d}$、相对平均偏差 $\bar{d}_r$ 和样本标准偏差 s 表示测定的精密度，计算式分别为

$$\bar{d} = \frac{1}{n}\sum_{i=1}^{n}|x_i - \bar{x}|$$

$$\bar{d}_r = \frac{\bar{d}}{\bar{x}} \times 100\%$$

$$s = \sqrt{\frac{1}{n-1}\sum_{i=1}^{n}(x_i - \bar{x})^2} \quad (n \text{ 为有限次数})$$

标准偏差能够比平均偏差更加灵敏地反映测定数据之间彼此符合的程度。

在一般的分析结果报告中，只需列出测定次数、测定平均值及样本标准偏差三项即可反映出测定数据的集中趋势（准确度）和各次测定数据的分散情况（精密度），而不必列出全部数据。

二、数据处理

1. 有效数字及其运算规则

任何测量的准确度都是有限的，人们在实验中只能以一定的近似值表示该测量结果，因此在记录时既不可多写数字的位数，夸大测量的精度，也不可少写数字的位数，降低测量的精度，如在 PHS-2 型酸度计上读取某试液的 pH 值为 6.23，若记作 6.2 或 6.230 都未能正确反映测量的精度。在小数点后的"0"也不能随意增加或删去。在进行运算时，须注意遵守下列规则。

① 当舍去多余数字进行修约时，采用"四舍五入"原则，但在试样全分析中，采用"四舍六入五留双"原则更为合理。如试样中两个组分的含量分别为 70.625% 和 29.375%，根据"四舍六入五留双"原则修约成 70.62% 和 29.38%，合起来仍为 100.00%，若按"四舍五入"原则修约，合起来则为 100.01%。

② 加减运算结果中，保留有效数字的位数应与绝对误差最大的一个数据相同，如：

$$3.69 + 28.01348 - 18.9964 = 12.70708 \rightarrow 12.71$$

③ 乘除运算结果中，保留有效数字的位数应以相对误差最大（即位数最少）的数据为准，如

$$\frac{0.07825 \times 12.000}{6.781} = 0.13847515 \rightarrow 0.138$$

在乘、除、乘方、开方运算中，若第一位有效数字为 8 或 9 时，则有效数字可以多计一

位，如 8.25 可看作四位有效数字。

④ 对数计算中，对数小数点后的位数应与真数的有效数字位数相同，如 $[H^+]=6.3\times 10^{-9}\,mol\cdot L^{-1}$，则 pH=8.20。

⑤ 计算式中用到的常数如 π、e 以及乘除因子 $\sqrt{3}$、$\frac{1}{2}$ 等，可以认为其有效数字的位数是无限的，不影响其他数据的修约。

⑥ 实验中按操作规程使用校正过的容量瓶、移液管，如 10 mL、250 mL，达刻度线时，其中所盛（或放出）溶液的体积一般可读取四位有效数字。

用计算器进行运算，或在读取测量结果时，必须按照上述规则进行修约，保留适当位数的有效数字。

2. 可疑数据的取舍

分析测定中常有个别数据与其他数据相差较大，称为可疑数据（或称离群值、异常值）。对于由明显原因造成的可疑数据，应予舍去；但是对于找不出充分理由的可疑数据，则应慎重处理，既不可一概保留，也不可随意舍去，应根据数理统计的规律，判断这些可疑数据是否合理，再行取舍。

在 3~10 次的测定数据中，有一可疑数据时，可采用 Q 检验法决定取舍；若有两个或两个以上可疑数据时，宜采用 Grubbs 检验法，现分别介绍如下。

(1) Q 检验法

① 将数据从小到大排列为 $x_1,x_2,\cdots,x_{n-1},x_n$；
② 求出全组数据中最大值与最小值之差 x_n-x_1；
③ 计算可疑数据与其最邻近数据的差值（x_2-x_1 或 x_n-x_{n-1}）；
④ 求 Q 值

$$Q=\frac{x_2-x_1}{x_n-x_1} \quad \text{或} \quad Q=\frac{x_n-x_{n-1}}{x_n-x_1}$$

⑤ 查表 1-4-1，可得 $Q_{0.90}$；若 $Q>Q_{0.90}$，则舍去可疑数据。

表 1-4-1　90% 置信度的 Q 值表

测定次数	3	4	5	6	7	8	9	10
$Q_{0.90}$	0.94	0.76	0.64	0.56	0.51	0.47	0.44	0.41

注：$Q_{0.90}$ 表示可靠程度（即置信度）为 90%。

(2) Grubbs 检验法

① 将数据从小到大排列为 $x_1,x_2,\cdots,x_{n-1},x_n$；
② 计算平均值 $\bar{x}$ 及标准偏差 s；
③ 设 x_1 为可疑数据，则计算 G_1 的公式为

$$G_1=\frac{\bar{x}-x_1}{s}$$

设 x_n 为可疑数据，则计算 G_n 的公式为

$$G_n=\frac{x_n-\bar{x}}{s}$$

④ 根据测定次数 n 及对置信度的要求，从表 1-4-2 查出临界值 G，若 G_1（或 G_n）$>G$，则该可疑数据应予舍去。

表 1-4-2　Grubbs 检验法的临界值表

测定次数 n	置信度			测定次数 n	置信度		
	95%	97.5%	99%		95%	97.5%	99%
3	1.15	1.15	1.15	10	2.18	2.29	2.41
4	1.46	1.48	1.49	11	2.23	2.36	2.48
5	1.67	1.71	1.76	12	2.29	2.41	2.55
6	1.82	1.89	1.94	13	2.33	2.46	2.61
7	1.94	2.02	2.10	14	2.37	2.51	2.66
8	2.03	2.13	2.22	15	2.41	2.55	2.71
9	2.11	2.21	2.32	20	2.56	2.71	2.88

使用 Grubbs 检验法时要注意以下方面。

① 如有两个可疑数据（设为 x_1、x_2），而且都在平均值的同一侧，则首先检验 x_2，此时测定次数应取 $n-1$ 次。若 x_2 属应舍去的数据，那么 x_1 自然也应予舍去；若检验结果表明 x_2 不应舍去，则须进一步按测定次数为 n 检验 x_1。

② 如两个可疑数据分布在平均值的两侧，应先检验其中离平均值较近的一个，即绝对偏差较小的一个值，此时测定次数按 $n-1$ 次计算。若该数据经检验应予舍去，则另一离平均值较远的可疑数据也应舍去；若检验表明，离平均值较近的可疑数据不应舍去，则须按测定次数为 n，进一步确定另一离平均值较远的可疑数据的取舍。

对于测定次数较少的实验，可疑数据的取舍应持谨慎态度，尤其在计算值与查得的临界值接近时，最好是增加一次或两次测定再行处理较为妥当。

3. 实验数据的表示方法

取得实验数据后，应以简明的方法表达出来。通常有列表法、图解法和数学方程表示法三种方法，可根据具体情况选择一种表示方法。

现将列表法、图解法和数学方程表示法分别介绍如下。

（1）列表法

将一组实验数据中的自变量和因变量的数值按一定形式和顺序——对应列成表格。列表时需注意以下事项。

① 每一表格应有完整而又简明的表名，在表名不足以说明表中数据含义时，则在表格下面再附加说明，如获得数据的有关实验条件、数据来源等。

② 表格中每一横行或纵行要有名称和单位，在不加说明即可了解的情况下，应尽可能用符号表示。

③ 自变量的数值常取整数或其他方便的值，其间距最好均匀，按递增或递减的顺序排列。

④ 表中所列数值的有效数字位数应取舍适当；同一纵列中的小数点应对齐，以便相互比较；数值为零时应记作"0"，数值空缺时应记为"—"。

列表法简单易行，不需特殊图纸（如方格纸）和仪器，形式紧凑又便于参考比较，在同一表格内,可以同时表示几个变量间的变化情况。实验的原始数据一般使用列表法记录。

(2) 图解法

将实验数据按自变量与因变量的对应关系标绘成图形,能够把变量间的变化趋向,如极大、极小、转折点、周期性以及变化速率等重要特性直观地显示出来,便于进行分析研究。

为了能把实验数据正确地用图形表示出来,需注意以下一些要点。

① 图纸的选择。多用直角坐标纸,有时也用半对数坐标纸或对数坐标纸。

② 坐标轴及分度。习惯上以 x 轴代表自变量,y 轴代表因变量。每个坐标轴须注明名称和单位,如 $c/(mol \cdot L^{-1})$、λ/nm,V/mV 等,斜线后表示单位。

坐标分度的确定:应便于从图上读出任一点的坐标值,而且其精度应与测量的精度一致。对于主线间分为十等份的直角坐标,每格所代表的变量值以 1、2、5、10 的倍数为最方便,避免采用 3、6、7、9 等的倍数;通常可不必拘泥于以坐标原点作为分度的零点。在最小分度不超过实验数据精度的情况下,可用低于最小测量值的某一整数作起点,高于最大测量值的某一整数作终点,以使作图紧凑。此外,比例尺的选择对于正确表达实验数据及其变化规律也是很重要的。

③ 作图点的标绘。把数据标在坐标纸上时,可用点圆符号"⊙",圆心小点表示测得数据的正确值,圆的大小粗略表示该点的误差范围。若需在一张图纸上表示几组不同的测量值时,则各组数据应分别选用不同形式的符号以示区别,如用形式为△、×、○、●的符号等,并在图上简要注明各符号分别代表何种情况。

如各实验点呈直线关系,用铅笔和直尺依各点的趋向,在点群之间画一直线,注意所取直线应使直线两侧点数近乎相等。

对于曲线,一般在其平缓变化部分,测量点可取得少些,但在关键点,如滴定终点、极大、极小以及转折等变化较大的部位,应适当增加测量点的密度,以保证曲线所表示的规律是可靠的。

(3) 数学方程表示法

仪器分析实验数据的自变量与因变量之间多呈直线关系,或是经过适当变换后,表现出直线关系。许多分析方法都利用这一特性由工作曲线查得待测组分的含量,进行定量分析。用铅笔和直尺绘制标准曲线时,由于实际测量误差不可避免,所有的实验点都处在同一条直线上的情况还是较少的,特别是在测量误差较大、实验点比较分散时,仅凭眼睛观察各实验点的分布趋势和走向,绘出合理的直线就更加困难。这时可对数据进行回归分析,以数学方程的表示方法描述自变量与因变量之间的关系较为妥当。

紫外-可见分光光度法和原子吸收分光光度法中的浓度与吸光度、气相色谱分析中的含量与色谱峰面积(或峰高),以及极谱分析中的浓度与峰高等都呈直线关系,它们的自变量只有一个,这样的回归分析称为一元回归。

4. 微处理机技术在分析化学中的应用

随着计算机科学的发展,微处理机技术不断渗透到分析化学的各个领域。如在分析测定中的控制与优化,分析仪器的自动化,测量数据的采集、处理、评价及检索等方面都显示出应用微处理机技术的广阔前景。

在计算机应用于分析化学的诸方面中,分析仪器采用微处理机技术实现自动控制与信息处理已成为一个引人注目的现实与发展趋势。数字显示与数字计算逐渐成为分析仪器的重要功能。由于电子技术和仪器制造工艺的发展，计算机功能增加，内存量扩大，而体积却在不断缩小，因此有可能将微处理机作为分析仪器的机内部件，同时采用在线方式进行实时数据采集、系统控制和数据处理，强化了实验手段，使实验的速度和精度都大为提高。目前国际市场上的分析仪器一般均带有简易的微机系统，可进行半自动化操作，有些甚至已实现全自动化控制。我国生产的分析仪器在引进国外先进技术的基础上，正在不断提高数字化和自动化的水平。

使用自动化程度较高的分析仪器，可以免去工作人员许多复杂耗时的操作，且能在较短时间内取得满意的测试结果。

第五节　大学化学实验基础知识

一、实验室用水

一般实验室用的纯水有蒸馏水、二次蒸馏水、去离子水、无二氧化碳蒸馏水、无氨蒸馏水等。

1. 分析实验室用水的规格

根据中华人民共和国国家标准《分析实验室用水规格和试验方法》(GB/T 6682—2008)的规定，分析实验室用水分为三个级别：一级水、二级水和三级水。分析实验室用水应符合表 1-5-1 所列内容。

表 1-5-1　分析实验室用水规格

项　目	一级	二级	三级
pH 值范围(25 ℃)	—	—	5.0～7.5
电导率(25 ℃)/(mS·m^{-1})	≤0.01	≤0.10	≤0.50
可氧化物质含量(以 O 计)/(mg·L^{-1})	—	≤0.08	≤0.4
吸光度(254 nm,1 cm 光程)	≤0.001	≤0.01	—
蒸发残渣[(105±2)℃]含量/(mg·L^{-1})	—	≤1.0	≤2.0
可溶性硅(以 SiO$_2$ 计)含量/(mg·L^{-1})	≤0.01	≤0.02	—

注：1. 由于在一级水、二级水的纯度下，难以测定其真实的 pH 值，因此，对一级水、二级水的 pH 值范围不做规定。

2. 由于在一级水的纯度下，难以测定可氧化物质和蒸发残渣，对其限量不做规定。可用其他条件和制备方法来保证一级水的质量。

有严格要求的分析实验（包括对颗粒有要求的实验）用一级水，如高效液相色谱用水。一级水可用二级水经过石英设备蒸馏或离子交换混合床处理后，再经 2 μm 微孔滤膜过滤来制取。

无机痕量分析等实验用二级水，如原子吸收光谱分析用水。二级水可用多次蒸馏或离子交换等方法制取。

一般化学分析实验用三级水。三级水可用蒸馏或离子交换等方法制取。

为了保持实验室使用的蒸馏水的纯净，蒸馏水瓶要随时加塞，专用虹吸管内外均应保持干净。蒸馏水瓶附近不要存放浓 HCl、NH_3 等易挥发试剂，以防污染。通常用洗瓶取蒸馏水。

普通蒸馏水保存在玻璃容器中，去离子水保存在聚乙烯塑料容器中；用于痕量分析的二次亚沸石英蒸馏水等高纯水，则需要保存在石英或聚乙烯塑料容器中。

2. 水纯度的检查

国家标准（GB/T 6682—2008）所规定的检查水纯度的实验方法是法定的水质检查方法。根据各实验室分析任务的要求和特点，对实验用水也经常采用如下方法进行一些项目的检查。

① 酸度。要求纯水的 pH 值为 6~7。检查方法是在两支试管中各加 10 mL 待测水，向一支试管中加 2 滴 0.1%甲基红指示剂，若不显红色，即为合格；另一支试管中加 5 滴 0.1%溴百里酚蓝指示剂，若不显蓝色，即为合格。

② 硫酸根。取 2~3 mL 待测水放入试管中，加 2~3 滴 2 $mol \cdot L^{-1}$ 盐酸酸化，再加 1 滴 0.1%氯化钡溶液，放置 15 h，应无沉淀析出。

③ 氯离子。取 2~3 mL 待测水，加 1 滴 6 $mol \cdot L^{-1}$ 硝酸酸化，再加 1 滴 0.1%硝酸银溶液，不应产生沉淀。

④ 钙离子。取 2~3 mL 待测水，加数滴 6 $mol \cdot L^{-1}$ 氨水使溶液呈碱性，再加饱和草酸铵溶液 2 滴，放置 12 h，应无沉淀析出。

⑤ 镁离子。取 2~3 mL 待测水，加 1 滴 0.1%达旦黄及数滴 6 $mol \cdot L^{-1}$ 氢氧化钠溶液，如有淡红色出现即有镁离子，如呈橙色则合格。

⑥ 铵根。取 2~3 mL 待测水，加 1~2 滴奈斯勒试剂，如呈黄色则有铵根。

⑦ 游离二氧化碳。取 100 mL 待测水注入锥形瓶中，加 3~4 滴 0.1%酚酞溶液，如呈淡红色，表示无游离二氧化碳；如为无色，可加 0.1000 $mol \cdot L^{-1}$ 氢氧化钠溶液至淡红色，1 min 内不褪色即为终点，计算可得游离二氧化碳的含量。注意：氢氧化钠溶液用量不能超过 0.1 mL。

3. 水纯度分析结果的表示

水纯度通常有以下几种表示方法。

① $mg \cdot L^{-1}$，表示每升水中含有某物质的质量（mg）。

② $\mu g \cdot L^{-1}$，表示每升水中含有某物质的质量（μg）。

③ 硬度，我国采用 1 L 水中含有 10 mg 氧化钙作为硬度的 1 度，这和德国标准一致，所以有时也称作 1 德国度。

4. 各种纯水的制备

（1）蒸馏水

将自来水在蒸馏装置中加热汽化，再将蒸汽冷凝便得到蒸馏水。由于杂质离子一般不挥发，因此蒸馏水中所含杂质比自来水少得多，可达到三级水的指标，但少量金属离子、二氧化碳等杂质未能除尽。

（2）二次亚沸石英蒸馏水

将蒸馏水进行重蒸馏，并在准备重蒸馏的蒸馏水中加入适当的试剂以抑制某些杂质的挥发。例如，用甘露醇抑制硼的挥发，用碱性高锰酸钾破坏有机物并防止二氧化碳蒸出等。二次蒸馏水一般可达到二级水指标。第二次蒸馏通常采用石英亚沸蒸馏器，由于它是在液面上方加热，液面始终处于亚沸状态，可使水蒸气带出的杂质减至最低。

(3) 去离子水

去离子水是将自来水或普通蒸馏水通过离子树脂交换柱后所得到的水。一般将水依次通过阳离子树脂交换柱、阴离子树脂交换柱、阴-阳离子树脂混合交换柱而制得。这样制得的水纯度比蒸馏水纯度高，质量可达到二级或一级水指标，但对非电解质及胶体物质无效，同时会有微量的有机物从树脂中溶出，因此，根据需要可将去离子水进行重蒸馏以得到高纯水。

(4) 特殊用水

① 无氨蒸馏水

a. 每升蒸馏水中加 25 mL 5% 的氢氧化钠溶液，煮沸 1 h，然后用前述的方法检查铵根。

b. 每升蒸馏水中加 2 mL 浓硫酸，经重蒸馏后即可得无氨蒸馏水。

② 无二氧化碳蒸馏水。煮沸蒸馏水至原体积的 3/4 或 4/5，隔离空气，冷却，贮存于连接碱石灰干燥管的瓶中，其 pH 值应为 7。

③ 无氯蒸馏水。在硬质玻璃蒸馏器中将蒸馏水煮沸蒸馏，收集中间馏出部分，便得到无氯蒸馏水。

二、化学试剂的规格和取用

1. 化学试剂的规格

我国的化学试剂一般可分为四个等级。

化学试剂中，有些试剂纯度往往不太明确。指示剂除少数标明"分析纯""试剂四级"外，经常只写明"化学试剂""企业标准"或"行业标准""生物染色素"等。常用的有机溶剂、掩蔽剂等，也经常见到级别不明的情况，平常只可作为"化学纯"试剂使用，必要时需进行提纯。例如，三乙醇胺中铁含量较大，而又常用来掩蔽铁，因此使用该试剂时，必须注意。

此外，还有一些特殊用途的所谓高纯试剂。例如，"色谱纯"试剂是在最高灵敏度 10^{-10} g 下以无杂质峰来表示的；"光谱纯"试剂是以光谱分析时出现的干扰谱线的数目强度大小来衡量的，往往含有该试剂的各种氧化物不能被认为是化学分析的基准试剂，这点须特别注意；"放射化学纯"试剂是以放射性测定时出现干扰的核辐射强度来衡量的；"MOS"试剂是"金属-氧化物-半导体"试剂的简称，是电子工业专用的化学试剂；"超纯"试剂用于痕量分析和一些科学研究工作，其生产、贮存和使用都有一些特殊要求；等等。在一般实验工作中，通常要求使用分析纯试剂。我国及其他国家化学试剂的分级如表 1-5-2 所示。

表 1-5-2 我国及其他国家化学试剂等级对照表

质量级序	我国化学试剂等级标志				德、美、英等通用等级和符号
	级别	中文标志	符号	瓶签颜色	
1	一级品	优级纯	G. R.	绿色	保证试剂，G. R.
2	二级品	分析纯	A. R.	红色	分析试剂，A. R.
3	三级品	化学纯	C. P.	蓝色	化学纯，C. P.
4	四级品	实验试剂	L. R.	棕色	—
5	—	生物试剂	B. R.、C. R.	黄色等	—

优级纯试剂宜用作基准物质,主要用于精密分析;分析纯试剂的纯度略低于优级纯试剂,宜用于大多数分析工作;化学纯试剂适用于一般工厂的分析工作和分析化学教学工作;实验试剂纯度较低,在分析化学中一般用作辅助试剂。

生物化学中使用的特殊试剂的纯度表示方法与化学中一般试剂的纯度表示方法不同。例如,蛋白质类试剂常以含量表示,或以某种方法(如电泳法等)测定的杂质含量来表示;酶的纯度是以单位时间内能酶解多少底物来表示,是用活力来表示的。

2. 化学试剂的保存

试剂若保存不善或使用不当,则极易变质和沾污,在分析实验中这往往是引起误差甚至造成实验失败的主要原因之一。因此,必须按一定的要求保管和使用试剂。

① 用前,要认明标签。取用时,应将盖子反放在干净的地方,不可将瓶盖随意乱放。取用固体试剂时要用干净的药匙,用毕立即洗净,晾干备用;取用液体试剂一般用量筒,倒试剂时试剂瓶标签朝上。不要将试剂泼洒在外面,多余的试剂不应放回试剂瓶内;取完试剂立即将瓶盖盖好,切不可"张冠李戴",以防沾污。

② 试剂瓶都要贴上标签,标明试剂的名称、规格、日期等,不可在试剂瓶中装入与标签不符的试剂,以免造成差错。标签脱落的试剂,在未查明前不可使用。标签最好用碳素墨水书写,以保持字迹长久,标签的四周要剪齐,并贴在试剂瓶的 2/3 处,以使其整齐美观。

③ 用标准溶液前,应把试剂充分摇匀。

④ 腐蚀玻璃的试剂(如氟化物、苛性碱等)应保存在塑料瓶或涂有石蜡的玻璃瓶中。

⑤ 保存氯化亚锡、低价铁等易氧化的试剂和易风化或潮解的试剂(如 $AlCl_3$、无水 Na_2CO_3、$NaOH$ 等)时应用石蜡密封瓶口。

⑥ 受光分解的试剂(如 $KMnO_4$、$AgNO_3$ 等)应用棕色瓶盛装,并保存在暗处。

⑦ 易受热分解的试剂、低沸点的试剂和易挥发的试剂应保存在阴凉处。

⑧ 剧毒试剂(如氰化物、三氧化二砷、二氯化汞等)必须特别妥善保管和安全使用。

3. 化学试剂的取用

(1) 固态试剂的取用

固态试剂一般都用药匙取用。药匙的两端为大、小两个匙,分别取用大量固体和少量固体。试剂一旦取出,就不能再倒回瓶内,可将多余的试剂放入指定容器。

(2) 液态试剂的取用

液态试剂一般用量筒量取或用滴管吸取。下面分别介绍它们的操作方法。

① 量筒量取。量筒有 5 mL、10 mL、50 mL、100 mL 和 1000 mL 等规格。取液时,先取下瓶塞并将它倒放在桌上。一手拿量筒,一手拿试剂瓶(瓶上的标签朝向手心),然后倒出所需量的试剂。最后倾斜瓶口在量筒上靠一下,再使试剂瓶竖直,以免留在瓶口的液滴流到瓶的外壁。

② 滴管吸取。先用手指紧捏滴管上部的胶帽,赶走其中的空气,然后松开手指,吸入试液。将试液滴入试管等容器时,不得将滴管插入容器。滴管只能专用,用完后放回原处。一般的滴管一次可取 1 mL,约 20 滴试液。如果需要更准确地量取液态试剂,可用滴定管和移液管等。

4. 常用试剂的提纯

利用仪器分析法进行痕量或超痕量测定时，对试剂有特殊要求。例如，单晶硅的纯度在 99.9999% 以上，杂质含量不超过 0.0001%，分析这类高纯物质时，必须使用高纯度的试剂；甲醇或乙腈在高效液相色谱法中经常被用作流动相，要求其中不含芳烃，否则会干扰测定。对于这些实验，市售的试剂即使是优级纯的也必须进行适当的提纯处理。

在试剂提纯过程中，要除去所有杂质是不可能的，也没有必要，只需要针对分析的某种特殊要求，除去其中的某些杂质即可。例如，光谱分析中所使用的"光谱纯"试剂，仅要求所含杂质低于光谱分析法的检测限。因此，已适宜某种用途的试剂，也许完全不适宜另一些用途。

蒸馏、重结晶、色谱、电泳和超离心等技术是常用的试剂提纯方法。常用的溶剂或熔剂的提纯可参考相关资料。

第六节 大学化学实验通用基本操作

一、化学实验室常用仪器

化学实验室常用仪器如表 1-6-1 所示。

表 1-6-1 化学实验室常用仪器

仪器	规格	用途	注意事项
试管	分硬质试管、软质试管、离心试管 普通试管以管口外径(mm)×长度(mm)表示，离心试管以其容积(mL)表示	用作少量试液的反应容器，便于操作和观察。离心试管还可以用于定性分析中的沉淀分离	加热后不能骤冷，以防试管破裂。盛试液不超过试管的 1/3～1/2
试管夹	试管夹有木质、竹质、铝质、钢质等材质	用于夹持试管	防止烧损(竹制)或锈蚀
毛刷	以大小和用途表示，如试管刷、烧杯刷等	洗刷玻璃仪器	谨防刷子顶端的铁丝撞破玻璃仪器
烧杯	以容积(mL)表示	用于盛放试剂或用作反应容器	加热时应放在石棉网上
锥形瓶	以容积(mL)表示	用作反应容器。振荡方便，常用于滴定操作	加热时应放在石棉网上

续表

仪器	规格	用途	注意事项
量筒	以容积(mL)表示	用于量取一定体积的液体	不能受热
容量瓶	以容积(mL)表示	用于配制准确浓度的溶液	不能受热
称量瓶	以外径(mm)×高(mm)表示	用于准确称量固体	—
干燥器	以外径(mm)表示	用于干燥试剂或使试剂保持干燥	不得放入过热药品
药勺	牛角、瓷质或塑料质	用于取固体试剂	试剂专用,不得混用
滴瓶	以容积(mL)表示	用于盛放试液或溶液	滴管不得互换,不能长期盛放浓碱液
试剂瓶	以容积(mL)表示	细口瓶和广口瓶分别用于盛放液体试剂和固体试剂	—
表面皿	以口径(mm)表示	盖在烧杯上	不得用火加热
漏斗	布氏漏斗为瓷质,以容积(mL)或口径(mm)表示	用于过滤或减压过滤	不得用火加热
分液漏斗	以容积(mL)和形状表示	用于分离互不相溶的液体,也可用作气体发生装置中的加液漏斗	不得用火加热
蒸发皿	以口径(mm)和容积(mL)表示,材质有瓷、石英、铂等	用于蒸发液体或溶液	一般忌骤冷、骤热,依试液性质选用不同材质的蒸发皿

续表

仪器	规格	用途	注意事项
坩埚	以容积(mL)表示,材质有瓷、石英、铁、镍、铂等	用于灼烧试剂	一般忌骤冷、骤热,依试液性质选用不同材质的坩埚
泥三角	有大小之分	支撑灼烧坩埚	—
石棉网	有大小之分	支撑受热器皿	不能与水接触
铁圈	有大小之分	用于固定或放置容器,支撑较大或较重的加热容器	—
研钵	以口径(mm)表示,材质有瓷、玻璃或铁等	用于研磨固体试剂	不能用火直接加热。依固体的性质选用不同材质的研钵
水浴锅	铜质或铝质,有大、中、小之分	用于水浴加热	—
圆底烧瓶	以容积(mL)表示	可作为长时间加热的反应容器	加热时放在石棉网上
平底烧瓶	以容积(mL)表示	用于液体蒸馏,也可用于制取少量气体	加热时应放在石棉网上

二、玻璃仪器的洗涤

洗涤方法概括起来有下面几种。

① 用水刷洗:既可以洗去可溶性物质,又可使附着在仪器上的尘土等洗脱下来。

② 用去污粉或合成洗涤剂刷洗:能除去仪器上的油污。

③ 用浓盐酸洗:可以洗去附着在器壁上的氧化剂,如二氧化锰。

④ 铬酸洗液:将 8 g 研细的工业 $K_2Cr_2O_7$ 加入到温热的 100 mL 浓硫酸中小火加热,切勿加热到冒白烟。边加热边搅动,冷却后储于细口瓶中。

铬酸洗液在使用时有以下注意事项。

a. 先将玻璃器皿用水或洗衣粉洗刷一遍。

b. 尽量把器皿内的水去掉，以免冲稀洗液。

c. 用毕将洗液倒回原瓶内，以便重复使用。

铬酸洗液有强腐蚀性，勿溅在衣物、皮肤上。铬酸洗液有强酸性和强氧化性，去污能力强，适用于洗涤油污及有机物。当洗液颜色变成绿色时，洗涤效能下降，应重新配制。

⑤ 含 $KMnO_4$ 的 NaOH 水溶液：将 10 g $KMnO_4$ 溶于少量水中，向该溶液中注入 100 mL 10%NaOH 溶液制成。该溶液适用于洗涤油污及有机物。洗后在玻璃器皿上留下 MnO_2 沉淀，可用浓 HCl 或 Na_2SO_3 溶液将其洗掉。

⑥ 盐酸-酒精（1∶2）洗涤液：适用于洗涤被有机试剂染色的比色皿。比色皿应避免使用毛刷和铬酸洗液。

用以上方法洗涤后的仪器，经自来水冲洗后，还残留有 Ca^{2+}、Mg^{2+} 等，如需除掉这些离子，还应用去离子水洗 2~3 次，每次用水量一般为所洗涤仪器体积的 1/4~1/3。洗净的仪器器壁应能被水润湿，无水珠附着在上面。

三、玻璃量器及其使用

定量分析中常用的玻璃量器可分为量入容器（容量瓶、烧杯）和量出容器（滴定管、吸量管、移液管）两类，前者液面的相应刻度为量器内的容积，后者液面的相应刻度为已放出的溶液体积。

1. 滴定管及其使用

滴定管是滴定时用来准确测量流出的操作溶液体积的量器。常量分析最常用的是 50 mL 的滴定管，其最小刻度是 0.1 mL，可估计到 0.01 mL，因此读数可达小数点后第二位，一般读数误差为 ±0.02 mL。另外，还有容积为 10 mL、5 mL、2 mL、1 mL 的微量滴定管。滴定管一般分为两种：一种是具塞滴定管，常称为酸式滴定管；另一种是无塞滴定管，常称为碱式滴定管。酸式滴定管用来装酸性及氧化性溶液，但不适于装碱性溶液，因为碱性溶液能腐蚀玻璃，若长时间储存，旋塞便不能转动。碱式滴定管的一端连接一橡皮管或乳胶管，管内装有玻璃珠，以控制溶液的流出，橡皮管或乳胶管下面接一尖嘴玻璃管。碱式滴定管用来装碱性及无氧化性溶液，凡是能与橡胶起反应的溶液，如高锰酸钾、碘和硝酸银等溶液，都不能装入碱式滴定管。滴定管除无色的外，还有棕色的，用以装见光易分解的溶液，如 $AgNO_3$、$KMnO_4$ 等溶液。

现有一种新型滴定管，外形与酸式滴定管一样，但其旋塞用聚四氟乙烯材料制作，可用于酸、碱、氧化性溶液等的滴定。由于聚四氟乙烯旋塞有弹性，通过调节旋塞尾部的螺帽，可调节旋塞与旋塞套间的紧密度。因而，此类通用滴定管无须涂凡士林。

(1) 酸式滴定管（简称酸管）的准备

酸式滴定管是滴定分析中经常使用的一种滴定管。除了强碱溶液外，其他溶液作为滴定液时一般均采用酸式滴定管。

① 使用前，首先应检查旋塞与旋塞套是否配合紧密。如不密合，将会出现漏水现象，则不宜使用。其次，应进行充分的清洗。

根据沾污的程度，可采用下列方法。

a. 用自来水冲洗。

b. 用滴定管刷蘸合成洗涤剂刷洗，但铁丝部分不得碰到管壁（用泡沫塑料刷代替毛刷

c. 用前法不能洗净时，可用铬酸洗液洗。加入 5～10 mL 洗液，边转动边将滴定管放平，并将滴定管口对着洗液瓶口，以防洗液流出。洗净后将一部分洗液从管口放回原瓶，最后打开旋塞，将剩余的洗液从出口管放回原瓶。必要时可加满洗液进行浸泡。

d. 可根据具体情况采用针对性洗涤液进行清洗。如管内壁留有残存的二氧化锰时，可选用亚铁盐溶液或过氧化氢加酸溶液进行清洗；被油污等沾污的滴定管可采用合适的有机溶剂清洗。用各种洗涤剂清洗后，都必须用自来水充分洗净，并将管外壁擦干，以便观察内壁是否挂水珠。

② 为了使旋塞转动灵活并克服漏水现象，需将旋塞涂凡士林等。操作方法如下。

a. 取下旋塞小头处的小橡皮圈，再取出旋塞。

b. 用吸水纸将旋塞和旋塞套擦干，并注意勿使滴定管壁上的水再次进入旋塞套。

c. 用手指将凡士林涂抹在旋塞的大头上，另用纸卷或火柴梗将凡士林涂抹在旋塞套的小口内侧 ［图 1-6-1(a)］；也可用手指均匀地涂一薄层凡士林于旋塞两头 ［图 1-6-1(b)］。凡士林涂得太少，旋塞转动不灵活，且易漏水；涂得太多，旋塞孔容易被堵塞。不论采用哪种方法，都不要将凡士林涂在旋塞孔上、下两侧，以免旋转时堵塞旋塞孔。

图 1-6-1　旋塞涂凡士林

d. 将旋塞插入旋塞套中。插时，旋塞孔应与滴定管平行，径直插入旋塞套，不要转动旋塞，这样可以避免将凡士林挤到旋塞孔中去。然后，向同一方向旋转旋塞柄，直到旋塞和旋塞套上的凡士林层全部透明为止，套上小橡皮圈。经上述处理后，旋塞应转动灵活，凡士林层没有纹路。

③ 用自来水充满滴定管，将其放在滴定管架上静置约 2 min，观察有无水滴漏下。然后将旋塞旋转 180°，再如前检查。如果漏水，应该拔出旋塞，用吸水纸将旋塞和旋塞套擦干后重新涂凡士林。

若出口管尖被凡士林堵塞，可将它插入热水中温热片刻，然后打开旋塞，使管内的水突然流下，将软化的凡士林冲出。凡士林排出后即可关闭旋塞。管内的自来水从管口倒出，出口管内的水从旋塞下端放出。注意：从管口将水倒出时，不可打开旋塞，否则旋塞上的凡士林会冲入滴定管，使内壁重新被沾污。

④ 用蒸馏水洗三次，第一次用 10 mL 左右，第二及第三次各用 5 mL 左右。洗涤时，双手持滴定管管身两端无刻度处，边转动边倾斜滴定管，使水布满全管并轻轻振荡。然后直立，打开旋塞将水放掉，同时冲洗出口管；也可将大部分水从管口倒出，再将其余的水从出口管放出。每次放掉水时应尽量不使水残留在管内。最后，将管的外壁擦干。

（2）碱式滴定管（简称碱管）的准备

使用前应检查乳胶管和玻璃珠是否完好。若胶管已老化，玻璃珠过大（不易操作），或过小（漏水），应予更换。

碱式滴定管的洗涤方法与酸式滴定管的洗涤方法相同。在需要用洗液洗涤时，可除去乳胶管，用塑料头堵塞碱式滴定管下口进行洗涤。如必须用洗液浸泡，则将碱式滴定管倒夹在滴定管架上，管口插入洗液瓶中，乳胶管处连接抽气泵，用手捏玻璃珠处的乳胶管，吸取洗液，直到充满全管，然后放手，任其浸泡。浸泡完毕后，轻轻捏乳胶管，将洗液缓慢放出；也可更换一根装有玻璃珠的乳胶管，将玻璃珠往上捏，使其紧贴在碱式滴定管的下端，这样便可直接倒入洗液浸泡。

在用自来水冲洗或用蒸馏水清洗碱式滴定管时，应特别注意玻璃珠下方死角处的清洗。为此，在捏乳胶管时应不断改变方位，使玻璃珠的四周都洗到。

（3）操作溶液的装入

装入操作溶液前，应将试剂瓶中的溶液摇匀，使凝结在瓶内壁上的水珠混入溶液，这在天气比较热、室温变化较大时更为必要。混匀后将操作溶液直接倒入滴定管中，不得用其他容器（如烧杯、漏斗等）来转移。此时，左手前三指持滴定管上部无刻度处，并可稍微倾斜，右手拿住细口瓶往滴定管中倒溶液。小瓶可以手握瓶身（瓶签向手心），大瓶则放在桌上，手拿瓶颈使瓶慢慢倾斜，让溶液慢慢沿滴定管内壁流下。

用摇匀的操作溶液将滴定管洗 3 次（第一次 10 mL，大部分溶液可由上口倒出；第二、三次各 5 mL，可以从出口管放出，洗法同前）。应特别注意的是，一定要使操作溶液洗遍全部内壁，并使溶液接触管壁 1～2 min，以便与原来残留的溶液混合均匀。每次都要打开旋塞冲洗出口管，并尽量放出残留液。对于碱式滴定管，仍应注意玻璃珠下方的洗涤。最后，关好旋塞，将操作溶液倒入，直到充满至"0"刻度以上为止。注意检查滴定管的出口管是否充满溶液，酸式滴定管出口管及旋塞透明，容易检查（有时旋塞孔中暗藏着的气泡，需要从出口管放出溶液时才能看见）；碱式滴定管则需对光检查乳胶管内及出口管内是否有气泡或有未充满的地方。为使溶液充满出口管，在使用酸式滴定管时，右手拿滴定管上部无刻度处，并使滴定管倾斜约 30°，左手迅速打开旋塞使溶液冲出（下面用烧杯承接溶液），这时出口管中应不再留有气泡。若气泡仍未能排出，可重复操作。如仍不能使溶液充满，可能是出口管未洗净，必须重洗。在使用碱式滴定管时，装满溶液后，应将其垂直地夹在滴定管架上，左手拇指和食指拿住玻璃珠所在部位并使乳胶管向上弯曲，出口管斜向上，然后在玻璃珠部位往一旁轻轻捏橡皮管，使溶液从管口喷出（图 1-6-2，下面用烧杯承接溶液），再一边捏乳胶管一边把乳胶管放直。注意应在乳胶管放直后，再松开拇指和食指，否则出口管仍会有气泡。最后，将滴定管的外壁擦干。

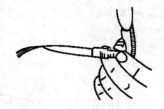

图 1-6-2　碱式滴定管气泡的排除

（4）滴定管的读数

读数时应遵循下列原则。

① 装满或放出溶液后，必须等 1～2 min，使附着在内壁的溶液流下来，再进行读数。如果放出溶液的速度较慢（例如，滴定到最后阶段，每次只加半滴溶液），等 0.5～1 min 即可读数。每次读数前要检查一下管壁是否挂水珠，管尖是否有气泡。

② 读数时，用手拿滴定管上部无刻度处，且使滴定管保持垂直。

③ 对于无色或浅色溶液，读数时，视线在弯月面下缘最低点处，且与液面成水平

(图 1-6-3);溶液颜色太深时,可读液面两侧的最高点。此时,视线应与该点成水平。

用"蓝带"滴定管滴定无色溶液时,滴定管上有两个弯月面尖端相交于滴定管蓝线的某一点上(图 1-6-4),读数时视线应与此点在同一水平面上,如为有色溶液,则视线仍与液面两侧的最高点相切。

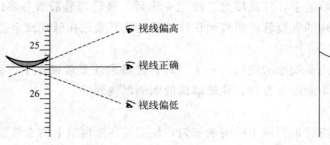

图 1-6-3 滴定管读数时的视线位置(无色或浅色溶液)　　图 1-6-4 "蓝带"滴定管的读数

④ 必须读到小数点后第二位,即要求估计到 0.01 mL。注意:估计读数时,应该考虑到刻度线本身的宽度。滴定管上两个小刻度之间为 0.1 mL,要估计其 1/10 的值,必须进行严格的训练。为此,可以这样来估计:当液面在此两小刻度之间时,即为 0.05 mL;若液面在两小刻度的 1/3 处,即为 0.03 mL;当液面在两小刻度的 1/5 处时,即为 0.02 mL;等等。

⑤ 读取最初读数前,应将管尖悬挂着的溶液除去。滴定至终点时应立即关闭旋塞,并注意不要使滴定管中溶液流出,否则最终读数便包括流出的半滴溶液。因此,在读取最终读数前,应注意检查出口管尖是否悬有溶液,如有,则此次读数不能取用。

(5) 滴定管的操作方法

进行滴定时,应将滴定管垂直地夹在滴定管架上。如使用的是酸式滴定管,左手无名指和小指向手心弯曲,轻轻地贴着出口管,用其余三指控制旋塞的转动(图 1-6-5)。但应注意不要向外拉旋塞,以免推出旋塞造成漏水;也不要过分往里扣,以免造成旋塞转动困难,不能自如操作。

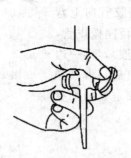 

图 1-6-5 酸式滴定管的操作　　图 1-6-6 碱式滴定管的操作

如使用的是碱式滴定管,左手无名指及小指夹住出口管,拇指与食指在玻璃珠所在部位往一旁(左右均可)捏乳胶管,使溶液从玻璃珠旁空隙处流出(图 1-6-6)。

此时应注意:①不要用力捏玻璃珠,也不能使玻璃珠上下移动;② 不要捏到玻璃珠下部的乳胶管;③ 停止加液时,应先松开拇指和食指,最后才松开无名指与小指。

无论使用哪种滴定管，都必须掌握三种加液方法：①逐滴连续滴加；②只加1滴；③使液滴悬而未落，即加半滴。

(6) 滴定的操作方法

滴定操作可在锥形瓶或烧杯内进行，并以白瓷板作背景。

在锥形瓶中进行滴定时，用右手前三指拿住瓶颈，使瓶底离瓷板 2～3 cm。同时调节滴定管的高度，使滴定管的下端伸入瓶口约 1 cm。左手按前述方法滴加溶液，右手运用腕力摇动锥形瓶，边滴加边摇动（图 1-6-7）。滴定操作中应注意以下几点。

① 摇瓶时，应使溶液向同一方向做圆周运动（左、右旋均可），但勿使瓶口接触滴定管，溶液也不得溅出。

② 滴定时，左手不能离开旋塞任其自流。

③ 开始时，应边摇边滴，滴定速度可稍快，但不要使溶液流成"水线"。接近终点时，应改为加 1 滴，摇几下。最后，每加半滴，即摇动锥形瓶，直至溶液出现明显的颜色变化。加半滴溶液的方法如下：微微转动旋塞，使溶液悬挂在出口管嘴上，形成半滴，用锥形瓶内壁将其沾落，再用洗瓶以少量蒸馏水吹洗瓶壁。

用碱式滴定管滴加半滴溶液时，应先松开拇指与食指，将悬挂的半滴溶液沾在锥形瓶内壁上，再放开无名指与小指。这样可以避免出口管尖出现气泡。

④ 每次滴定都应从 0.00 开始（或从 0 附近的某一固定刻线开始），这样可减小误差。

在烧杯中进行滴定时，将烧杯放在白瓷板上，调节滴定管的高度，使滴定管下端伸入烧杯内 1 cm 左右。滴定管下端应在烧杯中心的左后方处，但不要靠壁过近。右手持搅拌棒在右前方搅拌溶液。在左手滴加溶液（图 1-6-8）的同时，搅拌棒应做圆周搅动，但不得接触烧杯壁和底。当加半滴溶液时，用搅拌棒下端承接悬挂的半滴溶液，放入溶液中搅拌。注意，搅拌棒只能接触液滴，不要接触滴定管尖。其他注意事项同锥形瓶。

图 1-6-7 在锥形瓶中的滴定操作

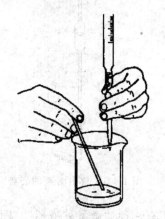
图 1-6-8 在烧杯中的滴定操作

滴定结束后，滴定管内剩余的溶液应弃去，不得将其倒回原瓶，以免沾污整瓶操作溶液。随即洗净滴定管，并用蒸馏水充满全管，备用。

2. 移液管及其使用

用于准确地移取小体积液体的量器称为移液管。移液管属于量出容器，种类较多。

无分刻度吸管通称移液管，它的中腰膨大，上下两端细长，上端刻有环形标线，膨大部分标有它的容积和标定时的温度。将溶液吸入管内，使液面与标线相切，再放出，则放出的溶液体积就等于管上标示的容积。常用移液管的容积有 5 mL、10 mL、25 mL 和 50 mL 等。由于读数部分管径小，其准确性较高。

有分刻度的移液管又称吸量管，可以准确量取所需要的刻度范围内某一体积的溶液，但其准确度差一些。将溶液吸入，读取与液面相切的刻度（一般在零刻度处），然后将溶液放出至适当刻度，两刻度之差即为放出溶液的体积。

移液管在使用前应按下法洗到内壁不挂水珠：将移液管插入洗液中，用洗耳球将洗液慢慢吸至管容积 1/3 处，用食指按住管口，把管横过来涮洗，然后将洗液放回原瓶；如果内壁严重污染，则应把移液管放入盛有洗液的大量筒或高型玻璃缸中浸泡 15 min 到数小时，取出后用自来水及纯水冲洗，用纸擦干外壁。

移取溶液前，先用少量该溶液将移液管内壁润洗 2～3 次，以保证转移的溶液浓度不变。把管口插入溶液中（在取液过程中，注意保持管口在液面之下），用洗耳球把溶液吸至稍高于刻度处，迅速用食指（不要用拇指）按住管口。取出移液管，使管尖端靠着试剂瓶口，用拇指和中指轻轻转动移液管，并减轻食指的压力，让溶液慢慢流出，同时平视刻度，到溶液弯月面下缘与刻度相切时，立即按紧食指。然后使准备接受溶液的容器倾斜成 45°，将移液管移入容器中，移液管保持竖直，管尖靠着容器内壁，放开食指（图 1-6-9），让溶液自由流出。待溶液全部流出后，按规定再等 15～30 s，取出移液管。在使用非吹出式的吸量管或无分度移液管时，切勿把残留在管尖的溶液吹出。移液管用毕，应洗净，放在移液管架上。

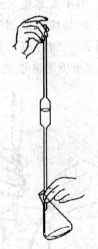 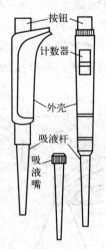

图 1-6-9　放出溶液的姿势　　　图 1-6-10　微量移液器

此外，还有一种"微量移液器"（图 1-6-10）。它利用空气排代原理工作，主要应用于仪器分析、化学分析、生化分析中的取样和加液。微量移液器由定位部件、容量调节指示、活塞套和吸液嘴等组成，其容量单位为 μL，允许误差在 1%～4% 之间，重复性在 0.5%～2% 之间。可调式微量移液器的移液体积可以在一定范围内自由调节。固定式微量移液器的移液体积不可调，但准确度高于可调式。

微量移液器的使用方法如下：

根据所需用量调节好移取体积，将干净的吸液嘴紧套在移液器吸液杆的下端（需轻轻转动一下以保证密封），将移液器握在手掌中，用大拇指压/放按钮，吸取和排放被取液 2～3

次进行润洗。然后垂直握住移液器，将按钮压至第一停点，并将吸液嘴插入液面下，缓慢地放松按钮，等待 1~2 s 后再离开液面。擦去吸液嘴外的溶液（不得碰到吸液嘴口以免带走溶液），将吸液嘴口靠在需移入的容器内壁上，缓缓地将按钮再次压至第一停点，等待 2~3 s 后再将按钮完全压下（不要使按钮弹回），将吸液嘴从容器内壁移出后再松开拇指，使按钮复位。该移液器的吸液嘴为一次性器件，换一个试样即应换一个吸液嘴。

3. 容量瓶及其使用

容量瓶是一种细颈梨形的平底瓶，具有磨口玻璃塞或塑料塞，瓶颈上刻有标线，属于量入容器，瓶上标有其容积和标定时的温度。大多数容量瓶只有一条标线，当液体充满至标线时，瓶内所装液体的体积和瓶上标示的容积相同。常用的容量瓶有 10 mL、50 mL、100 mL、250 mL、500 mL、1000 mL 等多种规格。容量瓶主要用于把精密称量的物质准确地配成一定体积的溶液。容量瓶使用前也要清洗，洗涤原则和方法同前。如果要由固体配制准确浓度的溶液，通常将固体准确称量后放入烧杯，加少量纯水（或适当溶剂）使其溶解，然后定量地转移到容量瓶中。转移时，玻璃棒下端要靠在瓶颈内壁，使溶液沿瓶壁流下（图 1-6-11）。溶液流尽后，将烧杯轻轻顺玻璃棒上提，使附在玻璃棒、烧杯嘴之间的液滴回到烧杯中。再用洗瓶挤出的水流冲洗烧杯数次，每次按上法将洗涤液完全转移入容量瓶中，然后用纯水稀释。当水加至容积的 2/3 处时，旋摇容量瓶，使溶液混合（注意：不能加盖瓶塞，更不能倒转容量瓶）。在加水至接近标线时，可以用滴管逐滴加水至弯月面最低点恰好与标线相切。盖紧瓶塞，一手食指压住瓶塞，另一手的拇、中、食三个指头托住瓶底，倒转容量瓶，使瓶内气泡上升到顶部，摇动数次，再倒过来，如此反复倒转摇动十多次，使瓶内溶液充分混合均匀。为了使容量瓶倒转时溶液不致渗出，瓶塞与瓶必须配套。

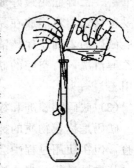

图 1-6-11 溶液转移入容量瓶的操作

不宜在容量瓶内长期存放溶液。如溶液需使用较长时间，应将它转移入试剂瓶中，该试剂瓶应预先经过干燥或用少量该溶液润洗 2~3 次。由于温度对量器的容积有影响，所以使用时要注意溶液的温度、室温以及量器本身的温度。

四、天平的分类与使用

1. 托盘天平

托盘天平是实验室粗称药品和物品不可缺少的称量仪器，有最大称量（最小准称量）为 1000 g（1 g）、500 g（0.5 g）、200 g（0.2 g）、100 g（0.1 g）等规格。

托盘天平通常横梁架在底座上，横梁中部有指针与刻度盘相对，据指针在刻度盘上左右摆动情况，判断天平是否平衡，并给出称量值。横梁左右两边上各有一称量盘，用来放置试样（左）和砝码（右）。

天平的工作原理是杠杆原理，横梁平衡时力矩相等，若两臂长相等则砝码质量就与试样质量相等。

砝码具有确定的质量和一定的形状，用于测定其他物质的质量和检定各种天平。目前国产的砝码一般选用的材料是非磁性不锈钢和铜合金等。在进行同一实验时，所有称量应该使用同一台天平和同一组砝码。

(1) 砝码的等级和用途

目前我国的砝码精度分为五等,各等砝码的允差及各等级砝码的用途参见有关书籍。普通分析天平一般用三等砝码。

(2) 砝码的使用与保养

取用砝码时,必须用镊子,不得直接用手拿取。用镊子夹取砝码时,不要使用金属镊子,应选用塑料或带有骨质或塑料护尖的镊子,以免损伤砝码。砝码在使用中应轻拿轻放,不得跌落或互相碰击。

使用砝码时不要对着砝码呼气,并防止砝码盒沾染酸、碱、油脂等污物,用完后应随即将砝码放入砝码盒的相应空位中。不同砝码盒内的砝码切勿相互混淆。

称量时应根据精度要求选择适当等级的砝码,并决定是否使用校准值。若使用砝码校准值,则对于同一组标示值相同的几个砝码,必须很好地加以识别,一般先选用不带星号(※)的砝码。

一、二等砝码最好放在专用的内盛变色硅胶的玻璃干燥器中。三等以下砝码不使用时也要妥善保管,不能放在易受潮或接触有害气体处,以防氧化或腐蚀。

砝码的表面应保持清洁,如有灰尘,应用软毛刷清除;如有污物,无空腔的砝码可用无水乙醇清洗,有空腔的砝码可用绸布蘸无水乙醇擦净。一旦砝码表面出现锈蚀,应立即停止使用。

(3) 砝码的校准和检定

砝码是称量物质的标准,其质量应该具有一定的准确度。天平出厂时砝码的质量已经过校验,但在使用过程中会因种种原因而引起质量误差,因而有必要按砝码使用的频繁程度定期对其质量进行校准或检定。砝码的正式检定应该送交计量部门按砝码检定规程进行,校准周期一般不超过一年。

2. 分析天平

(1) 分析天平的种类

分析天平是分析化学实验室里最重要的称量仪器。常用的分析天平可分为阻尼电光分析天平和电子分析天平两大类。

电光分析天平所用的砝码通常分为克组(1~100 g)和毫克组(1~500 mg)。半自动电光天平的毫克组砝码由指数盘操纵自动加减。

在常用的阻尼电光分析天平中,按结构特点又可分为双盘和单盘两类,前者为等臂天平,而后者有等臂和不等臂之分。目前常用的为半机械加码的等臂天平和不等臂单盘天平。

电子分析天平则可分为顶部承载式和底部承载式,后者较少见。

按精度,天平可分为10级,一级天平精度最好,十级最差。在常量分析实验中常使用最大载荷为100~200 g、感量为0.0001 g的三、四级天平,微量分析时则可选用最大载荷为20~30 g的一至三级天平。

(2) 电光分析天平

电光分析天平是依据杠杆原理设计的,尽管其种类繁多,但其结构却大体相同,都有底板、立柱、横梁、玛瑙刀、刀承、悬挂系统和读数系统等必备部件,还有制动器、阻尼器、机械加码装置等附属部件。不同的天平其附属部件不一定配全。

① 双盘电光分析天平。半自动双盘电光分析天平的构造示意见图1-6-12。

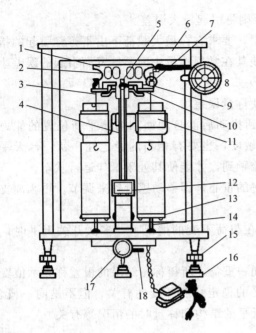
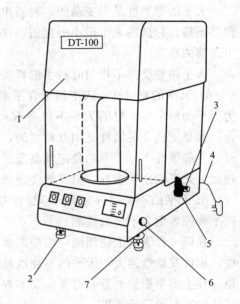

图 1-6-12　半自动双盘电光分析天平
1—横梁；2—平衡调节螺丝；3—吊耳；4—指针；5—支点刀；
6—前面门；7—圈码；8—指数盘；9—立柱；10—托叶；
11—阻尼器；12—投影屏；13—天平称量盘；14—盘托；
15—螺旋足；16—垫脚；17—升降旋钮；18—调平拉杆

图 1-6-13　单盘电光分析天平
1—顶罩；2—减震垫；3—调零手钮；
4—外接电源线；5—停动手钮；
6—微读手轮；7—调整脚螺丝

② 单盘电光分析天平。与双盘电光分析天平相比，单盘电光分析天平具有操作方便、称量快速、准确的优点，其外形如图 1-6-13 所示。

单盘电光分析天平也是按杠杆原理设计的，其横梁结构分为等臂和不等臂两种。等臂单盘电光分析天平除只有一个称量盘外，其余部分结构特点与等臂双盘电光分析天平大致相同。

③ 电光分析天平的性能。电光分析天平的性能可以用灵敏度、准确性、稳定性和不变性等衡量。以双盘电光分析天平为例，简单介绍以上性能。

a. 天平的灵敏度。天平的灵敏度就是天平能够察觉出两盘载重质量差的能力，可以表示为天平称量盘上增加 1 mg 所引起的指针在读数标牌上偏移的格数：

$$灵敏度 = 指针偏移的格数/mg$$

指针偏移的距离越大，表示天平越灵敏。

天平在一盘载重时，指针偏移的程度与载重有关，载重越大，偏移越大。当载重一定时，指针偏移与臂长成正比，与天平横梁的质量及重心到支点的距离成反比。一台天平横梁的质量和臂长是一定的，唯有重心的位置可以通过移动感量铊（一般电光天平的感量铊在天平横梁后面）的位置进行调节。感量铊上移，缩短了重心到支点的距离，可以增加天平的灵敏度。天平灵敏度一般以指针偏移 2~3 格/mg 为宜，灵敏度过低将使称量误差增加，过高则指针摆动厉害而影响称量结果。天平的灵敏度还可以用感量（指针偏移一格所相当的质量的变化）表示，即感量=1/灵敏度。

b. 天平的准确性。天平的准确性是对天平的等臂性而言的。对一台完好的等臂天平而言,其两臂长之差不得超过臂长的 1/40000,否则将引起较大误差。

天平的等臂性是会变动的,对新出厂的天平,要求它在最大载荷下由不等臂引起的指针偏移不超过标牌的 3 个最小分度值,这样才能使其在常规称量中因不等臂而引起的误差小至可忽略的程度。

天平两臂受热不均匀时将引起臂长变化,使称量误差增大。

c. 天平的稳定性。天平横梁在平衡状态受到扰动后能自动回到初始平衡位置的能力称为天平的稳定性。好的天平不仅要有一定的灵敏度,也要有相当的稳定性。就一台天平而言,其稳定性和灵敏度是相互对立的,只有都兼顾到,才能使其处于最佳运行状态。

一般情况下,天平的稳定性是通过改变天平的重心,即移动感量铊来调节。重心离支点越远,天平稳定性越好,但灵敏度越低。

d. 天平的不变性。天平的不变性是指天平在载荷不变的情况下,多次开关天平时,各次平衡位置重合不变的性能。

在同一台天平上使用同一组砝码多次称量同一重物,所得称量结果的极差称为示值变动性。示值变动性越大,天平的不变性越差。天平的稳定性和不变性有关,但不是同一概念。稳定性主要与横梁的重心有关,而不变性还与天平的结构和称量时的情况等有关。

(3) 电子分析天平

电子分析天平是新一代的天平,它利用电子装置完成电磁力补偿的调节,使物体在重力场中实现力的平衡,或通过电磁力矩的调节使物体在重力场中实现力矩的平衡。通过设定的程序,可实现自动调零、自动校准、自动去皮、自动显示称量结果,或将称量结果经接口直接输出、打印等。

电子分析天平的校准方法可分为自动启用内置标准砝码进行的内校式与附带外置砝码的外校式。在电子分析天平启动时有一自动校准过程,通过校准砝码的赋值过程,消除了重力加速度的影响,使电子分析天平称出的是物体的质量而非重量。

尽管电子分析天平的型号很多,但其基本结构和称量原理是基本相同的,主要形式是顶部承载式(又称上皿式)。顶部承载式电子分析天平是根据电磁力补偿工作原理制成的,分为载荷接受和传递装置、载荷测量和补偿控制装置两部分。

如图 1-6-14 所示,载荷接受和传递装置由称量盘 1、支承簧片 7、平行导杆 8 等组成,接受被称物体的重力并传递给测量装置。其中两个平行导杆的作用是维持称量盘在载荷改变时只能进行垂直运动,并避免称量盘倾倒。被称重力经过杠杆传递给负荷线圈 5 的线圈架,线圈架处于由磁铁 2、极靴 4 和恒磁铁 3 组成的磁系统的间隙中。杠杆机构的所有转动支点都由支承簧片 7 承担。修正线圈 6 的作用是修正负荷线圈 5 对恒磁铁 3 的磁化率的影响。

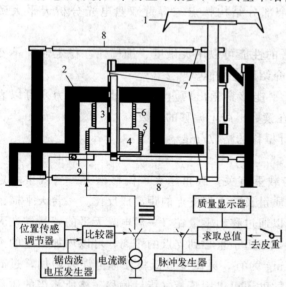

图 1-6-14 电子分析天平基本结构示意图
1—称量盘;2—磁铁;3—恒磁铁;4—极靴;5—负荷线圈;
6—修正线圈;7—支承簧片;8—平行导杆;9—光电扫描装置

载荷测量和补偿控制装置由机械部分和电子部分共同组成，有负荷线圈 5、磁铁 2、位置传感调节器及电路控制部分，其作用是对传递而来的载荷进行测量和补偿。当天平称量盘负重后，相应的重力传递到负荷线圈 5，使其竖直位置发生变化，光电扫描装置 9 将负荷线圈 5 负重后的平衡位置传递给电子电路中的位置传感调节器。传感器将测得的信号进行比较后，指示电流源发出等幅脉冲电流，该电流通过负荷线圈 5 时产生垂直向上的力，直至负荷线圈恢复到未负重时的平衡位置。由脉冲发生器产生的等幅脉冲电流的宽度与负荷的质量成正比，所称物体质量越大，通过线圈的脉冲宽度越大，平衡后由微处理器显示的读数也越大。

电子分析天平的优点在于它在加入载荷后能迅速地平衡，并自动显示所称物体的质量，单次样品的称量时间大大缩短，其独具的"去皮"功能使其称量更为简便、快速。

现在新型的电子分析天平不仅可以进行常规的样品称量，还可以进行许多电光分析天平无法完成的工作。如利用附加于天平上的加热装置直接进行含水量测定，可敏感而迅速地称量小型活体动物的体重，利用自带软件进行小件计数称量、累计称量、配方称量，还可对称量结果进行统计处理和打印。新型天平还有自动保温系统、四级防震装置，具有现场称量、自动浮力校正等许多功能，以及红外感应式操作（如开门、去皮）等附加功能。

3. 称量的一般程序和方法

（1）电光分析天平的称量程序

① 取下天平罩，叠好后平放在天平箱右后方的台面上。

② 称量时，操作者面对天平端坐，记录本放在胸前的台面上，存放和接受称量物的器皿放在天平箱左侧，砝码盒放在右侧。

③ 称量开始前应作如下检查和调整。

a. 了解待称物体的温度与天平箱里的温度是否相同。如果待称物体曾经加热或冷却过，必须将该物体放置在天平箱近旁相当时间，待该物体的温度与天平箱里的温度相同后再进行称量。盛放称量物的器皿应保持清洁干燥。

b. 检查天平称量盘和底板是否清洁。称量盘上如有粉尘，可用软毛刷轻轻扫净；如有斑痕或脏物，可用浸有无水乙醇的软布轻轻擦拭。底板如不干净，可用毛笔拂扫或用细布擦拭。

c. 检查天平是否处于水平位置。若气泡式水准器的气泡不在圆圈的中心（或铅垂式水准器的两个尖端未对准），应用手旋转天平底板下面的两个螺丝足，以调节天平两侧的高度直至达到水平为止。使用时不得随意挪动天平的位置。

d. 检查天平的各个部件是否都处于正常位置（主要查看的部件是横梁、吊耳、称量盘、骑码和环码等），如发现异常情况，应报告教师处理。

④ 调节天平的零点。关闭所有天平门，轻轻打开天平，看微分标尺的零线是否与投影屏上的标线相重合。如果相差不大，可调节天平箱下面的调平拉杆使其重合。如果相差较大，可关闭天平后细心调节天平横梁上的平衡调节螺丝，再打开天平查看，直至重合。

⑤ 称量。从干燥器中取出样品瓶，在台秤上或用较低精度的电子分析天平进行粗称。而后将样品放入左盘，关好天平门，在右盘中放上与预称质量相同（近）的砝码，并调整圈码使天平达到平衡。

为加快称量的速度，选取圈码应遵循"由大到小、中间截取、逐级试验"的原则。试加圈码可以在半开天平的条件下进行。可用"指针总是偏向轻盘，光标投影总是向重盘方向移动"的原则迅速判定左、右两盘孰轻孰重。

⑥ 读数与记录。称量的数据应立即用钢笔或圆珠笔记录在原始数据记录本上，不能用铅笔书写，也不得记录在零星纸片上或其他物品上。记录砝码数值时应先照砝码盒里的空位记下，然后按大小顺序依次核对称量盘上的砝码，若已称完，可将其放回砝码盒空位。对于组合砝码，可一次读取总的数值，但最好再重读一遍。

⑦ 称量结束后应将天平复零并关闭天平，确定已无任何物品留在天平的称量盘上后，关上天平门，将圈码的旋钮旋回"0"，关闭电源，将砝码放回砝码盒，罩好天平。

(2) 电光分析天平的称量方法

在分析化学实验中，称取试样经常用到的方法有：指定质量称量法、递减称量法及直接称量法。

① 指定质量称量法。在分析化学实验中，当需要用直接法配制指定浓度的标准溶液时，常常用指定质量称量法来称取基准物质。此法只能用来称取不易吸湿且不与空气中各种组分发生作用的、性质稳定的粉末状物质，不适用于块状物质的称量。

具体操作方法如下。首先调节好天平的零点，用金属镊子将清洁干燥的深凹型小表面皿（通常直径为 6 cm，也可以使用扁形称量瓶）放到左盘上，在右盘加入等重的砝码使其达到平衡。再向右盘增加约等于所称试样质量的砝码（一般准确至 10 mg 即可），然后用药匙向左盘上表面皿内逐渐加入试样，半开天平进行试重。

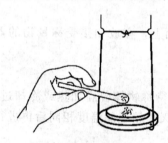

图 1-6-15　加样的操作

直到所加试样只差很小质量时（此量应小于微分标牌满标度，通常为 10 mg），便可以开启天平，极其小心地以左手持盛有试样的药匙，伸向表面皿中心部位上方 2~3 cm 处，用左手拇指、中指及掌心拿稳药匙，以食指轻弹（最好是摩擦）药匙柄，让药匙里的试样以非常缓慢的速度抖入表面皿（如图 1-6-15 所示）。这时，眼睛既要注意药匙，同时也要注视着微分标牌投影屏，待微分标牌正好移动到所需要的刻度时，立即停止抖入试样。注意：此时右手不要离开升降旋钮。

此步操作必须十分仔细，若不慎多加了试样，只能关闭升降旋钮，用药匙取出多余的试样，再重复上述操作直到合乎要求为止。然后，取出表面皿，将试样直接转入接收器。

操作时应注意以下两点。

a. 加样或取出药匙时，试样决不能落在秤盘上。开启天平加样时，切忌抖入过多的试样，否则会使天平突然失去平衡。

b. 称好的试样必须定量地由表面皿直接转入接收器。若试样为可溶性盐类，沾在表面皿上的少量试样粉末可用蒸馏水吹洗入接收器。

② 递减称量法。递减称量法称取试样的量是由两次称量之差求得的，分析化学实验中用到的基准物和待测固体试样大都采用此法。采用本法称量时，被称量的物质不直接暴露在空气中，因此本法特别适合称量易挥发、吸水以及易与空气中 O_2、CO_2 发生反应的物质。

操作方法如下。用手拿住表面皿的边沿，连同放在上面的称量瓶一起从干燥器里取出。用小纸片夹住称量瓶盖柄，打开瓶盖，将稍多于需要量的试样用药匙加入称量瓶，盖上瓶盖。用清洁的纸条叠成约 1 cm 宽的纸带套在称量瓶上，左手拿住纸带尾部把称量瓶放到天平左盘的正中位置，取出纸带，选取适量的砝码放在右盘上使之平衡，称出称量瓶加试样的准确质量（准确到 0.1 mg），记下砝码的数值。左手仍用原纸带将称量瓶从天平称量盘上取下，拿到接收器的上方，右手用纸片夹住瓶盖柄，打开瓶盖，但瓶盖也不离开接收器上方。将瓶身慢慢向下倾斜，这时原在瓶底的试样逐渐流向瓶口。接着，一面用瓶盖轻轻敲击瓶口内缘，一面转动称量瓶使试样缓缓加入接收容器内，如图 1-6-16 所示。待加入的试样量接近需要量时（通常从体积上估计或试重得知），一边继续用瓶盖轻敲瓶口，一边逐渐将瓶身竖直，使沾在瓶口附近的试样落入接收容器或落回称量瓶底部。然后盖好瓶盖，把称量瓶放回天平左盘，取出纸带，关好左边门，准确称其质量。两次称量读数之差即为加入接收容器里的第一份试样的质量。

(a) 称量瓶的拿取方法　　　　　　　(b) 试样敲击的方法

图 1-6-16　递减称量法

操作时应注意以下事项。

a. 若加入的试样量不够，可重复上述操作；如加入的试样量大大超过所需量，则只能弃去重做。

b. 盛有试样的称量瓶除放在表面皿和称量盘上或用纸带拿在手中外，不得放在其他地方，以免沾污。

c. 套上或取出纸带时，不要碰着称量瓶口，纸带应放在清洁的地方。

d. 沾在瓶口上的试样应尽量处理干净，以免沾到瓶盖上或丢失。

e. 要在接收容器的上方打开瓶盖，以免可能沾在瓶盖上的试样掉落他处。

③ 直接称量法。对某些在空气中没有吸湿性的试样或试剂，如金属、合金等，可以用直接称量法称量。即用药匙取试样，放在已知质量的清洁而干燥的表面皿或称量纸上，一次称取一定质量的试样，然后将试样全部转移到接收容器中。

放在空气中的试样通常都含有湿存水，其含量随试样的性质和条件而变化。因此，不论用上面哪种方法称取试样，在称量前均必须采用适当的干燥方法，将其除去。

① 对于性质稳定不易吸湿的试样，可将试样薄薄地铺在表面皿或蒸发皿上，然后放入烘箱，在指定温度下干燥一定时间，取出后放在干燥器里冷却，最后转移至磨口试剂瓶里备用。盛样试剂瓶通常存放在不装干燥剂的干燥器里。经过干燥处理的试样即可放入称量瓶，用递减称量法称量。称取单份试样也可使用表面皿。

② 对于易潮解的试样或要求较高的情况，可将试样直接放在称量瓶里干燥，干燥时应把瓶盖打开，干燥后把瓶盖松松地盖住，放入干燥器中，放在天平箱近旁冷却。称量前应将瓶盖稍微打开一下立即盖严，然后称量。需要特别指出的是，由于这类试样很容易吸收空气中的水分，故采用递减称量法时不宜连续称量，一个称量瓶一次只能称取一份试样，并且倒

出试样时应尽量把瓶中的试样倒净，以免剩余试样再次吸湿而影响准确性。因此，要求最初加入称量瓶里的试样量，尽可能接近需要量；整个称量过程进行要快；如果需要称取两份试样，则应用两个称量瓶盛试样进行干燥。

③ 对于含结晶水的试样，如果在除去湿存水的同时，结晶水也会失去，则不宜进行烘干。此时，所得分析结果应以"湿样品"表示。受热易分解的试样也应如此。

（3）电子分析天平的称量程序

① 打开电源，预热，待天平显示屏出现稳定的"0.0000 g"即可进行称量。

② 打开天平门，将样品瓶（或称量纸）放入天平的称量盘中，关上天平门，待读数稳定后记录显示数据。如需进行"去皮"称量，则按下"TARE"键，使显示为"0.0000 g"。

③ 按相应的称量方法进行称量。

④ 最后一位同学称量完毕要关机后再离开（由于电子分析天平的称量速度快，在同一实验室中将有多个同学共用一台天平。在一次实验中，电子分析天平一经开机、预热、校准后，即可依次连续称量）。

由于电子分析天平自重较轻，使用中容易因碰撞而发生位移，进而可能造成水平改变，故使用过程中动作要轻。

此外，电子分析天平还有一些其他的功能键，有些是供维修人员调校用的，未经允许不要使用这些功能键。

（4）电子分析天平的称量方法

电子分析天平使用指定质量称量法和递减称量法进行称量。

① 指定质量称量法是将干燥的小容器（如小烧杯）轻轻放在经预热并已稳定的电子分析天平称量盘上，关上天平门，待显示平衡后按"TARE"键扣除容器质量并显示零点。然后打开天平门，往容器中缓缓加入试样，直至显示屏显示出所需的质量数，停止加样并关上天平门，此时显示的数据便是实际所称的质量。

② 递减称量法是将上法中干燥小容器改为装有试样的称量瓶进行递减称量，最后显示的数字是负数。

五、加热和冷却

1. 加热设备或方法

（1）酒精灯

酒精易燃，使用时应注意安全。酒精灯要用火柴点燃，而不要用另外一个燃着的酒精灯来点燃，否则易把灯内的酒精洒在外面，使大量酒精着火，引起事故。酒精灯不用时，盖上盖子，使火焰熄灭，不要用嘴吹灭。盖子要盖严，以免酒精挥发。

当需要往灯内添加酒精时，应把火焰熄灭，然后借助漏斗把酒精加入灯内，加入酒精量为其容量的 1/3~1/2。

（2）酒精喷灯

酒精喷灯的使用方法如下。

① 添加酒精。加酒精时关好下口开关，灯内贮酒精量不能超过酒精壶的 2/3。

② 预热。预热盘中加少量酒精点燃，待有酒精蒸气逸出，便可将灯点燃。若无蒸气，用探针疏通酒精蒸气出口后，再预热，点燃。

③ 调节。旋转调节器调节火焰。

④ 熄灭。可盖灭，也可旋转调节器熄灭。喷灯使用一般不超过 30 min。冷却，添加酒精后再继续使用。

(3) 水浴

当要求被加热的物质受热均匀，且温度不超过 100 ℃时，可利用水浴。先把水浴中的水煮沸，用水蒸气来加热。水浴上可放置大小不同的铜圈，以承受各种器皿。

使用水浴时应注意以下情况。

① 水浴内盛水的量不要超过其容量的 2/3。应随时往水浴中补充少量的热水，以保持有占容量 1/2 左右的水量。

② 应尽量保持水浴的严密。

③ 当不慎把铜质水浴中的水烧干时，应立即停止加热，等水浴冷却后，再加水继续使用。

④ 注意不要把烧杯直接泡在水浴中加热，这样会使烧杯底部因接触水浴锅的锅底受热不均匀而破裂。在用水浴加热试管、离心管中的液体时，常用的是 250 mL 烧杯［内盛蒸馏水（或去离子水），将水加热至沸］。

(4) 油浴和沙浴

当要求被加热的物质受热均匀，温度又需高于 100 ℃时，可使用油浴或沙浴。用油代替水浴中的水，即油浴。沙浴是一个铺有一层均匀的细沙的铁盘。先加热铁盘，被加热的器皿放在沙上。若要测量沙浴的温度，可把温度计插入沙中。

(5) 电加热

在实验室中还常用电炉、电热套、管式炉和马弗炉等设备加热。加热温度的高低可通过调节外电阻来控制。管式炉和马弗炉都可加热到 1000 ℃左右。

2. 冷却方法

① 冷水浴：室温以下；冰水浴：0 ℃以上。

② 冰盐浴（1 份食盐+3 份碎冰）：$-15 \sim -5$ ℃。

③ 10 份六水氯化钙+8 份冰：$-40 \sim -20$ ℃。

④ 干冰-丙酮：-78 ℃。

⑤ 液氮：-196 ℃。

六、重量分析基本操作

重量分析法包括挥发法、萃取法、沉淀法。以沉淀法应用最为广泛，在此仅介绍沉淀法的基本操作。

1. 沉淀的制备

沉淀进行的条件（即沉淀时溶液的温度，试剂加入的次序、浓度、数量和速度，以及沉淀的时间，等等），应按方法中的规定进行。沉淀所需的试剂溶液，其浓度准确至 1% 就足够了。

试剂如果可以一次加到溶液里，则应沿着烧杯壁倒入或是沿着搅拌棒加入，注意勿使溶液溅出。通常进行沉淀操作时用滴管将沉淀剂逐滴加入试液中，边加边搅拌，以免沉淀剂局部过浓。搅拌时不要使搅拌棒敲打和刻划杯壁。若需在热溶液中进行沉淀，最好用水浴加热,勿使溶液沸腾,以免溶液溅出。进行沉淀所用的烧杯需配备搅拌棒和表面皿。

2. 沉淀的过滤

(1) 滤器的选择

根据沉淀在灼烧中是否会被纸灰还原以及称量物的性质,确定采用玻璃砂芯坩埚还是滤纸来进行过滤。若采用滤纸,则根据沉淀的性质和多少选择滤纸的类型和大小,如对 $BaSO_4$、CaC_2O_4 等微粒晶形沉淀,应选用较小而紧密的滤纸;对 $Fe_2O_3 \cdot nH_2O$ 等蓬松的胶状沉淀,则需选用较大而疏松的滤纸。

(2) 滤纸的折叠和安放

用洁净的手将滤纸按图 1-6-17 所示,先对折,再对折成圆锥体(每次折时均不能用手压中心,使中心有清晰折痕,否则中心可能会有小孔而发生穿漏,折时应用手指由近中心处向外两方压折),放入漏斗中,使滤纸与漏斗密合。如果滤纸与漏斗不十分密合,则稍稍改变滤纸的折叠角度,直到与漏斗密合为止。此时把三层厚滤纸的外层折角撕下一点,这样可以使该处内层滤纸更好地贴在漏斗上。撕下来的纸角保存在干燥的表面皿上,供以后擦烧杯用。注意漏斗边缘要比滤纸上边高出 0.5~1 cm。

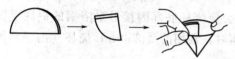

图 1-6-17 滤纸的折叠法

滤纸放入漏斗后,用手按住滤纸三层的一边,由洗瓶吹出细水流以湿润滤纸,然后轻压滤纸边缘使滤纸锥体上部与漏斗之间没有空隙。按好后,在其中加水到达滤纸边缘,这时漏斗颈内应全部被水充满,形成水柱。若颈内不能形成水柱(主要是因为颈径太大),可以用手指堵住漏斗下口,稍稍掀起滤纸的一边,用洗瓶向滤纸和漏斗之间的空隙里加水,直到漏斗颈及锥体的一部分全被水充满,注意必须把颈内的气泡完全排除。然后把纸边按紧,再放开手指,此时水柱即可形成。如果水柱仍不能形成,则滤纸与漏斗之间不密合。如果水柱虽然形成,但是其中有气泡,则纸边可能有微小空隙,可以再将纸边按紧。水柱准备好后,用纯水洗 1~2 次。

将准备好的漏斗放在漏斗架上,漏斗位置的高低以漏斗颈末端不接触滤液为度。漏斗必须放置端正,若滤纸一边较高,在洗涤沉淀时,这一较高的部分就不能经常被洗涤液浸没,从而滞留下一部分杂质。

(3) 过滤

过滤时,放在漏斗下面用以承接滤液的烧杯应该是洁净的(即使滤液不要),因为万一滤纸破裂或沉淀漏进滤液里,滤液还可重新过滤。过滤时溶液最多加到滤纸边缘下 5~6 mm 的地方,如果液面过高,沉淀会因毛细作用而越过滤纸边缘。过滤时漏斗的颈应贴着烧杯内壁,使滤液沿杯壁流下,不致溅出。过滤过程中应经常注意勿使滤液淹没或触及漏斗末端。过滤一般采用倾析法(或称倾泻法),即待沉淀下沉到烧杯底部后,把上层清液先倒至漏斗上,尽可能不搅起沉淀。然后,将洗涤液加在带有沉淀的烧杯中,搅起沉淀以进行洗涤,待沉淀下沉,再倒出上层清液。这样,一方面可避免沉淀堵塞滤纸,从而加速过滤,另一方面可使沉淀洗涤得更充分。具体操作(图 1-6-18)如下:

待沉淀下沉,一手拿搅拌棒,垂直地持于滤纸的三层部分上方(防止过滤时液流冲破滤纸),搅拌棒下端尽可能接近滤纸,但勿接触滤纸;另一手将盛着沉淀的烧杯拿起,使杯嘴贴着搅拌棒,慢慢将烧杯倾斜,尽量不搅起沉淀,将上层清液慢慢沿搅拌棒倒入漏斗中。停止倾注溶液时，将烧杯沿搅拌棒往上提，并逐渐扶正烧杯，保持搅拌棒位置不动。倾注完成后，将搅拌棒放回烧杯。用洗瓶将 20～30 mL 洗涤液沿杯壁吹至沉淀上，搅动沉淀，充分洗涤，待沉淀下沉后，再倾出上层清液。如此反复洗涤、过滤多次。洗涤的次数视沉淀的性质而定，一般晶形沉淀洗 2～3 次，胶状沉淀需洗 5～6 次。

为了把沉淀转移到滤纸上，先于盛有沉淀的烧杯中加入少量洗涤液（加入洗涤液的量，应该是滤纸上一次能容纳的）并搅动，然后立即按上述方法将悬浮液转移到滤纸上。此时大部分沉淀可从烧杯中移出。这一步最易引起沉淀的损失，必须严格遵守操作中有关规定。再自洗瓶中挤出洗涤液，把烧杯壁和搅拌棒上的沉淀冲下，再次搅起沉淀，按上述方法把沉淀转移到滤纸上。这样重复几次，一般可以将沉淀全部转移到滤纸上。如果仍有少量沉淀很难转移，则可按图 1-6-19 所示的方法，把烧杯倾斜着拿在漏斗上方，烧杯嘴向着漏斗，用食指将搅拌棒架在烧杯口上，搅拌棒下端向着滤纸的三层部分，用洗瓶挤出的溶液冲洗烧杯内壁，将沉淀转移到滤纸上。如还有少量沉淀黏着在烧杯壁上，则可用软毛刷将其刷下，或用前面撕下的一小块洁净无灰滤纸将其擦下，放在漏斗内；搅拌棒上黏着的沉淀，亦应用前面撕下的滤纸角将它擦净，与沉淀合并。然后仔细检查烧杯内壁、搅拌棒、表面皿是否彻底洗净，若有沉淀痕迹，要再行擦拭、转移，直到沉淀完全转移为止。

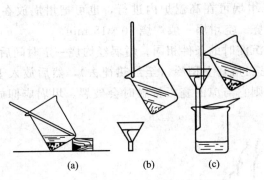

图 1-6-18　倾析法过滤

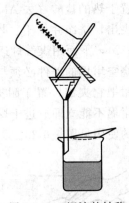

图 1-6-19　沉淀的转移

对于一些仅需烘干而不必高温灼烧即可进行称量的沉淀，可将其转移至玻璃砂芯坩埚内，转移方法同上，只是必须同时进行抽滤，见图 1-6-20。

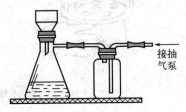

图 1-6-20　抽气过滤

3. 沉淀的洗涤

沉淀全部转移到滤纸上后，需在滤纸上洗涤沉淀，以除去沉淀表面吸附的杂质和残留的母液。洗涤的方法是自洗瓶中先挤出洗涤液，使其充满洗瓶的导出管，然后挤出洗涤液浇在滤纸的三层部分离边缘稍下的地方，再盘旋地自上而下洗涤，并借此将沉淀集中到滤纸圆锥体的下部（图 1-6-21），切勿使洗涤液突然冲在沉淀上。

为了提高洗涤效率，每次使用少量洗涤液，洗后尽量沥干，然后再在漏斗上加洗涤液进行下一次洗涤，如此洗涤几次。

沉淀洗涤至最后，用干净试管接取约 1 mL 滤液。注意：不要使漏斗下端触及试管壁。过滤与洗涤沉淀的操作必须不间断地一次完成。若间隔较久，沉淀就会干涸，黏成一团，这样就几乎无法洗净。盛沉淀或滤液的烧杯,都应该用表面皿盖好。过滤时倾注完溶液后,亦应将漏斗盖好,以防尘埃落入。

图 1-6-21 沉淀在漏斗中的洗涤

(a) 正确

(b) 不正确

图 1-6-22 瓷坩埚在泥三角上的放置示意图

4. 沉淀的灼烧

(1) 坩埚的准备

沉淀的灼烧是在洁净并预先经过 2 次以上灼烧至恒重的坩埚中进行的。坩埚用自来水洗净后,置于热的盐酸(去 Al_2O_3、Fe_2O_3)或铬酸洗液中(去油脂)浸泡十几分钟,然后用坩埚钳夹出,洗净并烘干、灼烧。灼烧坩埚可在高温炉内进行,也可把坩埚放在泥三角上(图 1-6-22),下面用煤气灯逐步升温灼烧。空坩埚一般灼烧 10~15 min。

灼烧空坩埚的条件必须与以后灼烧沉淀时的条件相同。坩埚经灼烧一定时间后,用预热的坩埚钳把它夹出,置于耐火板(或泥三角)上稍冷(至红热褪去),然后放入干燥器中。太热的坩埚不能立即放进干燥器中,否则它与凉的瓷板接触时会破裂。坩埚应仰放桌面上。干燥器的使用见图 1-6-23。

(a) 开盖

(b) 搬移

图 1-6-23 干燥器的使用

图 1-6-24 无定形沉淀的包裹

坩埚的大小和厚薄不同,因而坩埚充分冷却所需的时间也不同,一般需 30~50 min。冷却坩埚时盛放该坩埚的干燥器应放在天平室内,同一实验中坩埚的冷却时间应相同(无论是空的还是有沉淀的)。待坩埚冷却至室温时进行称量,将称得的质量准确地记录下来。再将坩埚按相同的条件灼烧、冷却、称量,重复这样的操作,直到连续两次称量的质量之差不超过 0.3 mg,方可认为已达恒重。

(2) 沉淀的包裹

对无定形沉淀,可用搅拌棒将滤纸四周边缘向内折,把圆锥体的敞口封上(图 1-6-24)。再用搅拌棒将滤纸包轻轻转动,以便擦净漏斗内壁可能沾有的沉淀,然后将滤纸包取出,倒转过来，尖头向上，安放在坩埚中。对于晶形沉淀，则可按图 1-6-25 的方法包裹后放入坩埚中。

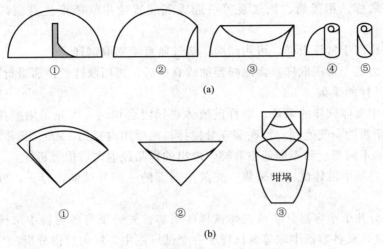

图 1-6-25　包裹晶形沉淀的两种方法

（3）沉淀的烘干和灼烧

把包裹好的沉淀放在已恒重的坩埚中，这时滤纸的三层部分应处在上面。将坩埚斜放在泥三角上（其底部放在泥三角的一边，见图 1-6-26）。然后再把坩埚盖半掩地倚于坩埚口，如图 1-6-26 所示，以便利用反射焰将滤纸炭化。

先调节煤气灯火焰，用小火均匀地烘烤坩埚，使滤纸和沉淀慢慢干燥。这时温度不能太高，否则坩埚会因与水滴接触而炸裂。为了加速干燥，可将煤气灯火焰放在坩埚盖中心之下，加热后热空气流便反射到坩埚内部，而水蒸气从上面逸出。待滤纸和沉淀干燥后，将煤气灯移至坩埚底部，稍增大火焰，使滤纸炭化。滤纸完全炭化后，逐渐增大火焰，升高温度，使滤纸灰化。灰化也可在温度较高的电炉上进行。

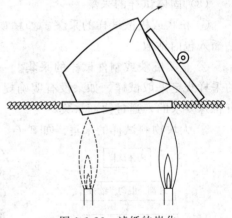

图 1-6-26　滤纸的炭化

滤纸灰化后，可将坩埚移入高温炉灼烧。根据沉淀性质，灼烧一定时间（如 $BaSO_4$ 为 20 min）。冷却后称量，再灼烧至恒重。

5. 灼烧后沉淀的称量

称量方法与称量空坩埚的方法基本上相同，但尽可能称得快些，特别是对灼烧后吸湿性很强的沉淀更应如此。

带沉淀的坩埚，其连续两次称量的结果之差在 0.3 mg 以内的，即可认为它已达恒重。

七、分析试样的准备和分解

1. 分析试样的准备

从一整批物料中取出的送至实验室分析的试样应具有代表性，下面介绍各种类型试样的采集方法。

(1) 气体试样的采集

① 常压下取样。用吸筒、抽气泵等一般吸气装置使集气瓶产生真空,自由吸入气体试样。

② 气体压力高于常压取样。可用球胆、集气瓶直接盛取试样。

③ 气体压力低于常压取样。将取样器抽成真空后,再用取样管接通进行取样。

(2) 液体试样的采集

① 大容器中液体试样的采集。取样前液体必须混合均匀,可先采用搅拌器搅拌,或将无油污、水等杂质的空气通到容器底部充分搅拌,然后用内径约 1 cm、长 80～100 cm 的玻璃管,在容器的不同深度和不同部位取样,取出的样品经混匀后供分析。

② 密封式容器中液体试样的采集。先放出前面的一部分试样,弃去,再接取供分析的试样。

③ 一批中分几个小容器分装的液体试样的采集。先分别将各容器中试样混匀,然后按产品规定取样量,从各容器中取等量试样于一个试样瓶中,混匀后供分析。

④ 炉水中液体试样的采集。按密封式容器采样方法。

⑤ 水管中液体试样的采集。先将管内积水放尽,再取一根橡皮管,其一端套在水管上,另一端插入取样瓶底部,在瓶中装满水后,让其溢出瓶口少许时间即可。

⑥ 河、池等水源中液体试样的采集。在尽可能背阴的地方,在水面以下深 0.5 m、离岸 1～2 m 处采集样品。

(3) 固体试样的采集

① 粉状或松散试样的采集。如精矿、石英砂、化工产品等,其组成较均匀,可用取样钻插入包内钻取。

② 金属锭块或制件试样的采集。一般可用钻、刨、切削、击碎等方法,按锭块或制件的采样规定采取试样。如果没有明确规定,则从锭块或制件的纵横各部位采样;对送检单位有特殊要求的,通过协商采集。

③ 大块物料试样的采集。如矿石、焦炭、煤块等,因这类样品成分不均匀,而且其大小相差很大,所以采样时应以适当的间距从物料不同部分采取小样。样品量一般按全部物料的 0.03%～0.1%采集,对极不均匀的物料,有时取 0.2%,取样深度在 0.3～0.5 m 处。

固体试样加工的一般程序如图 1-6-27 所示。

实际上不可能把全部试样都加工成为分析正样,因此在处理过程中要采用四分法,不断进行缩分,按照切乔特公式计算具有足够代表性的试样的最低可靠质量为

$$Q = kd^2$$

式中,Q 为试样的最低可靠质量,kg;k 为根据物料特性确定的缩分系数;d 为试样中最大颗粒的直径,mm。

试样的最大颗粒直径以粉碎后试样能全部通过的

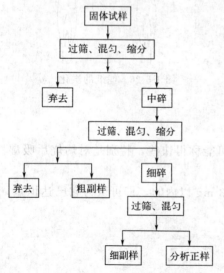

图 1-6-27　固定试样加工的一般程序

孔径最小的筛网孔径为准。根据试样的颗粒大小和缩分系数，可以从手册上查到试样最低可靠质量 Q 的值，最后将试样研细至符合分析正样的要求。

缩分的次数不是任意的。每次缩分时，试样的粒度与保留的试样，都应符合切乔特公式，否则就应进一步破碎，再进行缩分。如此反复破碎、缩分，直到试样的质量减至供分析用的质量为止。最后放入玛瑙研钵中研磨到规定的细度。根据试样的分解难易，一般要求试样通过 100～200 目筛，这在生产单位均有具体规定。

2. 试样的保存

采集的试样保存时间越短，分析结果越可靠。为了避免试样在运送过程中待测组分由于挥发、分解和被污染等造成损失，能够在现场进行测定的项目，应在现场完成分析。若试样必须保存，则应根据试样的物理性质、化学性质和分析要求，采取合适的方法保存试样。可采用低温干燥（如冷冻、真空、冷冻真空干燥），加稳定剂、防腐剂或保存剂，或通过化学反应使不稳定成分转化为稳定成分等措施使试样保存期延长。常用普通玻璃瓶，棕色玻璃瓶，石英试剂瓶，聚乙烯瓶、袋或桶等保存试样。

3. 试样的分解

分解试样的要求是试样应完全分解，在分解过程中不能引入待测组分，不能使待测组分有所损失，所有试剂及反应产物对后续测定应无干扰。

分解试样最常用的方法有溶解法和熔融法两种。溶解法通常按照水、稀酸、浓酸、混合酸的顺序处理，加入 H_2O_2 等氧化剂作为辅助溶剂可以提高酸的氧化能力，促进试样溶解。盐酸、硝酸、硫酸、磷酸、氢氟酸、高氯酸等是常用的酸。不溶的物质可采用熔融法。常用的熔剂有碳酸钠、氢氧化钠或氢氧化钾、硫酸氢钾或焦硫酸钾等。熔融温度可高达 1200 ℃，从而使反应能力大大增强。

闭管法用于难溶物质的分解。把试样和溶剂置于适当的容器中，再将容器装在保护管中，在密闭的情况下进行分解。由于容器内部高温高压，溶剂没有挥发损失，使难溶物质的分解效果很好。

有机试样的分解主要采用干法灰化法和湿法灰化法。干法灰化通常将样品放在坩埚中灼烧，直至所有有机物燃烧完全，只留下不挥发的无机残留物。湿法灰化是将样品与具有氧化性的浓无机酸（单酸或混合酸）共热，使样品完全氧化，各种元素以简单的无机离子形式存在于酸溶液中。硫酸、硝酸或高氯酸等单酸，硝酸和硫酸或硝酸和高氯酸等混合酸常用于湿法灰化。使用高氯酸时，应注意安全。在灰化处理过程中，应注意待测组分的挥发损失。

微波溶样技术是 20 世纪产生的一种有前途的溶样技术。微波是一种位于远红外线与无线电波之间的电磁波，具有较强的穿透能力，它与用煤气灯、电热板、马弗炉等传统加热技术不同，微波加热是一种"内加热"。试样与酸的混合物受微波产生的交变磁场作用，物质分子发生极化，极性分子受高频磁场作用而交替排列，使分子高速振荡，加热物内部分子间便产生剧烈的振动和碰撞，导致加热物内部的温度迅速升高。分子间的剧烈碰撞、搅拌并不断清除已溶解的试样表面，促进酸与试样更有效地接触，从而使试样迅速地被分解。

微波溶样设备有实验室专用的微波炉和微波马弗炉。常压和高压微波溶样是两种常用的方法，微波溶样的条件应根据微波功率、分解时间、温度、压力和试样量之间的关系来选择。

微波溶样具有以下优点。

① 被加热物质里外一起加热,瞬间可达高温,热能损耗少,利用率高。

② 微波穿透深度强,加热均匀,对某些难溶样品的分解尤为有效。例如,用目前最有效的高压消解法分解锆英石,即使对不稳定的锆英石,在 200 ℃ 分解也需两天,用微波加热在 2 h 之内即可分解完成。

③ 传统加热方法都需要相当长的预热时间才能达到加热必需的温度,而微波加热在微波管启动 10~15 s 便可奏效,溶样时间大为缩短。

④ 封闭容器微波溶样所用的试剂量少,空白值显著降低,且避免了痕量元素的挥发损失及试样的污染,提高了分析的准确性。

⑤ 微波溶样法最彻底的变革之一是易实现分析自动化。因此,它已广泛地应用于环境、生物、地质、冶金和其他物料的分析。

八、酸度计(pH 计)的使用

1. 测量原理

由 pH 玻璃电极(指示电极)、甘汞电极(参比电极)和被测的试样溶液组成一个化学电池,由酸度计在零电流的条件下测量该化学电池的电动势。根据 pH 值的实用定义:

$$pH_x = pH_s + \frac{E_x - E_s}{0.0592\text{V}} \quad (25\ ℃)$$

式中,pH_x、E_x 分别为未知试样的 pH 值和测得的电动势;pH_s、E_s 分别为标准缓冲溶液的 pH 值和测得的电动势。

用标准 pH 缓冲溶液校正酸度计后,酸度计即直接给出被测试液的 pH 值。

酸度计(实为精密电子伏特计)还可以直接测定其他指示电极(如氟离子选择性电极)相对于参比电极的电位,通过电位与被测离子活度的关系符合能斯特方程,用一定的校正方法求得被测离子的浓度。

由指示电极、参比电极、酸度计所组成的测量系统,还可以作为电位滴定的终点指示装置。

2. 主要测量仪器

(1) 参比电极

在电位分析法中,通常以饱和甘汞电极作为参比电极,其结构如图 1-6-28 所示。饱和甘汞电极的电位与被测离子的浓度无关,但会因温度变化有微小的变化,温度 T 时的电位为 $E_{(Hg_2Cl_2/Hg)}/V = 0.2415 - 7.6 \times 10^{-4}(T/℃ - 25)$。

(2) 指示电极

① 玻璃电极。玻璃电极是测量 pH 值的指示电极,其结构如图 1-6-29 所示。电极下端的玻璃球泡(膜厚约 0.1 mm)称为 pH 敏感电极膜,能响应氢离子活度。

目前使用较多的是 pH 复合玻璃电极。它实际上是将一支 pH 玻璃电极和一支 Ag-AgCl 参比电极

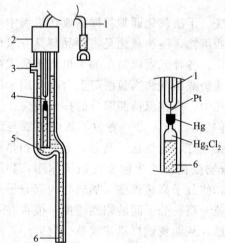

(a) 232 型饱和甘汞电极　　(b) 内部电极结构

图 1-6-28　饱和甘汞电极结构示意图

1—导线;2—绝缘套;3—加液口;4—内部电极;
5—饱和 KCl 溶液;6—多孔性物质(陶瓷芯)

复合而成的，使用时不需要另外的参比电极，较为方便。同时，复合电极下端外壳较长，能起到保护电极玻璃膜的作用，延长了电极的使用寿命。

② 氟离子选择性电极。氟离子选择性电极是一种晶体膜电极，其构造如图1-6-30所示，电极下方的氟化镧单晶片是它的敏感膜。氟电极电位与溶液中氟离子活度的对数呈线性相关。离子选择性电极响应的是离子活度，在进行离子浓度测定时，要添加总离子强度调节缓冲剂，使标准溶液和待测的试样溶液具有相同的离子强度，同时控制试液的酸度等。

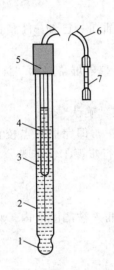

图1-6-29 pH玻璃电极结构示意图
1—玻璃膜；2—厚玻璃外壳；
3—含氯离子的缓冲溶液；
4—Ag-AgCl电极；5—绝缘套；
6—电极引线；7—电极插头

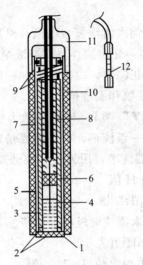

图1-6-30 氟离子选择性电极结构示意图
1—氟化镧单晶片；2—橡胶垫圈；3—电极内管；
4—内参比溶液；5—Ag-AgCl电极；6—橡皮塞；
7—屏蔽导线；8—高聚物填充剂；9—弹簧固定装置；
10—电极外套；11—电极帽；12—电极插头

(3) 酸度计

由于玻璃电极和其他离子选择性电极的内阻很高，一般在几十到几百兆欧姆之间，不能用一般的电位差计测量这类电极形成的电池电动势，而要用高输入阻抗的电子伏特计测量。直读式的酸度计是一台高输入阻抗的直流毫伏计，被测电池的电动势在酸度计中经阻抗变换后，进行电流放大，由数码管直接显示出pH值或电极电位值。

PHSJ-3F型实验室pH计利用pH电极和甘汞电极对被测溶液中不同酸度产生的直流电位，通过前置pH值放大器输到A/D转换器，以达到pH值数字显示目的。此外，还可配上适当的离子选择性电极，测出该电极的电极电位；通过电位与被测离子活度的关系符合能斯特方程，用一定的校正方法求得被测离子的浓度。

3. PHSJ-3F型实验室pH计操作方法

PHSJ-3F型实验室pH计如图1-6-31所示。

(1) 仪器使用前的准备

将pH复合电极和温度传感器夹在多功能电极架上，拉下pH复合电极前段的电极套并移下pH复合电极杆上黑色套管，使外参比溶液加液孔露出

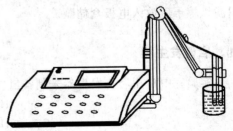

图1-6-31 PHSJ-3F型实验室pH计示意图

与大气相通；在测量电极插座处拔去短路插头，然后分别将 pH 复合电极和温度传感器的插头插入测量电极插座和温度传感器插座内；将通用电源适配器输出插头插入仪器的电源插座内，接通电源。

（2）开机

按下"ON/OFF"键，仪器将显示"PHSJ-3F"和"上海雷磁仪器厂"，3 s 后，仪器进入 pH 值测量状态。

（3）校正

① 先用蒸馏水清洗复合电极，然后把电极和温度传感器插在一已知 pH 值的缓冲溶液中（如 pH=4），开启搅拌器将溶液搅拌使之均匀。

② 按"校正"键，仪器进入"标定1"工作状态，此时，仪器屏幕显示"标定1"以及当前测得的 pH 值和温度值。

③ 用"▲▼"调节 pH 值读数为该缓冲溶液的 pH 值，按"确认"键。

④ 上述为一点校正，如果需要精密测量，则进行二点校正，即完成一点校正后，将电极和温度传感器洗净，用另外一种已知 pH 值的缓冲溶液，进行步骤①、步骤②、步骤③。

（4）测量 pH 值

① 按下"pH"键。

② 以蒸馏水清洗电极和温度传感器头部，用滤纸吸干并插入被测溶液内。将溶液搅拌均匀后，读出 pH 值。

（5）测量电极电位（mV）值

① 按下"mV"键。

② 将适当的离子选择性电极和参比电极的电极插头分别插入测量电极和参比电极插座，以蒸馏水清洗电极并用滤纸吸干，插入被测溶液内，将溶液搅拌均匀后，读出电极电位值。

4. 注意事项

① 第一次使用或长期停用的 pH 电极，在使用前须在 3 mol·L^{-1} KCl 溶液中浸泡 24 h，复合 pH 电极在暂不用时须浸泡在 3 mol·L^{-1} KCl 溶液中。

② 饱和甘汞电极中的 KCl 溶液应保持饱和状态，使用前应检查电极内饱和 KCl 溶液的液面是否正常，若 KCl 溶液不能浸没电极内部的小玻璃管口上沿，则应补加 KCl 饱和溶液（不能图方便加蒸馏水！），以使 KCl 溶液有一定的渗透量，确保液接电位的稳定。甘汞电极在使用时应把上面的小橡皮塞及下端橡皮套拔去，不用时再套上。

③ 氟离子选择性电极使用前应在 10^{-3} mol·L^{-1} 的 NaF 溶液中浸泡 1~2 h（或在去离子水中浸泡过夜）活化，再用去离子水清洗到空白电位（每一支氟电极都有各自的空白电位）。电极使用后，应浸泡在去离子水中。较长时间不用时，应用去离子水清洗到空白电位，用滤纸擦干后放入电极盒储藏。

九、启普发生器

实验室中常用启普发生器来制备氢气、二氧化碳和硫化氢等气体：

$$Zn + 2HCl \longrightarrow ZnCl_2 + H_2 \uparrow$$

$$CaCO_3 + 2HCl \longrightarrow CaCl_2 + CO_2 \uparrow + H_2O$$

$$FeS + 2HCl \longrightarrow FeCl_2 + H_2S \uparrow$$

启普发生器由一个葫芦状的玻璃容器和球形漏斗组成。固体药品放在中间圆球内,可以在固体下面放些玻璃棉来承受固体,以免固体掉至下球中。酸从球形漏斗加入。使用时,只要打开活塞,酸即进入中间球内,与固体接触而产生气体。停止使用时,只要关闭活塞,气体就会把酸从中间球压入下球及球形漏斗内,使固体与酸不再接触而停止反应。启普发生器中的酸液长久使用后会变稀,此时,可把下球侧口的橡皮塞(有的是玻璃塞)拔下,倒掉废酸,塞好塞子,再向球形漏斗中加酸。需要更换或添加固体时,可把装有玻璃活塞的橡皮塞取下,由中间圆球的侧口加入固体。启普发生器的缺点是不能加热,而且装在发生器内的固体必须是块状的。

十、气体的干燥和净化

通常制得的气体都带有酸雾和水汽,使用时要净化和干燥。酸雾可用水或玻璃棉除去;水汽可用浓硫酸、无水氯化钙或硅胶吸收。一般情况下使用洗气瓶、干燥塔或U形管等设备进行净化。液体(如水、浓硫酸)装在洗气瓶内,无水氯化钙和硅胶装在干燥塔或U形管内,玻璃棉装在U形管内。气体中如还有其他杂质,则应根据具体情况分别用不同的洗涤液或固体吸收。

十一、溶液的配制方法

1. 一般溶液的配制方法

用固体试剂配制溶液时,先在台秤或分析天平上称出所需量的固体试剂,于烧杯中先用适量水溶解,再稀释至所需体积。试剂溶解时若有放热现象,或以加热促使溶解,应待冷却后,再转入试剂瓶中或定量转入容量瓶中。配好的溶液,应马上贴好标签,注明溶液的名称、浓度和配制日期。

有一些易水解的盐,配制溶液时,需加入适量酸,再用水或稀酸稀释。有些易被氧化或还原的试剂,常在使用前临时配制,或采取措施,防止被氧化或被还原。

易侵蚀或腐蚀玻璃的溶液不能盛放在玻璃瓶内,如氟化物应保存在聚乙烯瓶中,装苛性碱的玻璃瓶塞应换成橡皮塞,最好也盛于聚乙烯瓶中。

配制指示剂溶液时,需称取的指示剂量往往很少,这时可用分析天平称量,但只要读取两位有效数字即可;要根据指示剂的性质,采用合适的溶剂,必要时还要加入适当的稳定剂,并注意其保存期;配好的指示剂一般贮存于棕色瓶中。

配制溶液时,要合理选择试剂的级别,不要超规格使用试剂,以免造成浪费。

经常并大量使用的溶液,可先配制成使用浓度10倍的贮备液,需要用时取贮备液稀释即可。

2. 标准溶液的配制和标定

标准溶液通常有两种配制方法。

(1) 直接法

用分析天平准确称取一定量的基准试剂,溶于适量的水中,再定量转移到容量瓶中,用水稀释至刻度。根据称取试剂的质量和容量瓶的体积,计算它的准确浓度。

基准物质是纯度很高的、组成一定的、性质稳定的试剂,它具有相当于或高于优级纯试剂的纯度。基准物质是可用于直接配制标准溶液或用于标定溶液浓度的物质。作为基准试剂应具备下列条件。

① 试剂的组成与其化学式完全相符。

② 试剂的纯度应足够高（一般要求纯度在99.9%以上），而杂质的含量应少到不至于影响分析的准确度。

③ 试剂在通常条件下应该稳定。

④ 试剂参加反应时，应按反应式定量进行，没有副反应。

（2）标定法

实际上只有少数试剂符合基准试剂的要求。很多试剂不宜用直接法配制标准溶液，而要用间接的方法，即标定法。在这种情况下，先配成接近所需浓度的溶液，然后用基准试剂或另一种已知准确浓度的标准溶液来标定它的准确浓度。

在实际工作中，特别是在工厂实验室，还常采用"标准试样"来标定标准溶液的浓度。"标准试样"含量是已知的，它的组成与被测物质相近，这样标定标准溶液浓度与测定被测物质的条件相同，分析过程中的系统误差可以抵消，结果准确度较高。

贮存的标准溶液，由于水分蒸发，水珠凝于瓶壁，使用前应将溶液摇匀。如果溶液浓度有了改变，必须重新标定。对于不稳定的溶液应定期标定。

必须指出，使用不同温度下配制的标准溶液，若从玻璃的膨胀系数考虑，即使温度相差30 ℃，造成的误差也不大。但是，水的膨胀系数约为玻璃的10倍，当使用温度与标定温度相差10 ℃以上时，则应注意这个问题。

第二章 大学化学基本实验（Ⅰ）（无机化学）

第一节 基础性实验

实验一 仪器的认领和洗涤

【实验目的】
(1) 熟悉基础化学实验规则和要求。
(2) 领取基础化学实验常用普通仪器，熟悉其名称、主要用途，了解使用注意事项。
(3) 学习并练习常用仪器的洗涤和干燥。

【实验步骤】
对照表 1-6-1 和清单认领仪器，清点装置。

1. 玻璃仪器的洗涤
(1) 仪器洗涤
按第一章介绍的玻璃仪器的洗涤方法洗涤仪器。
(2) 洗净标准
仪器是否洗净可通过器壁是否挂水珠来检查。将洗净后的仪器倒置，如果器壁透明，不挂水珠，则说明已洗净；如器壁有不透明处或附着水珠或有油斑，则未洗净，应予重洗。

2. 玻璃仪器的干燥
① 晾干：让残留在仪器内壁的水分自然挥发而使仪器干燥。
② 烘箱烘干：仪器口朝下，在烘箱的最下层放一陶瓷盘，接住从仪器上滴下来的水，以免水损坏电热丝。
③ 烤干：烧杯、蒸发皿等可放在石棉网上，用小火烤干；试管可用试管夹夹住，在火焰上来回移动，直至烤干，但管口须低于管底。
④ 气流烘干：试管、量筒等适合在气流烘干器上烘干。
⑤ 电热风吹干。
此处需要注意的是，带有刻度的计量仪器不能用加热的方法进行干燥。

【实验注意事项】

(1) 仪器壁上只留下一层既薄又均匀的水膜,不挂水珠,这表示仪器已洗净。

(2) 已洗净的仪器不能用布或纸抹干。

(3) 不要未倒废液就注水。

(4) 不要几支试管一起刷洗。

(5) 用水原则是少量多次。

【思考题】

(1) 烤干试管时为什么管口略向下倾斜?

(2) 什么样的仪器不能用加热的方法进行干燥?为什么?

(3) 画出离心试管、多用滴管、点滴板、量筒、容量瓶的简图,讨论其规格、主要用途和注意事项。

实验二　玻璃加工和塞子钻孔

【实验目的】

(1) 练习玻璃管(棒)的截断、弯曲、拉制和熔光等基本操作。

(2) 练习塞子钻孔的基本操作。

(3) 完成玻璃棒、滴管的制作和洗瓶的装配。

【实验仪器及试剂】

玻璃管;玻璃棒;锉刀;酒精喷灯;橡皮塞;石棉网;镊子;压塞器;等等。

酒精。

【实验步骤】

1. 玻璃加工

(1) 玻璃管(棒)的截断

将玻璃管(棒)平放在桌面上,依需要的长度,左手按住要切割的部位,右手用锉刀的棱边(或薄片小砂轮)在要切割的部位按一个方向(不要来回锯)用力锉出一道凹痕[图2-1-1(a)]。锉出的凹痕应与玻璃管(棒)垂直,这样才能保证截断后的玻璃管(棒)截面是平整的。然后双手持玻璃管(棒),两拇指齐放在凹痕背面[图2-1-1(b)],并轻轻地由凹痕背面向外推折,同时两食指和拇指将玻璃管(棒)向两边拉[图2-2-1(c)],如此将玻璃管(棒)截断。如截面不平整,则不合格。

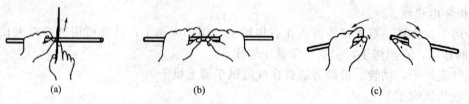

图 2-1-1　玻璃管(棒)的截断

(2) 熔光

切割的玻璃管（棒），其截断面的边缘很锋利，容易割破皮肤、橡皮管或塞子，所以必须放在火焰中熔烧，使之平滑，这个操作称为熔光（或圆口）。将刚切割的玻璃管（棒）的一头插入火焰中熔烧。熔烧时，角度一般为 45°，并不断来回转动玻璃管（棒）（图 2-1-2），直至管口变成红热平滑为止。熔烧时，加热时间过长或过短都不好，过短，管（棒）口不平滑；过长，管径会变小。转动不匀，会使管口不圆。灼热的玻璃管（棒）应放在石棉网上冷却，切不可直接放在实验台上，以免烧焦台面；也不要用手去摸，以免烫伤。

图 2-1-2 玻璃管（棒）的熔光

(3) 弯曲

① 烧管。先将玻璃管用小火预热一下，然后双手持玻璃管，把要弯曲的部位斜插入酒精喷灯（或煤气灯）火焰中，以增大玻璃管的受热面积（也可在灯管上罩以鱼尾灯头扩展火焰，来增大玻璃管的受热面积）。若灯焰较宽，也可将玻璃管平放于火焰中，同时缓慢而均匀地不断转动玻璃管，使之受热均匀[图 2-1-3(a)]。两手用力均等，转速缓慢一致，以免玻璃管在火焰中扭曲。加热至玻璃管发黄变软时，即可自焰中取出，进行弯管。

② 弯管。将变软的玻璃管取离火焰后稍等一两秒钟，使各部温度均匀，用"V"字形手法（两手在上方，玻璃管的弯曲部分在两手中间的正下方）缓慢地将其弯成所需的角度[图 2-1-3(b)]。弯好后，待其冷却变硬才可撒手，将其放在石棉网上继续冷却。冷却后，应检查其角度是否准确，整个玻璃管是否处于同一个平面上。

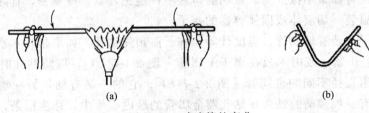

图 2-1-3 玻璃管的弯曲

120°以上的角度可一次弯成，但弯制较小角度的玻璃管，或灯焰较窄使玻璃管受热面积较小时，需分几次弯制（切不可一次完成，否则弯曲部分的玻璃管就会变形）。首先弯成一个较大的角度，然后在第一次受热弯曲部位稍偏左或稍偏右处进行第二次加热弯曲，如此第三次、第四次加热弯曲，直至变成所需的角度。弯管好坏的比较与原因见图 2-1-4。

图 2-1-4 玻璃管弯曲的质量与原因

(4) 制备毛细管和滴管

① 烧管。拉细玻璃管时，加热玻璃管的方法与弯玻璃管时基本一样，不过要烧得时间长一些，玻璃管软化程度更大一些，烧至橙色。

② 拉管。待玻璃管烧成橙色软化以后，远离火焰，两手顺着水平方向边拉边旋转玻璃

管[图 2-1-5(a)]，拉到所需要的细度时，一手持玻璃管向下垂一会儿。冷却后，按需要长度截断，形成两个尖嘴管。如果要求细管部分具有一定的厚度，应在加热过程中当玻璃管变软后，将其轻缓向中间挤压，减短它的长度，使管壁增厚，然后按上述方法拉细。图 2-1-5(b) 为拉管好坏的比较。

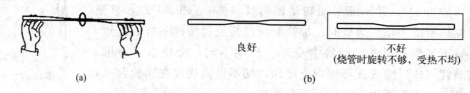

(a)   良好   (b) 不好（烧管时旋转不够，受热不均）

图 2-1-5　玻璃管的拉管

图 2-1-6　滴管的扩口

③ 制滴管的扩口。将未拉细的另一端玻璃管口以 40°角斜插入火焰中加热，并不断转动。待管口灼烧至红热后，用金属锉刀柄斜放入管口内迅速而均匀地旋转（如图 2-1-6），将其管口扩开。另一扩口的方法是待管口烧至稍软化后，将玻璃管口垂直放在石棉网上，轻轻向下按一下，将其管口扩开。冷却后，安上胶帽即成滴管。

2. 塞子与塞子钻孔

容器上常用的塞子有软木塞、橡皮塞和玻璃磨口塞。软木塞易被酸或碱腐蚀，但与有机物的作用较小。橡皮塞可以把容器塞得很严密，但对装有机溶剂和强酸的容器并不适用；相反，盛碱性物质的容器常用橡皮塞。玻璃磨口塞不仅能把容器塞得紧密，且除氢氟酸和碱性物质外，可作为盛装一切液体或固体容器的塞子。

为了能在塞子上装置玻璃管、温度计等，塞子需预先钻孔。如果是软木塞，可先经压塞机[图 2-1-7(a)]压紧，或用木板在桌子上碾压[图 2-1-7(b)]，以防钻孔时塞子开裂。常用的钻孔器是一组直径不同的金属管[图 2-1-7(c)]。它的一端有柄，另一端很锋利，可用来钻孔。另外还有一根带柄的铁条在钻孔器金属管的最内层管中，称为捅条，用来捅出钻孔时嵌入钻孔器中的橡胶或软木。

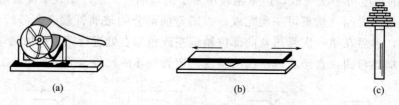

(a)   (b)   (c)

图 2-1-7　塞子的碾压与钻孔器

（1）塞子大小的选择

塞子的大小应与仪器的口径相适合，塞子塞进瓶口或仪器口的部分不能少于塞子本身高度的 1/2，也不能多于 2/3。

（2）钻孔器大小的选择

选择一个比要插入橡皮塞的玻璃管口径略粗一点的钻孔器，因为橡皮塞有弹性，孔道钻成后由于收缩而使孔径变小。

（3）钻孔的方法

如图 2-1-8 所示，将塞子小头朝上平放在实验台上的一块垫板上（避免钻坏台面），左手用力按住塞子，使其不得移动，右手握住钻孔器的手柄，并在钻孔器前端涂点甘油或水。将钻孔器对准选定的位置，沿一个方向，一面旋转一面用力向下转动。钻孔器要垂直于塞子的面，不能左右摆动，更不能倾斜，以免把孔钻斜。钻至深度约达塞子高度一半时，反方向旋转并拔出钻孔器，用带柄捅条捅出嵌入钻孔器中的橡胶或软木。然后调换塞子大头，对准原孔的方位，按同样的方法钻孔，直到两端的圆孔贯穿为止；也可以不调换塞子的方位，仍按原孔直接钻通到垫板上为止。拔出钻孔器，再捅出钻孔器内嵌入的橡胶或软木。

图 2-1-8　塞子钻孔

孔钻好以后，检查孔道是否合适。如果选用的玻璃管可以毫不费力地插入塞孔，说明塞孔太大，塞孔和玻璃管之间不够严密，塞子不能使用；若塞孔略小或不光滑，可用圆锉适当修整。

（4）玻璃导管与塞子的连接

将选定的玻璃导管插入并穿过已钻孔的塞子，一定要使所插入导管与塞孔严密套接。

先用右手拿住导管靠近管口的部位，并用少许甘油或水将管口润湿［图 2-1-9(a)］，然后左手拿住塞子［图 2-1-9(b)］，将导管口略插入塞子，再用柔力慢慢地将导管转动着逐渐旋转进入塞子，并穿过塞孔至所需的长度为止［图 2-1-9(c)］。也可以用布包住导管，将导管旋入塞孔。如果用力过猛或手持玻璃导管离塞子太远，都有可能将玻璃导管折断，刺伤手掌。

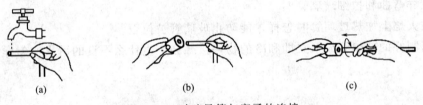

图 2-1-9　玻璃导管与塞子的连接

温度计插入塞孔的操作方法与上述一样，但开始插入时，要特别小心，以防温度计的水银球破裂。

3. 实验用具的制作

（1）小试管的玻璃棒

切取 18 cm 长的小玻璃棒，将中部置火焰上加热，拉细到直径约为 1.5 mm 为止。冷却后用三角锉刀在细处切断，并将断处熔成小球，将玻璃棒另一端熔光，冷却，洗净后便可使用［图 2-1-10(a)］。

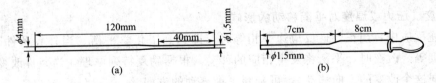

图 2-1-10　小玻璃棒与胶头滴管

（2）胶头滴管

切取 26 cm 长（内径约 5 mm）的玻璃管，将中部置火焰上加热，拉细玻璃管。要求玻璃管细部的内径为 1.5 mm，毛细管长约 7 cm，切断并将管口熔光。把尖嘴管的另一端加热至发软,然后在石棉网上压一下,使管口外卷,冷却后,套上橡胶帽即制成胶头滴管 [见图 2-1-10(b)]。

(3) 洗瓶

准备 500 mL 聚氯乙烯塑料瓶一个,适合塑料瓶瓶口大小的橡皮塞一个,28 cm 长玻璃管一根(两端熔光)。

① 按前面介绍的塞子钻孔的操作方法,将橡皮塞钻孔。

② 按图 2-1-11 的形状,将 28 cm 长的玻璃管一端 5 cm 处在酒精喷灯上加热后拉一尖嘴,弯成 60°角,插入橡皮塞塞孔后,再将另一端弯成 120°角(注意两个弯角的方向),即制成一个洗瓶。

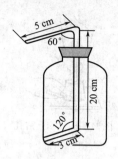

图 2-1-11 洗瓶

【实验注意事项】

(1) 切割玻璃管、玻璃棒时要防止划破手。

(2) 使用酒精喷灯前,必须先准备一块湿抹布备用。

(3) 灼热的玻璃管、玻璃棒,要按先后顺序放在石棉网上冷却,切不可直接放在实验台上,防止烧焦台面;未冷却之前,也不要用手去摸,防止烫伤手。

(4) 装配洗瓶时,拉好玻璃管尖嘴,弯好 60°角后,先装橡皮塞,再弯 120°角,并且注意 60°角与 120°角在同一方向同一平面上。

【思考题】

(1) 截断玻璃管的时候要注意哪些问题?

(2) 怎样弯曲和拉细玻璃管?

(3) 在火焰上加热玻璃管时怎样才能防止玻璃管被拉歪?

(4) 弯制好的玻璃管如果立即和冷的物件接触会产生什么不良的后果?怎样才能避免?

实验三 解离平衡

【实验目的】

(1) 了解浓度、压力或温度对平衡移动的影响。

(2) 了解电解质的解离平衡及其移动。

(3) 了解难溶电解质的多相离子平衡及其移动。

(4) 了解分步沉淀及沉淀的转化。

【实验原理】

1. 浓度、压力或温度对平衡移动的影响

在可逆反应中,当正、逆反应速率相等时,即达到了化学平衡。当外界条件(如浓度、压力或温度等)改变时,平衡将发生相应的移动。根据勒夏特列原理(当条件改变时,平衡就向能减弱这个改变的方向移动),可判断平衡移动的方向。

2. 弱电解质在溶液中的解离平衡及其移动

弱电解质(如弱酸或弱碱)在水溶液中存在着下列解离平衡:

$$AB(aq) \rightleftharpoons A^+(aq) + B^-(aq)$$

其平衡常数称为弱电解质的解离平衡常数,表示如下:

$$K_i^\ominus = \frac{[A^+][B^-]}{[AB]}$$

一元弱酸溶液中,氢离子浓度可通过下式近似计算:

$$[H^+] \approx \sqrt{K_a^\ominus c} \tag{2-1}$$

式中,c 为一元弱酸的初始浓度。

同理,在浓度为 c 的一元弱碱溶液中,氢氧根的浓度也可近似地表示为:

$$[OH^-] \approx \sqrt{K_b^\ominus c} \tag{2-2}$$

在弱电解质的解离平衡系统中,加入含有相同离子的强电解质使弱电解质的解离度降低的现象叫做同离子效应。

3. 缓冲溶液

由弱酸及其盐或弱碱及其盐组成的缓冲溶液对外加的少量酸、碱或水具有保持溶液 pH 基本不变的缓冲作用。

4. 难溶电解质的多相离子平衡及其移动

在难溶电解质的饱和溶液中,加入含有相同离子的强电解质,由于产生同离子效应,在该难溶电解质的饱和溶液中,未溶解的固体与溶液的离子间存在着多相离子平衡。例如,在含有过量 $PbCl_2$ 的饱和溶液中,存在下列平衡:

$$PbCl_2(s) \rightleftharpoons Pb^{2+}(aq) + 2Cl^-(aq)$$

其平衡常数 $K_{sp}^\ominus$ 为 $PbCl_2$ 的溶度积,可用下式表示:

$$K_{sp}^\ominus(PbCl_2) = [Pb^{2+}][Cl^-]^2$$

根据溶度积规则,可以判断沉淀的生成或溶解。

$[Pb^{2+}][Cl^-]^2 < K_{sp}^\ominus(PbCl_2)$,溶液未饱和,无沉淀析出;

$[Pb^{2+}][Cl^-]^2 = K_{sp}^\ominus(PbCl_2)$,饱和溶液;

$[Pb^{2+}][Cl^-]^2 > K_{sp}^\ominus(PbCl_2)$,溶液过饱和,电解质的溶解度降低,有沉淀析出。

如果溶液中含有两种或两种以上的离子都能与加入的某种试剂(称为沉淀剂)反应,生成难溶电解质时,沉淀的先后次序决定于所需沉淀剂浓度的大小。所需沉淀剂浓度较小的先沉淀,浓度较大的后沉淀,这种先后沉淀的现象叫做分步沉淀。只有同一类型的难溶电解质,才可按它们的溶度积大小直接判断沉淀生成的先后次序;而不同类型的难溶电解质,生成沉淀的先后次序则应根据它们所需的沉淀剂浓度的大小来确定。

对于含有多种金属离子的混合溶液,可以通过控制溶液的 pH,利用分步沉淀的原理,使其中某种离子以氢氧化物或硫化物沉淀的形式从混合溶液中分离出来。

一种沉淀转化为另一种沉淀的过程叫做沉淀的转化。对于同一类型的难溶电解质,一种沉淀可转化为溶度积更小的、更难溶(溶解度更小)的另一种沉淀。

【实验仪器及试剂】

烧杯(50 mL);试管;滴管;量筒(10 mL);洗瓶;滤纸;广泛 pH 试纸;精密 pH 试纸(pH:0.8~2.4,1.4~3.0,2.7~4.7,3.8~5.4,5.4~7.0,6.4~8.0,8.2~10.0,9.5~13.0);等等。

HCl(1 mol·L^{-1});HAc(0.1 mol·L^{-1},1 mol·L^{-1});$NH_3·H_2O$(0.1 mol·L^{-1},1 mol·L^{-1},2 mol·L^{-1});NaOH(0.1 mol·L^{-1});$AgNO_3$(0.1 mol·L^{-1});$FeCl_3$(0.01 mol·L^{-1},0.1 mol·L^{-1},饱和);KI(0.1 mol·L^{-1});NaCl(0.1 mol·L^{-1},

1 mol·L^{-1}）；NH$_4$Cl（1 mol·L^{-1}）；Na$_2$CO$_3$（1 mol·L^{-1}）；NaHCO$_3$（1 mol·L^{-1}）；NaH$_2$PO$_4$（1 mol·L^{-1}）；Na$_2$HPO$_4$（1 mol·L^{-1}）；Pb(NO$_3$)$_2$（1 mol·L^{-1}）；K$_2$CrO$_4$（0.1 mol·L^{-1}）；CoCl$_2$（饱和）；MgCl$_2$（0.5 mol·L^{-1}）；NaAc（1 mol·L^{-1}）；KSCN（0.01 mol·L^{-1}，饱和）；NH$_4$Ac（饱和）；甲基橙（0.1%）；酚酞（0.1%）；NH$_4$Cl（固）；NH$_4$Ac（固）。

【实验步骤】

1. 浓度对化学平衡的影响

取 0.01 mol·L^{-1} FeCl$_3$ 溶液 6 mL 和 0.01 mol·L^{-1} KSCN 溶液 6 mL，放在 50 mL 烧杯内混合，由于生成 [Fe(SCN)$_n$]$^{3-n}$（$n=1\sim 6$）而使溶液呈血红色。

$$Fe^{3+} + nSCN^- \longrightarrow [Fe(SCN)_n]^{3-n}$$

将所得溶液平均分装在三支试管中，在两支试管中分别加入少量饱和 FeCl$_3$ 溶液或饱和 KSCN 溶液，充分振荡，注意它们颜色的变化，并与另一支试管中的溶液进行比较，解释各试管中溶液颜色变化的原因。

2. 温度对化学平衡的影响

在一支试管中加入饱和 CoCl$_2$ 溶液 8 滴，记录溶液颜色；再将此溶液加热，记录溶液的颜色。为什么颜色不同？加以解释。

上述反应的平衡为：

$$[Co(H_2O)_6]^{2+} + 4Cl^- \longrightarrow [CoCl_4]^{2-} + 6H_2O$$

（粉红色） （蓝色）

3. 弱电解质的解离平衡及其移动

（1）弱碱的解离平衡及其移动

① 往试管中加入约 0.1 mol·L^{-1} 氨水 2 mL，再加入 0.1%酚酞溶液 1 滴，观察溶液的颜色。然后将此溶液平均分为两份，其中一份加入少量 NH$_4$Ac 饱和溶液，另外一份加入等体积的蒸馏水，比较这两种溶液的颜色有无不同。

② 先往试管中加入 0.5 mol·L^{-1} MgCl$_2$ 溶液 2 mL，然后加入数滴 2 mol·L^{-1} NH$_3$·H$_2$O，观察沉淀的生成。再加入少量 NH$_4$Cl 固体，摇动，观察原有的沉淀是否溶解。用勒夏特列原理解释上述现象。

（2）弱酸的解离平衡及其移动

在试管中加入 0.1 mol·L^{-1} HAc 溶液 2 mL，再加入 0.1%甲基橙溶液 1 滴，观察溶液显什么颜色。再加入少量 NH$_4$Ac 固体，摇动试管使其溶解，观察溶液颜色有何变化。说明其原因。

（3）缓冲溶液的配制和性质

利用实验室提供的下列 4 组试剂，任选做其中一组，自行设计方法配制相应 pH 的缓冲溶液 10 mL。同时计算组成该缓冲溶液的两种试剂用量，提出配制的方案。配制后，选用适当的精密 pH 试纸测定所配制缓冲溶液的 pH，并设计方案验证该溶液对少量酸、碱的缓冲作用。

1 mol·L^{-1} HAc 和 1 mol·L^{-1} NaAc   pH=5

1 mol·L^{-1} NaH$_2$PO$_4$ 和 1 mol·L^{-1} Na$_2$HPO$_4$ pH=7

1 mol·L^{-1} NH$_3$·H$_2$O 和 1 mol·L^{-1} NH$_4$Cl   pH=9

1 mol·L^{-1} NaHCO$_3$ 和 1 mol·L^{-1} Na$_2$CO$_3$ pH=11

取所配制的缓冲溶液 1 mL，用 1 mL 蒸馏水稀释，测定其 pH 有何变化。

用蒸馏水代替上述缓冲溶液，在加酸或碱的前后，pH 将会如何变化（注意实验室提供的蒸馏水的 pH 是否为 7）？

通过对比缓冲溶液与蒸馏水分别在加酸或加碱后的 pH 变化的实验，对缓冲溶液的性质进行总结。

4. 难溶电解质的多相离子平衡

（1）沉淀的生成和转化

① 往一支试管中加入 1 mol·L^{-1} Pb(NO$_3$)$_2$ 溶液 2 滴和蒸馏水 4 mL，混匀。再往另一支试管中加入 1 mol·L^{-1} NaCl 溶液 2 滴和蒸馏水 4 mL，混匀。然后将这两种溶液混合，振荡试管，使溶液混合均匀。是否有沉淀生成？

② 往试管中加入 1 mol·L^{-1} Pb(NO$_3$)$_2$ 溶液和 1 mol·L^{-1} NaCl 溶液，两者所取体积之比为 1∶2，观察沉淀是否生成。试用溶度积规则说明。

③ 往上述实验遗留的沉淀（弃去上层清液）中，滴加少量 0.1 mol·L^{-1} KI 溶液，并用玻璃棒搅拌，观察沉淀颜色的变化，说明原因并写出有关反应的离子方程式。

④ 在两支试管中分别加入 0.1 mol·L^{-1} FeCl$_3$ 溶液 1 mL 和 0.1 mol·L^{-1} MgCl$_2$ 溶液 1 mL，用 pH 试纸测定其 pH。然后各加 0.1 mol·L^{-1} NaOH 溶液至刚出现氢氧化物沉淀为止，再用 pH 试纸测定溶液的 pH。比较 Fe(OH)$_3$ 与 Mg(OH)$_2$ 开始沉淀时溶液的 pH 有何不同，并利用它们的溶度积计算出理论值加以对照比较。

（2）分步沉淀

往试管中加 0.1 mol·L^{-1} NaCl 溶液 8 滴和 0.1 mol·L^{-1} K$_2$CrO$_4$ 溶液 4 滴，混匀，边振荡试管边滴加 0.1 mol·L^{-1} AgNO$_3$ 溶液，观察不同沉淀析出的次序，用溶度积规则解释。

【实验注意事项】

（1）酚酞是一种有机化合物，在水中溶解度很小，而在乙醇中的溶解度较大。一般将酚酞溶于乙醇和水的混合溶液中，配成酚酞指示剂。因此实验步骤 3.(1) ①中酚酞溶液不宜加得太多，否则由于酚酞溶解度的减小将出现白色混浊，影响实验现象的观察。

（2）实验室使用的蒸馏水，常常因溶有空气中的 CO$_2$ 等酸性气体，导致其 pH 小于 7.0。

【思考题】

（1）同离子效应对弱电解质的解离度及难溶电解质的溶解度有什么影响？联系实验说明。

（2）1 mol·L^{-1} Pb(NO$_3$)$_2$ 溶液与 1 mol·L^{-1} NaCl 溶液以等体积混合后，能否产生沉淀？如果将这两种溶液按本实验步骤 4.(1) ①先用 4 mL 蒸馏水稀释后，再混合，能否产生沉淀？为什么？通过计算说明，并与实验结果进行比较。

实验四　平均反应速率、反应级数和活化能的测定

【实验目的】

（1）了解浓度、温度和催化剂对反应速率的影响。

(2) 测定过二硫酸铵与碘化钾反应的平均反应速率、反应级数、反应速率常数和活化能。

(3) 练习根据实验数据作图，计算反应级数、反应速率常数。

【实验原理】

在水溶液中，$(NH_4)_2S_2O_8$ 与 KI 发生如下反应：

$$(NH_4)_2S_2O_8 + 3KI = (NH_4)_2SO_4 + K_2SO_4 + KI_3$$

离子反应方程式为：

$$S_2O_8^{2-} + 3I^- = 2SO_4^{2-} + I_3^- \tag{1}$$

该反应的反应速率和浓度的关系为：

$$v = -\frac{\Delta c(S_2O_8^{2-})}{\Delta t} = k[c(S_2O_8^{2-})]^m [c(I^-)]^n \tag{2-3}$$

式中，$\Delta c(S_2O_8^{2-})$ 为 $S_2O_8^{2-}$ 在 Δt 时间内物质的量浓度的改变值；$c(S_2O_8^{2-})$、$c(I^-)$ 分别为两种离子的初始浓度（$mol \cdot L^{-1}$）；k 为反应速率常数；m 和 n 之和为反应级数。

为了能够测定 $\Delta c(S_2O_8^{2-})$，在混合 $(NH_4)_2S_2O_8$ 与 KI 溶液时，同时加入一定体积的已知浓度的 $Na_2S_2O_3$ 溶液和作为指示剂的淀粉溶液，这样在反应（1）进行的同时，也进行着如下的反应：

$$2S_2O_3^{2-} + I_3^- = S_4O_6^{2-} + 3I^- \tag{2}$$

反应（2）进行得非常快，几乎瞬间完成，而反应（1）却慢得多，所以由反应（1）生成的 I_3^- 立刻与 $S_2O_3^{2-}$ 作用生成无色的 $S_4O_6^{2-}$ 和 I^-，因此在反应开始阶段，看不到碘与淀粉作用显示出来的特有蓝色。但是 $Na_2S_2O_3$ 一旦耗尽，反应（1）继续生成的微量 I_3^- 立即使淀粉溶液呈现特有的蓝色，所以蓝色的出现标志着反应（2）的完成。

从反应（1）和反应（2）的计量关系可以看出，$S_2O_8^{2-}$ 浓度减少的量等于 $S_2O_3^{2-}$ 减少量的一半，即：

$$\Delta c(S_2O_8^{2-}) = \frac{\Delta c(S_2O_3^{2-})}{2} \tag{2-4}$$

由于溶液显示蓝色时 $S_2O_3^{2-}$ 已全部耗尽，所以 $\Delta c(S_2O_3^{2-})$ 实际上就是反应开始时 $Na_2S_2O_3$ 的初始浓度。因此，只要记下从反应开始到溶液出现蓝色所需要的时间 Δt，就可以计算反应（1）的平均反应速率：

$$v = \Delta c(S_2O_8^{2-})/\Delta t$$

在固定 $\Delta c(S_2O_8^{2-})$，改变 $c(S_2O_8^{2-})$ 和 $c(I^-)$ 的条件下进行一系列实验，测得不同条件下的反应速率，就能根据 $v = k[c(S_2O_8^{2-})]^m [c(I^-)]^n$ 的关系推出反应的反应级数。

再由式（2-5）可进一步求出反应速率常数 k：

$$k = \frac{v}{[c(S_2O_8^{2-})]^m [c(I^-)]^n} \tag{2-5}$$

根据阿伦尼乌斯方程，反应速率常数与反应温度有如下关系：

$$\lg k = -\frac{E_a}{2.303RT} + \lg A \tag{2-6}$$

式中，E_a 为反应的活化能；R 为摩尔气体常数；T 为热力学温度；A 为指前因子。因此，只要测得不同温度时的 k，以 $\lg k$ 对 $1/T$ 作图可得一直线，由直线的斜率可求得反应的活化能 E_a：

$$\text{斜率} = -E_a/(2.303R) \tag{2-7}$$

【实验仪器及试剂】

烧杯；玻璃棒；大试管；量筒；秒表；温度计；等等。

$(NH_4)_2S_2O_8(0.20\ mol \cdot L^{-1})$；$KI(0.20\ mol \cdot L^{-1})$；$Na_2S_2O_3(0.010\ mol \cdot L^{-1})$；$KNO_3(0.20\ mol \cdot L^{-1})$；$(NH_4)_2SO_4(0.20\ mol \cdot L^{-1})$；$Cu(NO_3)_2(0.02\ mol \cdot L^{-1})$；淀粉溶液(0.2%，质量分数)。

【实验步骤】

1. 浓度对化学反应速率的影响

先分别量取 KI、淀粉、$Na_2S_2O_3$ 溶液于 150 mL 烧杯中，用玻璃棒搅拌均匀。再量取 $(NH_4)_2S_2O_8$ 溶液，迅速加到烧杯中，同时按动秒表，立刻用玻璃棒将溶液搅拌均匀，各试剂用量见表 2-1-1。观察溶液，刚一出现蓝色，立即停止计时。将反应时间记入表 2-1-2 中。

表 2-1-1 反应中各试剂用量

室温_____℃ 单位：mL

试剂	Ⅰ	Ⅱ	Ⅲ	Ⅳ	Ⅴ
$0.20\ mol \cdot L^{-1}\ (NH_4)_2S_2O_8$	20	10	5	20	20
$0.20\ mol \cdot L^{-1}\ KI$	20	20	20	10	5
$0.010\ mol \cdot L^{-1}\ Na_2S_2O_3$	8	8	8	8	8
0.2%淀粉溶液	4	4	4	4	4
$0.20\ mol \cdot L^{-1}\ KNO_3$	0	0	0	10	15
$0.20\ mol \cdot L^{-1}\ (NH_4)_2SO_4$	0	10	15	0	0

表 2-1-2 浓度对化学反应速率的影响

项目		Ⅰ	Ⅱ	Ⅲ	Ⅳ	Ⅴ
混合液中反应物的起始浓度 /(mol·L^{-1})	$(NH_4)_2S_2O_8$					
	KI					
	$Na_2S_2O_3$					
反应时间 $\Delta t/s$						
$S_2O_8^{2-}$ 的浓度变化 $\Delta c(S_2O_8^{2-})/(mol \cdot L^{-1})$						
反应速率 $v/(mol \cdot L^{-1} \cdot s^{-1})$						

为了使溶液的离子强度和总体积保持不变，实验Ⅱ～Ⅴ中所减少的 KI 或 $(NH_4)_2S_2O_8$ 的量分别用 KNO_3 和 $(NH_4)_2SO_4$ 溶液补充。

2. 温度对化学反应速率的影响

按上表实验Ⅳ的试剂用量分别加入 KI、淀粉、$Na_2S_2O_3$ 和 KNO_3 溶液于 150 mL 烧杯中，用玻璃棒搅拌均匀。在一个大试管中加入 $(NH_4)_2S_2O_8$ 溶液，将烧杯和大试管中的溶液温度控制在 283 K，把大试管中的 $(NH_4)_2S_2O_8$ 迅速倒入烧杯中，搅拌，记录反应时间和温度。

分别在 283 K、303 K 和 313 K 的条件下重复上述实验，实验编号分别记录为Ⅵ、Ⅶ、

Ⅷ。将实验结果记录在表 2-1-3 中。

表 2-1-3　温度对化学反应速率的影响

项目	Ⅳ	Ⅵ	Ⅶ	Ⅷ
反应温度 T/K				
反应时间 $\Delta t/s$				
反应速率 $v/(\text{mol}\cdot\text{L}^{-1}\cdot\text{s}^{-1})$				

3. 催化剂对化学反应速率的影响

按实验Ⅳ试剂用量进行实验，在将 $(NH_4)_2S_2O_8$ 溶液加入 KI 混合液之前，先在 KI 混合液中加入 2 滴 0.02 mol·L^{-1} Cu(NO$_3$)$_2$ 溶液，搅拌均匀，迅速加入 $(NH_4)_2S_2O_8$ 溶液，搅拌，记录反应时间。

【数据记录及处理】

（1）列表记录实验数据。

（2）分别计算编号Ⅰ～Ⅴ各个实验的平均反应速率，然后求反应级数和反应速率常数。

（3）分别计算四个不同温度实验的平均反应速率及反应速率常数 k，然后以 $\lg k$ 为纵坐标、$1/T$ 为横坐标作图，求活化能。

（4）根据实验结果讨论浓度、温度、催化剂对反应速率及反应速率常数的影响。

【思考题】

（1）实验中为什么可以由反应溶液出现蓝色时间的长短来计算反应速率？反应溶液出现蓝色后，$S_2O_8^{2-}$ 与 I^- 的反应是否就终止了？

（2）若不用 $S_2O_8^{2-}$ 而用 I^- 的浓度变化来表示反应速率，则反应速率常数是否一致？具体说明。

（3）下述情况对实验有何影响？

① 移液管混用；

② 先加 $(NH_4)_2S_2O_8$ 溶液，最后加 KI 溶液；

③ 向 KI 等混合液中加 $(NH_4)_2S_2O_8$ 溶液时，不是迅速加入而是慢慢加入；

④ 做温度对反应速率的影响实验时，加入 $(NH_4)_2S_2O_8$ 后将盛有反应溶液的容器移出恒温水浴反应。

实验五　弱电解质电离常数的测定

【实验目的】

（1）测定醋酸的电离常数，加深对电离度和电离常数的理解。

（2）学会酸度计的使用方法。

【实验原理】

在水溶液中仅能部分电离的电解质称为弱电解质。弱电解质的电离是可逆过程，当正、逆反应速率相等时，分子和离子之间就达到动态平衡，这种平衡称为电离平衡。一般只要设法测定平衡时各物质的浓度（或分压）便可求得平衡常数。通常测定平衡常数的方法有目测法、pH 法、电导率法、电化学法和分光光度法等，本实验通过酸度计测量溶液 pH 来测定醋酸的电离常数和电离度。

醋酸（HAc）是弱电解质，在水溶液中存在下列解离平衡

$$HAc \rightleftharpoons H^+ + Ac^-$$

起始时　　　　c　　　0　　　0

平衡时　　$c-c\alpha$　　$c\alpha$　　$c\alpha$

醋酸的电离常数表达式为

$$K_a = \frac{c(H^+)c(Ac^-)}{c(HAc)} \tag{2-8}$$

将平衡时各物质的浓度代入上式，得

$$K_a = \frac{c\alpha^2}{1-\alpha} \tag{2-9}$$

式中，c 为 HAc 的起始浓度；α 为 HAc 的电离度。

平衡时已经电离的醋酸浓度和醋酸起始浓度之比为电离度，即 $\alpha = c(H^+)/c$，$c(H^+)$ 表示平衡时体系中 H^+ 的浓度。因此，如果由实验测出醋酸溶液的 pH，即可根据 pH = $-\lg c(H^+)$ 求出平衡时的 $c(H^+)$，进而求出 α，并通过一系列实验可求得醋酸的电离常数 K_a。

【实验仪器及试剂】

容量瓶（50 mL）；移液管（25 mL，10 mL）；滴定管（50 mL）；锥形瓶（250 mL）；小烧杯（50 mL）；PHS-25 型酸度计。

NaOH（0.2 mol·L^{-1}）；HAc（0.2 mol·L^{-1}）。

【实验步骤】

1. 配制不同浓度的醋酸溶液

用滴定管分别准确量取 25.00 mL、5.00 mL、2.50 mL 已标定过的 HAc 溶液于 50 mL 容量瓶中，用蒸馏水稀释至刻度，摇匀，并分别计算各溶液的准确浓度。

2. 测定不同浓度的醋酸溶液的 pH

取四个干燥的小烧杯（50 mL），分别取约 30 mL 上述三种浓度的 HAc 溶液及未经稀释的 HAc 溶液，由稀到浓分别用酸度计测其 pH。

【数据记录及处理】

（1）以表格形式列出实验数据（如表 2-1-4），并计算电离常数 K_a 及电离度 α。

表 2-1-4　弱电解质电离度 α 的测定

实验温度　　　　　℃

序号	$V(HAc)$/mL	$V(H_2O)$/mL	$c(HAc)$/(mol·L^{-1})	pH	$c(H^+)$/(mol·L^{-1})	α/%	$c\alpha^2/(1-\alpha)$
1	50.00	0.00					
2	25.00	25.00					
3	5.00	45.00					
4	2.50	47.50					

（2）根据实验结果讨论 HAc 电离度与其浓度的关系。

醋酸的电离常数 K_a = _____。

【实验注意事项】

(1) 酸度计的电极每次使用前均要用蒸馏水冲洗，小心擦拭。

(2) 酸度计稳定后再读数。

(3) 溶液由稀到浓进行测量。

【思考题】

(1) 不同浓度的醋酸溶液的电离度是否相同？电离常数是否相同？

(2) 使用酸度计应注意哪些问题？

(3) 测定 pH 时，为什么要按从稀到浓的顺序进行？

实验六　氧化还原与电化学

【实验目的】

(1) 了解原电池的组成及其电动势的粗略测定。

(2) 认识物质浓度、反应介质的酸碱性对氧化还原性质的影响。

(3) 认识一些中间价态物质的氧化还原性。

(4) 了解电化学腐蚀的基本原理及防腐方法。

【实验原理】

1. 原电池的组成和电动势

利用氧化还原反应产生电流，将化学能转化为电能的装置称为原电池。例如，Cu-Zn 原电池的电极反应为

负极　　　　　　　　　　$Zn - 2e^- == Zn^{2+}$　　　　　　　　　　氧化反应

正极　　　　　　　　　　$Cu^{2+} + 2e^- == Cu$　　　　　　　　　　还原反应

正、负极间必须用盐桥连接。

原电池电动势 E 应为

$$E = \varphi(+) - \varphi(-) \tag{2-10}$$

2. 浓度、介质酸碱性对电极电势和氧化还原反应的影响

氧化还原反应就是氧化剂得到电子、还原剂失去电子的电子转移过程。氧化剂和还原剂的强弱，可用其氧化型与还原型所组成的电对的电极电势大小来衡量。一个电对的标准电极电势 $\varphi^\ominus$ 值越大，其氧化型的氧化能力就越强，而还原型的还原能力越弱；$\varphi^\ominus$ 值越小，其氧化型的氧化能力就越弱，而还原型的还原能力越强。根据电动势的数值可以判断反应进行的方向。在标准状态下反应能够进行的条件是

$$E^\ominus = \varphi^\ominus(+) - \varphi^\ominus(-) > 0$$

例如，在 1 mol·L^{-1} H$^+$ 介质中，$\varphi^\ominus_{Fe^{3+}/Fe^{2+}} = 0.771$ V，$\varphi^\ominus_{I_2/I^-} = 0.535$ V，$\varphi^\ominus_{Br_2/Br^-} = 1.08$ V，所以在标准状态下能正向进行的反应是

$$2Fe^{3+} + 2I^- == 2Fe^{2+} + I_2$$

在标准状态下不能正向进行的反应是

$$2Fe^{3+} + 2Br^- == 2Fe^{2+} + Br_2$$

实际上，多数反应都是在非标准状态下进行的，这时物质浓度对电极电势的影响可用能斯特（Nernst）方程表示。

对于反应

$$a \text{ 氧化型} + z\text{e}^- \rightleftharpoons b \text{ 还原型}$$

298 K 时，

$$\varphi = \varphi^{\ominus} + \frac{0.059\text{V}}{z} \lg \frac{[c(\text{氧化型})]^a}{[c(\text{还原型})]^b} \tag{2-11}$$

式中，z 为电极反应中的转移电子数；c（氧化型）和 c（还原型）分别为电对中氧化型和还原型物质的浓度。

例如

$$\text{Zn}^{2+} + 2\text{e}^- \rightleftharpoons \text{Zn}$$

$$\varphi_{\text{Zn}^{2+}/\text{Zn}} = \varphi^{\ominus}_{\text{Zn}^{2+}/\text{Zn}} + \frac{0.059\text{V}}{2} \lg c(\text{Zn}^{2+})$$

由此可见，氧化型和还原型物质本身浓度变化对电极电势有影响。对于有沉淀物或配合物生成的反应，氧化型或还原型物质浓度的改变会影响电对电极电势的大小；对于有酸或碱参加的反应，H^+ 或 OH^- 浓度变化也会影响电极电势大小，甚至可能改变氧化还原反应的方向。

例如，298 K 时

$$\text{ClO}_3^- + 6\text{H}^+ + 6\text{e}^- \rightleftharpoons \text{Cl}^- + 3\text{H}_2\text{O} \tag{1}$$

$$\varphi_{\text{ClO}_3^-/\text{Cl}^-} = \varphi^{\ominus}_{\text{ClO}_3^-/\text{Cl}^-} + \frac{0.059\text{V}}{6} \lg \frac{[c(\text{ClO}_3^-)/c^{\ominus}][c(\text{H}^+)/c^{\ominus}]^6}{c(\text{Cl}^-)/c^{\ominus}}$$

$$\text{MnO}_4^- + 8\text{H}^+ + 5\text{e}^- \rightleftharpoons \text{Mn}^{2+} + 4\text{H}_2\text{O} \tag{2}$$

$$\varphi_{\text{MnO}_4^-/\text{Mn}^{2+}} = \varphi^{\ominus}_{\text{MnO}_4^-/\text{Mn}^{2+}} + \frac{0.059\text{V}}{5} \lg \frac{[c(\text{MnO}_4^-)/c^{\ominus}][c(\text{H}^+)/c^{\ominus}]^8}{c(\text{Mn}^{2+})/c^{\ominus}}$$

$$\text{MnO}_4^- + 2\text{H}_2\text{O} + 3\text{e}^- \rightleftharpoons \text{MnO}_2 + 4\text{OH}^- \tag{3}$$

$$\varphi_{\text{MnO}_4^-/\text{MnO}_2} = \varphi^{\ominus}_{\text{MnO}_4^-/\text{MnO}_2} + \frac{0.059\text{V}}{3} \lg \frac{c(\text{MnO}_4^-)/c^{\ominus}}{[c(\text{OH}^-)/c^{\ominus}]^4}$$

$$\text{MnO}_4^- + \text{e}^- \xrightarrow{\text{碱性物质}} \text{MnO}_4^{2-} \tag{4}$$

$$\varphi_{\text{MnO}_4^-/\text{MnO}_4^{2-}} = \varphi^{\ominus}_{\text{MnO}_4^-/\text{MnO}_4^{2-}} + 0.059\text{V} \lg \frac{c(\text{MnO}_4^-)/c^{\ominus}}{c(\text{MnO}_4^{2-})/c^{\ominus}}$$

3. 电化学腐蚀及其防腐

电化学腐蚀是金属在电解质溶液中发生电化学过程而引起的一种腐蚀。腐蚀电池中较活泼的金属作为阳极（负极）而被氧化，而阴极（正极）仅起传递电子的作用，本身不被腐蚀。

例如，钢铁的吸氧腐蚀反应为

阳极 $\quad\quad\quad\quad\quad\quad\quad\quad \text{Fe} \rightleftharpoons \text{Fe}^{2+} + 2\text{e}^-$

阴极 $\quad\quad\quad\quad\quad\quad\quad\quad \text{O}_2 + 2\text{H}_2\text{O} + 4\text{e}^- \rightleftharpoons 4\text{OH}^-$

差异充气腐蚀是金属吸氧腐蚀的一种形式，它是由金属表面氧气分布不均匀而引起的。由能斯特方程可知

$$\varphi_{O_2/OH^-} = \varphi_{O_2/OH^-}^{\ominus} + \frac{0.059\text{V}}{4}\lg\frac{p_{O_2}/p^{\ominus}}{[c(OH^-)/c^{\ominus}]^4} \qquad (2\text{-}12)$$

表面处 p_{O_2} 高，$\varphi_{O_2/OH^-}^{\ominus}$ 大，电对 O_2/OH^- 为阴极；深处 p_{O_2} 低，$\varphi_{O_2/OH^-}^{\ominus}$ 小，电对 O_2/OH^- 为阳极。

防腐蚀可用牺牲阳极法、外加电流法、缓蚀剂法。乌洛托品（六亚甲基四胺）可作为钢铁在酸性介质中的缓蚀剂。

【实验仪器及试剂】

直流伏特计（0～3 V，公用）；盐桥（公用）❶；锌片（带铜引线）；铜片（带铜引线）；铜线（粗、细）；小铁钉；镀锡钢板（马口铁）小铁片和白铁小铁片（试剂瓶只标铁片Ⅰ、铁片Ⅱ）；等等。

HCl（0.1 mol·L^{-1}）；HAc（0.1 mol·L^{-1}）；H$_2$SO$_4$（1 mol·L^{-1}，3 mol·L^{-1}）；NaOH（3 mol·L^{-1}）；CuSO$_4$（0.1 mol·L^{-1}）；FeCl$_3$（0.1 mol·L^{-1}）；H$_2$O$_2$（3%）；ZnSO$_4$（0.1 mol·L^{-1}）；KBr（0.1 mol·L^{-1}）；KClO$_3$（0.1 mol·L^{-1}）；KI（0.1 mol·L^{-1}）；K$_3$[Fe(CN)$_6$]（0.1 mol·L^{-1}）；FeSO$_4$（0.1 mol·L^{-1}）；KMnO$_4$（0.01 mol·L^{-1}）；NaCl（1 mol·L^{-1}）；Na$_2$SO$_3$（0.1 mol·L^{-1}）；Pb(NO$_3$)$_2$（0.1 mol·L^{-1}）；溴水（饱和）；乌洛托品（20%）；碘水（饱和）；酚酞（1%）；CCl$_4$；Na$_2$S（0.1 mol·L^{-1}）。

【实验步骤】

1. 原电池的装配和电动势的粗略测定

按图 2-1-12 装配 Cu-Zn 原电池，观察伏特计指针偏转方向，并记录读数。用 50 mL 烧杯做半电池，写出原电池符号、电极反应式及原电池总反应式。

2. 浓度、介质酸碱性对电极电势和氧化还原反应的影响

① 取 2～3 滴 KClO$_3$ 溶液（0.1 mol·L^{-1}）与少量 KI 溶液（0.1 mol·L^{-1}）在试管中混合（此时溶液体积记为 V），观察现象。加热后有无变化？加 1～2 滴 3 mol·L^{-1} H$_2$SO$_4$ 酸化后观察到什么现象？将溶液体积稀释为 2V 重复上述实验。

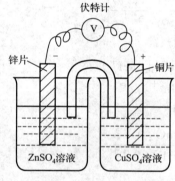

图 2-1-12 装配 Cu-Zn 原电池

② 在三支试管中分别进行表 2-1-5 所示实验，并记录。

表 2-1-5 浓度、介质酸碱性对电极电势和氧化还原反应的影响

氧化剂	还原剂	介质	现象	产物
KMnO$_4$（0.01 mol·L^{-1}）2～5 滴	Na$_2$SO$_3$（0.1 mol·L^{-1}）逐滴加入	0.5 mL H$_2$SO$_4$（3 mol·L^{-1}） 1 mL 去离子水 0.5 mL NaOH（3 mol·L^{-1}）		

3. 物质的氧化还原性

① 向试管中加入 2～3 滴 0.1 mol·L^{-1} KI 溶液，边滴加 0.1 mol·L^{-1} FeCl$_3$ 溶液边摇

---

❶ 将 2 g 琼胶和 30 g KCl 溶于 100 mL 水中，加热煮沸后，趁热倒入 U 形管中，即为"盐桥"。不用时，可将 U 形管倒置，使管口浸在饱和 KCl 溶液中。

动试管,观察现象,并用 CCl_4 和 $K_3[Fe(CN)_6]$ 检验产物。

用 $K_3[Fe(CN)_6]$ 检验 Fe^{2+}、Fe^{3+},反应如下:

$$3Fe^{2+} + 2[Fe(CN)_6]^{3-} =\!=\!= Fe_3[Fe(CN)_6]_2 \downarrow (蓝色)$$

$$Fe^{3+} + [Fe(CN)_6]^{3-} =\!=\!= Fe[Fe(CN)_6](棕色)$$

用 $0.1\ mol \cdot L^{-1}$ KBr 溶液代替 $0.1\ mol \cdot L^{-1}$ KI 溶液进行上述实验,会发生什么变化?

分别用碘水、溴水与 $0.1\ mol \cdot L^{-1}$ $FeSO_4$ 作用,观察有什么变化。

根据以上实验,比较 Br_2/Br^-、I_2/I^-、Fe^{3+}/Fe^{2+} 三电对的电极电势大小,并指出哪个是最强的氧化剂,哪个是最强的还原剂。

② 向一支试管中加入 10 滴 $0.1\ mol \cdot L^{-1}$ $Pb(NO_3)_2$,加数滴 $0.1\ mol \cdot L^{-1}$ HAc 酸化,滴加 1~2 滴 $0.1\ mol \cdot L^{-1}$ Na_2S 溶液,观察溶液变化;再加少量 3‰ H_2O_2 溶液,记录现象并写出反应式。

向另一试管中加入 5 滴 $0.01\ mol \cdot L^{-1}$ $KMnO_4$ 溶液,并用 $3\ mol \cdot L^{-1}$ H_2SO_4 溶液酸化,然后滴加 3‰ H_2O_2,记录现象并写出反应式。

比较上述两实验,对氧化还原性作出结论。

4. 金属腐蚀及防腐

(1) 腐蚀原电池的形成

① 向用砂纸磨光的铁片上滴 1~2 滴自配腐蚀液❶,静置一段时间(15~20 min),观察铁片的变化,说明原因并写出反应式。

② 取纯锌一小块,放入装有 $0.1\ mol \cdot L^{-1}$ HCl 溶液的试管中,观察变化,插入一根铜线与锌块接触,记录发生的现象并解释。

③ 向两支盛有 $1\ mol \cdot L^{-1}$ H_2SO_4 溶液的试管中分别投入铁片Ⅰ、铁片Ⅱ,在各试管中再加入 2~3 滴 $K_3[Fe(CN)_6]$ 溶液,观察变化,并判断哪片是马口铁,哪片是白铁。

提示:

$$3Zn^{2+} + 2[Fe(CN)_6]^{3-} =\!=\!= Zn_3[Fe(CN)_6]_2 \downarrow (黄色)$$

(2) 金属腐蚀的防护

① 在两支试管中各加入约 2 mL $0.1\ mol \cdot L^{-1}$ HCl,并滴入 1~2 滴 $0.1\ mol \cdot L^{-1}$ $K_3[Fe(CN)_6]$,在其中一支试管中滴加 10 滴乌洛托品,另一支试管中滴加 10 滴蒸馏水,分别投入 1 枚无锈铁钉。观察溶液现象,并说明原因。

② 用自配腐蚀液润湿表面皿上的滤纸,把两枚铁钉置于滤纸上,两铁钉间隔 1~2 cm,分别与 Cu-Zn 原电池的正极和负极相连,静置一段时间后会有什么变化?说明原因并写出相应的反应式。

【思考题】

(1) 通过实验比较 Br_2、I_2、Fe^{3+} 氧化性的强弱以及 Br^-、I^-、Fe^{2+} 还原性的强弱。

(2) 介质不同时 $KMnO_4$ 与 Na_2SO_3 进行反应的产物为何不同?

(3) 含什么类型杂质的金属较纯金属容易被腐蚀?

---

❶ 自配腐蚀液:$1\ mol \cdot L^{-1}$ NaCl 溶液和 1 滴 $0.1\ mol \cdot L^{-1}$ $K_3[Fe(CN)_6]$ 及 1 滴 1%酚酞,混匀。

实验七 一些无机化合物的性质

【实验目的】
(1) 学会通过离子的颜色初步判断离子的种类。
(2) 了解某些氯化物的水解反应。
(3) 了解某些氢氧化物的酸碱性。
(4) 了解某些含氧酸盐的氧化还原性。

【实验原理】

1. 水合离子的颜色

不少过渡元素的水合离子及含氧酸根具有特征颜色,例如,Cr^{3+} 呈蓝绿色,CrO_2^- 呈绿色,CrO_4^{2-} 呈黄色,$Cr_2O_7^{2-}$ 呈橙色,Mn^{2+} 呈浅桃红色,MnO_4^- 呈紫红色,MnO_4^{2-} 呈暗绿色,Fe^{2+} 呈浅绿色,Fe^{3+} 呈黄色,Co^{2+} 呈粉红色,Ni^{2+} 呈绿色,Cu^{2+} 呈蓝色,等。

2. 氯化物的水解反应

金属氯化物的水解可分为以下几种情况。

① 活泼的碱金属和碱土金属的氯化物是典型的离子型化合物,在水溶液中发生解离,不发生水解反应,如 KCl、NaCl、$BaCl_2$ 等。

② 有些氯化物难溶于水,不与水发生反应,如 AgCl、CuCl、Hg_2Cl_2 等。

③ 完全水解,生成盐酸及氢氧化物,如:

$$AlCl_3 + 3H_2O \Longrightarrow Al(OH)_3 \downarrow + 3HCl$$

④ 某些主族金属、过渡金属和某些高价金属的氯化物具有过渡型结构,在水溶液中与水发生不同程度的水解反应,生成碱式盐或氯氧化物。如:

$$MgCl_2 + H_2O \Longrightarrow Mg(OH)Cl + HCl$$
$$Mg(OH)Cl + H_2O \Longrightarrow Mg(OH)_2 + HCl$$
$$FeCl_3 + H_2O \Longrightarrow Fe(OH)Cl_2 + HCl$$
$$SnCl_2 + H_2O \Longrightarrow Sn(OH)Cl \downarrow + HCl$$
$$SbCl_3 + H_2O \Longrightarrow SbOCl \downarrow + 2HCl$$
$$BiCl_3 + H_2O \Longrightarrow BiOCl \downarrow + 2HCl$$

配制这类氯化物的溶液时,为防止水解反应,先用少量的盐酸使其溶解,然后再加水稀释。

3. 金属氢氧化物的酸碱性

短周期各元素最高价态的氧化物及其水合物,从左到右(同周期)酸性增强,碱性减弱(表 2-1-6);自上而下(同族)酸性减弱,碱性增强。

表 2-1-6 元素最高价态的氧化物及其水合物的酸碱性

氧化物	Na_2O	MgO	Al_2O_3	SiO_2	P_2O_5	SO_3	Cl_2O_7
酸碱性	碱性	碱性	两性	酸性	酸性	酸性	酸性
氧化物的水合物	NaOH	$Mg(OH)_2$	$Al(OH)_3$	$Si(OH)_4$	H_3PO_4	H_2SO_4	$HClO_4$
酸碱性	碱性	碱性	两性	酸性	酸性	酸性	酸性
	强	中强	—	弱	中强	强	强

一些 p 区和过渡元素的氢氧化物溶解度较小，按其与酸碱反应的不同呈碱性、酸性和两性。例如 $Pb(OH)_2$、$Cr(OH)_3$、$Zn(OH)_2$ 具有两性；$Cu(OH)_2$ 微显两性，它既能溶于强酸，也能溶于强碱的浓溶液中；AgOH（白色）是中强碱，能溶于稀 HNO_3，但 AgOH 很不稳定，在常温下即脱水而成棕色的 Ag_2O。

4. 某些含氧酸盐的氧化还原性

介质的酸碱性对含氧酸及其盐的氧化还原能力影响较大。酸性越强，含氧酸及其盐的氧化能力越强。

(1) 锰的主要化合物的氧化还原性

元素锰的主要存在形式有 MnO_4^-、MnO_4^{2-}、MnO_2、Mn^{2+} 等。MnO_4^- 在酸性条件下是强氧化剂，易被还原为 Mn^{2+}：

$$MnO_4^- + 8H^+ + 5e^- \rightleftharpoons Mn^{2+} + 4H_2O$$

$$E^{\ominus}(MnO_4^-/Mn^{2+}) = 1.51 \text{ V}$$

但在碱性介质中不稳定，能分解成锰酸盐并放出氧气：

$$4MnO_4^- + 4OH^- \rightleftharpoons 4MnO_4^{2-} + 2H_2O + O_2\uparrow$$

MnO_4^{2-} 只有在强碱性溶液中才是稳定的，在酸性甚至近中性的条件下，MnO_4^{2-} 可发生如下歧化反应：

$$3MnO_4^{2-} + 4H^+ \rightleftharpoons 2MnO_4^- + MnO_2\downarrow + 2H_2O$$

MnO_2 在酸性介质中也是一种氧化剂：

$$MnO_2 + H_2O_2 + 2H^+ \rightleftharpoons Mn^{2+} + O_2\uparrow + 2H_2O$$

在碱性介质中，MnO_2 能被氧化剂氧化成六价锰酸盐，例如，MnO_2 在氧化剂 $KClO_3$ 存在下与碱共熔可生成墨绿色锰酸钾：

$$3MnO_2 + 6KOH + KClO_3 \xrightarrow{\text{共熔}} 3K_2MnO_4 + KCl + 3H_2O$$

Mn^{2+} 在碱性介质中还原性较强，空气中的氧可以将 $Mn(OH)_2$ [在 Mn^{2+} 盐中加入强碱生成白色 $Mn(OH)_2$ 沉淀]氧化成棕褐色 MnO_2 沉淀：

$$2Mn(OH)_2 + O_2 \rightleftharpoons 2MnO_2\downarrow + 2H_2O$$

Mn^{2+} 在酸性介质中还原性很弱，只有在高酸度和强氧化剂（如过二硫酸钾、铋酸钠）的条件下，才能使 Mn^{2+} 氧化为 MnO_4^-：

$$2Mn^{2+} + 5NaBiO_3 + 14H^+ \rightleftharpoons 2MnO_4^- + 5Bi^{3+} + 5Na^+ + 7H_2O$$

(2) 三价铬和六价铬化合物的氧化还原性

铬酸盐和重铬酸盐在水溶液中存在着下列平衡：

$$Cr_2O_7^{2-} + H_2O \rightleftharpoons 2CrO_4^{2-} + 2H^+$$

（橙色）　　　　　（黄色）

加酸使平衡向左移动，铬主要以 $Cr_2O_7^{2-}$ 形式存在，溶液显橙色；加碱平衡向右移动，铬主要以 CrO_4^{2-} 形式存在，溶液转为黄色。除了加酸或者加碱可使上述平衡发生移动外，若向溶液中加入 Ba^{2+}、Pb^{2+} 或 Ag^+ 等，由于这些离子与 CrO_4^{2-} 生成溶度积较小的铬酸盐，也可使平衡向右移动。如：

$$Cr_2O_7^{2-} + 2Ba^{2+} + H_2O \rightleftharpoons 2H^+ + 2BaCrO_4\downarrow$$

$$K_{sp}^{\ominus}(BaCrO_4) = 1.2 \times 10^{-10}$$

$$Cr_2O_7^{2-} + 2Pb^{2+} + H_2O \rightleftharpoons 2H^+ + 2PbCrO_4 \downarrow$$

$$K_{sp}^{\ominus}(PbCrO_4) = 2.8 \times 10^{-13}$$

$$Cr_2O_7^{2-} + 4Ag^+ + H_2O \rightleftharpoons 2H^+ + 2Ag_2CrO_4 \downarrow$$

$$K_{sp}^{\ominus}(Ag_2CrO_4) = 1.1 \times 10^{-12}$$

重铬酸钾在酸性溶液中有较强的氧化性,易被还原为 Cr^{3+}:

$$Cr_2O_7^{2-} + 14H^+ + 6e^- \rightleftharpoons 2Cr^{3+} + 7H_2O$$

$$E^{\ominus}(Cr_2O_7^{2-}/Cr^{3+}) = 1.33 \text{ V}$$

在碱性溶液中,Cr(Ⅲ)具有较强的还原性。此时,Cr(Ⅲ)主要以 CrO_2^- 形式存在,可被 H_2O_2(在碱性条件下以 HO_2^- 形式存在)氧化成 CrO_4^{2-}。其反应如下:

$$CrO_4^{2-} + 2H_2O + 3e^- \rightleftharpoons CrO_2^- + 4OH^-$$

$$E_B^{\ominus}(CrO_4^{2-}/CrO_2^-) = -0.12 \text{ V}$$

$$HO_2^- + H_2O + 2e^- \rightleftharpoons 3OH^- \quad E_B^{\ominus}(HO_2^-/OH^-) = 0.88 \text{ V}$$

$$2CrO_2^- + 3H_2O_2 + 2OH^- \rightleftharpoons 2CrO_4^{2-} + 4H_2O$$

含有 CrO_4^{2-} 的溶液酸化后,与 H_2O_2 作用生成深蓝色的过氧化铬 CrO_5 或其水合物过铬酸(H_2CrO_6)。

$$2CrO_4^{2-} + 2H^+ \rightleftharpoons Cr_2O_7^{2-} + H_2O$$

$$Cr_2O_7^{2-} + 4H_2O_2 + 2H^+ \rightleftharpoons 2CrO_5 + 5H_2O$$

(蓝色)

这一反应常用来鉴定六价铬的存在。一般认为 CrO_5 的结构为:

$$\begin{array}{c} O \\ O \diagdown \| \diagup O \\ Cr \\ O \diagup \diagdown O \end{array}$$

CrO_5 很不稳定,很快分解为 Cr^{3+},并放出氧气。

$$4CrO_5 + 12H^+ \rightleftharpoons 4Cr^{3+} + 7O_2 \uparrow + 6H_2O$$

【实验仪器及试剂】

试管;试管夹;滴管;玻璃棒;酒精灯;洗瓶;pH 试纸;等等。

$HCl(2.0 \text{ mol} \cdot L^{-1}, 6.0 \text{ mol} \cdot L^{-1})$;$HNO_3(2.0 \text{ mol} \cdot L^{-1}, 6.0 \text{ mol} \cdot L^{-1})$;$H_2SO_4(2.0 \text{ mol} \cdot L^{-1}, 6.0 \text{ mol} \cdot L^{-1})$;$NaOH(2.0 \text{ mol} \cdot L^{-1}, 6.0 \text{ mol} \cdot L^{-1})$;$NaCl(1.0 \text{ mol} \cdot L^{-1}, 固)$;$MgCl_2(0.1 \text{ mol} \cdot L^{-1}, 固)$;$AlCl_3(0.1 \text{ mol} \cdot L^{-1}, 固)$;$H_3BO_3$(饱和溶液);$BiCl_3(0.1 \text{ mol} \cdot L^{-1})$;$BaCl_2(0.1 \text{ mol} \cdot L^{-1})$;$Cr_2(SO_4)_3(0.1 \text{ mol} \cdot L^{-1})$;$FeSO_4(0.1 \text{ mol} \cdot L^{-1})$;$Fe_2(SO_4)_3(0.1 \text{ mol} \cdot L^{-1})$;$CuSO_4(0.1 \text{ mol} \cdot L^{-1})$;$K_2CrO_4(0.1 \text{ mol} \cdot L^{-1})$;$K_2Cr_2O_7(0.1 \text{ mol} \cdot L^{-1})$;$Pb(NO_3)_2(0.1 \text{ mol} \cdot L^{-1})$;乙醇(95%);$MnSO_4(0.1 \text{ mol} \cdot L^{-1})$;$CoCl_2(0.1 \text{ mol} \cdot L^{-1})$;$NiSO_4(0.1 \text{ mol} \cdot L^{-1})$;$H_2O_2(3\%)$;$KMnO_4(0.01 \text{ mol} \cdot L^{-1})$;$K_2MnO_4(0.1 \text{ mol} \cdot L^{-1})$;$Na_2SO_3(0.5 \text{ mol} \cdot L^{-1})$;氯水;$NaBiO_3$(固);$MnO_2$(固);$K_2S_2O_8$(固)。

【实验步骤】

1. 水合离子的颜色

观察和熟悉下列水合离子的颜色:Cr^{3+}、CrO_2^-、CrO_4^{2-}、$Cr_2O_7^{2-}$、Mn^{2+}、MnO_4^{2-}、

MnO_4^-、Fe^{2+}、Fe^{3+}、Co^{2+}、Ni^{2+}、Cu^{2+}。

2. 氯化物的水解反应

（1）钠、镁、铝氯化物的水解

往三支试管中分别加入少量 $NaCl$、$MgCl_2$、$AlCl_3$ 固体，然后分别加入适量蒸馏水使之溶解，用 pH 试纸检验溶液的酸碱性（为了较明显地检出 $MgCl_2$ 的弱酸性，可将其制成热的饱和溶液）。

通过上述实验比较 $NaCl$、$MgCl_2$、$AlCl_3$ 水解程度的大小。

（2）三氯化铋的水解

在一支试管内加入 $0.1\ mol\cdot L^{-1}\ BiCl_3$ 溶液 2 滴，加蒸馏水 3~5 滴，观察沉淀的生成（注意观察颜色）；再向试管中滴加 $6.0\ mol\cdot L^{-1}\ HCl$ 至沉淀恰好溶解，再加水稀释至沉淀生成。观察并解释上述现象。

3. 金属氢氧化物的性质

（1）氢氧化镁、氢氧化铝和硼酸的酸碱性

往一支试管中加入 $0.1\ mol\cdot L^{-1}\ MgCl_2$ 溶液及 $2.0\ mol\cdot L^{-1}\ NaOH$ 溶液数滴，观察 $Mg(OH)_2$ 沉淀的生成（注意观察颜色）。将沉淀分成两份，分别加入 $2.0\ mol\cdot L^{-1}\ HCl$ 溶液和 $2.0\ mol\cdot L^{-1}\ NaOH$ 溶液各 8 滴，振荡试管，观察沉淀是否溶解。

从 $AlCl_3$ 出发，自行设计步骤制得 $Al(OH)_3$，并检验其在稀酸和稀碱中的溶解情况。

用 pH 试纸检验 H_3BO_3 饱和溶液的酸碱性。

通过上述实验，比较 $Mg(OH)_2$、$Al(OH)_3$、H_3BO_3 酸性（或碱性）的大小。

（2）氢氧化物的沉淀和溶解

在四支试管中分别加入 $0.1\ mol\cdot L^{-1}\ NiSO_4$、$0.1\ mol\cdot L^{-1}\ Pb(NO_3)_2$、$0.1\ mol\cdot L^{-1}\ Cr_2(SO_4)_3$、$0.1\ mol\cdot L^{-1}\ CuSO_4$ 溶液各 0.5 mL，再分别滴加 $2.0\ mol\cdot L^{-1}\ NaOH$ 溶液 1~2 滴，观察生成沉淀的颜色。然后分别检验这些沉淀的酸碱性〔解释为什么 $Cu(OH)_2$ 沉淀要用 $6.0\ mol\cdot L^{-1}\ NaOH$ 来检验其酸碱性，$Pb(OH)_2$ 沉淀应用什么酸来检验其碱性？〕。

列表比较上述金属离子与 $NaOH$ 反应的产物以及产物的酸碱性。

4. 锰化合物的性质

（1）不同介质中 $KMnO_4$ 的氧化性

取三支试管，各加入 $0.01\ mol\cdot L^{-1}\ KMnO_4$ 溶液 2 滴，分别加 $2.0\ mol\cdot L^{-1}\ H_2SO_4$、$H_2O$、$2.0\ mol\cdot L^{-1}\ NaOH$ 溶液各 10 滴，然后滴加 $0.5\ mol\cdot L^{-1}\ Na_2SO_3$ 溶液。观察现象并加以解释。

（2）MnO_4^{2-} 与 MnO_4^- 之间的转化

① 在一支试管中，加入 $0.1\ mol\cdot L^{-1}\ K_2MnO_4$ 溶液，加 $2.0\ mol\cdot L^{-1}\ H_2SO_4$ 溶液 1~2 滴，观察变化；再加入数滴 $6.0\ mol\cdot L^{-1}\ NaOH$ 溶液（注意边加边振荡试管），观察又有何变化。

② 在一支试管中，加入 $0.1\ mol\cdot L^{-1}\ K_2MnO_4$ 溶液和数滴氯水，并加热，观察现象。

（3）二价锰和四价锰的性质

① 取 $0.1\ mol\cdot L^{-1}\ MnSO_4$ 溶液 5 滴，加入 $6.0\ mol\cdot L^{-1}\ NaOH$ 溶液 1 滴，观察沉淀的生成及颜色，接着加入 $3\%\ H_2O_2$ 溶液 1 滴，充分振荡试管，观察沉淀颜色的变化。再加入 $2.0\ mol\cdot L^{-1}\ H_2SO_4$ 溶液 4 滴和 $3\%\ H_2O_2$ 溶液 4 滴，观察沉淀的溶解及气体的产生。

② 取 0.1 mol·L^{-1} MnSO$_4$ 溶液 1 滴于试管中,加蒸馏水 3 滴和 2.0 mol·L^{-1} HNO$_3$ 溶液 2 滴,然后加入少量固体 NaBiO$_3$,振荡试管,静置片刻,上层溶液呈紫色。此反应可用于鉴定 Mn^{2+}。

根据上述实验①、②中溶液或沉淀颜色的变化,判断锰在各步反应中氧化态的变化。

5. 铬盐及铬酸盐的性质

(1) 重铬酸盐和铬酸盐之间的转化

① 在一支试管中,加入 0.1 mol·L^{-1} K$_2$Cr$_2$O$_7$ 溶液 0.5 mL,2.0 mol·L^{-1} NaOH 溶液 1~2 滴,观察溶液颜色变化;然后再加入 6.0 mol·L^{-1} H$_2$SO$_4$ 溶液 1~2 滴,使之酸化,观察溶液颜色的变化并加以解释。

② 在一支试管中加入 0.1 mol·L^{-1} K$_2$Cr$_2$O$_7$ 溶液 0.5 mL;另一支试管中则加入 0.1 mol·L^{-1} K$_2$CrO$_4$ 溶液 0.5 mL,然后分别加入 0.1 mol·L^{-1} BaCl$_2$ 溶液 1~2 滴,观察沉淀的生成及颜色,并加以解释。

(2) 三价铬和六价铬化合物的相互转化

取 0.1 mol·L^{-1} Cr$_2$(SO$_4$)$_3$ 溶液 5 滴与过量的 2.0 mol·L^{-1} NaOH 溶液作用(生成物是什么?),将溶液加热后,再加入 3% H$_2$O$_2$ 溶液 8~10 滴,观察黄色 CrO$_4^{2-}$ 的生成。再逐滴加入 6.0 mol·L^{-1} HNO$_3$,使之酸化,注意观察现象(溶液立即变为深蓝色,并迅速转变为绿色 Cr^{3+} 等)。

6. 未知溶液的鉴别

① 有Ⅰ、Ⅱ、Ⅲ三瓶未知溶液,可能是 Na$_2$SO$_3$、NaHCO$_3$、Na$_2$CO$_3$ 溶液。自行设计实验方案进行鉴别。

② 有Ⅳ、Ⅴ、Ⅵ三瓶未知溶液,可能是 ZnCl$_2$、Pb(NO$_3$)$_2$、SnCl$_2$ 溶液,自行设计实验方案进行鉴别。

【实验注意事项】

亦有人将棕色的 MnO(OH)$_2$ 看作是二氧化锰的水合物 MnO$_2$·H$_2$O,即

$$2Mn(OH)_2 + O_2 \longrightarrow 2MnO(OH)_2 \downarrow$$

【思考题】

(1) 怎样检验氧化物的水合物的酸碱性?两性氢氧化物在水溶液中存在怎样的平衡?典型的两性氢氧化物有哪些?

(2) 根据实验结果归纳各种价态锰化合物稳定存在的介质条件(酸碱性)。

(3) Mn^{2+} 在碱性介质中加 H$_2$O$_2$ 制得棕色沉淀 MnO$_2$,该沉淀能溶于 H$_2$SO$_4$ 和 H$_2$O$_2$ 的混合溶液中,两次加入 H$_2$O$_2$ 的作用是什么?MnO$_2$ 能溶于浓盐酸(或硫酸+H$_2$O$_2$)中,但不溶于 H$_2$SO$_4$ 或硝酸,这是为什么?

实验八 配合物的生成、性质和应用

【实验目的】

(1) 了解配离子与简单离子、配合物与复盐的区别。

(2) 了解配离子的形成与解离。

(3) 比较不同配合物的稳定性，了解配位平衡与沉淀平衡之间的联系与转化条件。

(4) 了解配位化合物在分析化学中的应用。

【实验原理】

中心原子或离子（称为配合物的形成体）与一定数目的中性分子或阴离子（称为配合物的配体）以配位键结合形成配位个体。配位个体处于配合物的内界，若带有电荷就称为配离子。带正电荷称为配阳离子，带负电荷称为配阴离子。配离子与带有相同数目的相反电荷的离子（外界）组成配位化合物，简称配合物。通常过渡金属离子易形成配位化合物。例如 Zn^{2+}、Ni^{2+}、Cu^{2+}、Ag^+ 等均易与氨形成相应的配离子 $[Zn(NH_3)_4]^{2+}$、$[Ni(NH_3)_4]^{2+}$、$[Cu(NH_3)_4]^{2+}$、$[Ag(NH_3)_2]^+$ 等。

大多数易溶配合物在溶液中解离为配离子和外界离子。例如 $[Cu(NH_3)_4]SO_4$ 在水溶液中完全解离为 $[Cu(NH_3)_4]^{2+}$ 和 SO_4^{2-}。而配离子只能部分解离，如在水溶液中，$[Cu(NH_3)_4]^{2+}$ 存在下列解离平衡：

$$[Cu(NH_3)_4]^{2+} \rightleftharpoons Cu^{2+} + 4NH_3$$

$$K_{不稳}^{\ominus} = \frac{[Cu^{2+}][NH_3]^4}{[Cu(NH_3)_4]^{2+}}$$

式中，$K_{不稳}^{\ominus}$ 为配离子的不稳定常数，表示配离子稳定性的大小，$K_{不稳}^{\ominus}$ 越小，配离子越稳定。

根据勒夏特列原理，当外界条件改变时，配离子的解离平衡能够向着生成更难解离或更难溶解物质的方向移动。例如，往配离子 $[Ag(NH_3)_2]^+$ 溶液中加入一定浓度的 KI（沉淀剂），可生成更难溶的 AgI 沉淀，从而实现了配离子向难溶物的转化。又如，Fe^{3+} 可与 SCN^- 生成血红色的 $[Fe(SCN)_n]^{3-n}$（$n=1\sim 6$）。若往 $[Fe(SCN)_n]^{3-n}$ 溶液中加入 F^-，则能转化为更稳定的无色 $[FeF_6]^{3-}$。

由中心离子与多齿配体形成的具有环状结构的配合物称为螯合物。与简单的配合物相比，螯合物具有更好的稳定性。

简单金属离子在形成配合物后，其颜色、溶解性、酸碱性及氧化还原性都会发生改变。这些性质的变化，可以应用于化学分析中。如 Ni^{2+} 与丁二酮肟在氨溶液或醋酸钠溶液中生成鲜红色螯合物，其反应如下：

$$Ni^{2+} + 2\begin{matrix}CH_3-C=N-OH\\CH_3-C=N-OH\end{matrix} \longrightarrow \begin{matrix}\text{螯合物结构}\end{matrix} \downarrow + 2H^+$$

（鲜红色）

这是鉴定溶液中是否存在 Ni^{2+} 的灵敏反应。

又如，用 KSCN 法检验 Fe^{3+} 与 Co^{2+} 混合液中的 Co^{2+} 时，由于 Fe^{3+} 有干扰，这时若加入 NaF 或 NH_4F 可使 Fe^{3+} 形成较稳定的配位化合物。

$$[Fe(SCN)_n]^{3-n} + 6F^- \longrightarrow [FeF_6]^{3-} + nSCN^-$$

由于 Fe^{3+} 与 F^- 生成无色的配离子 $[FeF_6]^{3-}$，不再干扰 Co^{2+} 的检验。此例中，干扰离子 Fe^{3+} 仅仅被掩蔽而未分离掉，这种作用称为掩蔽，所用的 NaF 或 NH_4F 等试剂，称为掩蔽剂。

【实验仪器及试剂】

离心机；离心试管；试管；滴管；洗瓶；pH 试纸；等等。

HCl（浓）；H_2SO_4（2 mol·L^{-1}）；$NH_3·H_2O$（2 mol·L^{-1}，6 mol·L^{-1}）；NaOH（1 mol·L^{-1}）；$AgNO_3$（0.1 mol·L^{-1}）；$BaCl_2$（0.1 mol·L^{-1}）；$Cr_2(SO_4)_3$（0.1 mol·L^{-1}）；$CuCl_2$（1 mol·L^{-1}）；$CuSO_4$（0.1 mol·L^{-1}）；$Fe_2(SO_4)_3$（0.1 mol·L^{-1}）；KBr（0.1 mol·L^{-1}）；KI（0.1 mol·L^{-1}）；KSCN（0.1 mol·L^{-1}，饱和）；NaF（0.1 mol·L^{-1}）；$(NH_4)_2S$（0.1 mol·L^{-1}）；NaCl（0.05 mol·L^{-1}，0.1 mol·L^{-1}）；丁二酮肟（1%）；$NiSO_4$（0.1 mol·L^{-1}）；$ZnSO_4$（0.1 mol·L^{-1}）；$FeCl_3$（0.1 mol·L^{-1}）；$NiCl_2$（0.1 mol·L^{-1}）；$FeSO_4$（0.1 mol·L^{-1}）；$CoCl_2$（0.5 mol·L^{-1}）；$Na_2S_2O_3$（1 mol·L^{-1}，饱和）；Na_2S（0.1 mol·L^{-1}）；$K_3[Fe(CN)_6]$（0.1 mol·L^{-1}）；$K_4[Fe(CN)_6]$（0.1 mol·L^{-1}）；$NH_4Fe(SO_4)_2$（0.1 mol·L^{-1}）；$Na_3[Co(NO_2)_6]$（饱和）；丙酮；NaF（固）；明矾（固）。

【实验步骤】

1. 配离子与简单离子、配合物与复盐的区别

① 在三支试管中分别加入 0.1 mol·L^{-1} $K_3[Fe(CN)_6]$ 溶液 3 滴、0.1 mol·L^{-1} $NH_4Fe(SO_4)_2$ 溶液 3 滴、0.1 mol·L^{-1} $FeCl_3$ 溶液 3 滴，再各加入 10 滴蒸馏水，然后各加入 0.1 mol·L^{-1} KSCN 溶液 1～2 滴，观察并记录现象，比较实验结果，并加以解释

② 两支试管中分别加入 0.1 mol·L^{-1} $FeSO_4$ 溶液和 0.1 mol·L^{-1} $K_4[Fe(CN)_6]$ 溶液各 10 滴，再各加入 0.1 mol·L^{-1} Na_2S 溶液 5 滴，观察是否都有 FeS 沉淀生成并加以解释。

③ 取少许明矾晶体，用蒸馏水溶解，制得明矾试液。

在三支试管中分别加入明矾试液 3 滴，再分别加入饱和 $Na_3[Co(NO_2)_6]$ 溶液 3 滴、1 mol·L^{-1} NaOH 溶液 3 滴、0.1 mol·L^{-1} $BaCl_2$ 溶液 3 滴，观察、记录现象，并加以解释。

2. 配离子的形成

在六支试管中，分别加入 4 滴 0.1 mol·L^{-1} Ag^+、Cu^{2+}、Zn^{2+}、Ni^{2+}、Cr^{3+}、Fe^{3+} 的溶液，然后分别逐滴加入 2 mol·L^{-1} 氨水溶液，注意观察滴加少量和过量氨水时的现象。将实验现象和各离子与氨水反应后的产物填入表 2-1-7。

表 2-1-7 配离子的生成

试剂	Ag^+	Cu^{2+}	Zn^{2+}	Ni^{2+}	Cr^{3+}	Fe^{3+}
少量氨水						
过量氨水						

3. 配离子与难溶电解质之间的转化及配离子稳定性的比较

① 在离心试管内加入 0.1 mol·L^{-1} $AgNO_3$ 溶液 10 滴和 0.1 mol·L^{-1} NaCl 溶液 10 滴，离心分离，弃去清液，并用蒸馏水洗涤沉淀两次，弃去洗涤液。在沉淀中滴加 2 mol·L^{-1} $NH_3·H_2O$ 至沉淀刚好溶解，再在溶液中加 0.1 mol·L^{-1} NaCl 溶液 1 滴，观察有无沉淀

生成。

② 继续滴加 0.1 mol·L^{-1} KBr 溶液，至沉淀完全，离心分离，弃去溶液。沉淀用蒸馏水洗涤两次，弃去洗涤液。再在沉淀中加入 1 mol·L^{-1} Na$_2$S$_2$O$_3$ 溶液至沉淀刚好溶解，然后在溶液中加入 0.1 mol·L^{-1} KBr 溶液 1 滴，观察有无沉淀生成。继续加 0.1 mol·L^{-1} KI 溶液至沉淀生成。

根据实验结果，讨论沉淀平衡与配离子平衡的相互影响，并比较 Ag(Ⅰ)配离子的稳定性和各难溶电解质溶度积的大小。

4. 配合物的颜色变化

(1) Cu(Ⅱ)配离子的颜色变化

在一支试管中加入 1 mol·L^{-1} CuCl$_2$ 溶液 10 滴，逐滴加入浓 HCl，观察溶液颜色的变化。加水稀释后，观察溶液将变为什么颜色。再加入 6 mol·L^{-1} 氨水，观察颜色变化。在该溶液中滴加 2 mol·L^{-1} H$_2$SO$_4$ 溶液后观察颜色变化，并加以解释。

(2) Fe(Ⅲ)配离子的颜色变化

往一支试管中加入 0.1 mol·L^{-1} FeCl$_3$ 溶液 3 滴，加水稀释到近无色后，加入几滴 0.1 mol·L^{-1} KSCN 溶液，观察现象。再加入少量固体 NaF，观察颜色变化，并加以解释。

5. 配合物在分析化学中的应用

(1) 丁二酮肟检验 Ni^{2+}

在试管中加入 0.1 mol·L^{-1} NiCl$_2$ 溶液 5 滴，再加入数滴 6 mol·L^{-1} NH$_3$·H$_2$O，使溶液 pH 在 10 左右，然后滴加 1% 丁二酮肟溶液 1～2 滴，观察有何现象。

(2) KSCN 检验 Co^{2+}

取一支试管，加入数滴 0.5 mol·L^{-1} CoCl$_2$ 溶液和 0.1 mol·L^{-1} KSCN 溶液，再加入等体积的丙酮，观察 [Co(SCN)$_4$]$^{2-}$ 的颜色。

【实验注意事项】

在中性或微酸性溶液中，以玻璃棒摩擦试管壁，K$^+$ 与 Na$_2$[Co(NO$_2$)$_6$] 可生成黄色晶形沉淀 K$_2$Na[Co(NO$_2$)$_6$]。

$$2K^+ + Na^+ + [Co(NO_2)_6]^{3-} \Longrightarrow K_2Na[Co(NO_2)_6]\downarrow$$

【思考题】

(1) 配离子与简单离子有何区别？配合物与复盐又有何区别？

(2) 本实验中有哪些因素能使配离子的平衡发生移动？举例说明。若往 [Ag(NH$_3$)$_2$]$^+$ 或 [Ag(S$_2$O$_3$)$_2$]$^{3-}$ 溶液中加入 KI 溶液，情况如何？试分别加以讨论。

(3) 根据已做过的实验，试设计在有 Fe^{3+} 存在的条件下检验 Co^{2+} 的方法。

实验九 银氨配离子配位数的测定

【实验目的】

(1) 应用已学过的关于配位平衡和多相离子平衡的原理，测定银氨配离子 [Ag(NH$_3$)$_n$]$^+$ 的配位数 n。

(2) 计算银氨配离子的 $K_{稳}$。

【实验原理】

将过量的氨水加入硝酸银溶液中，生成银氨配离子 $[Ag(NH_3)_n]^+$。向此溶液中加入溴化钾溶液，直到刚出现的溴化银沉淀不消失（混浊）为止。这时，在混合溶液中同时存在两种平衡，即配位平衡和多相离子平衡

$$Ag^+ + nNH_3 \rightleftharpoons [Ag(NH_3)_n]^+$$

$$K_{稳} = \frac{c([Ag(NH_3)_n]^+)}{c(Ag^+)[c(NH_3)]^n} \tag{2-13}$$

$$AgBr(s) \rightleftharpoons Ag^+ + Br^-$$

$$K_{sp} = c(Ag^+)c(Br^-) \tag{2-14}$$

两反应式求和得到

$$AgBr(s) + nNH_3 \rightleftharpoons [Ag(NH_3)_n]^+ + Br^-$$

该反应的平衡常数为

$$K = \frac{c([Ag(NH_3)_n]^+)c(Br^-)}{[c(NH_3)]^n} = K_{稳} K_{sp} \tag{2-15}$$

整理后得

$$c(Br^-) = \frac{K[c(NH_3)]^n}{c([Ag(NH_3)_n]^+)} \tag{2-16}$$

式中，$c(Br^-)$、$c(NH_3)$ 及 $c([Ag(NH_3)_n]^+)$ 均为平衡时的浓度，它们可以近似地按以下方法计算。

设每份混合溶液最初取用的 $AgNO_3$ 的体积为 V_{Ag^+}（每份相同），其浓度为 $c_0(Ag^+)$；每份加入的氨水（过量）和溴化钾溶液的体积分别为 V_{NH_3} 和 V_{Br^-}，它们的浓度分别为 $c_0(NH_3)$ 和 $c_0(Br^-)$；混合溶液的总体积为 $V_{总}$，则混合后达到平衡时 $c(Br^-)$、$c(NH_3)$ 和 $c([Ag(NH_3)_n]^+)$ 可根据公式 $c_1V_1 = c_2V_2$ 计算。

$$c(Br^-) = c_0(Br^-) \times \frac{V_{Br^-}}{V_{总}} \tag{2-17}$$

由于 $c(NH_3) \geqslant c(Ag^+)$，所以最初取用的 $AgNO_3$ 中的 Ag^+ 可以认为全部被 NH_3 配合为 $[Ag(NH_3)_n]^+$，故

$$c([Ag(NH_3)_n]^+) = c_0(Ag^+) \times \frac{V_{Ag^+}}{V_{总}} \tag{2-18}$$

$$c(NH_3) = c_0(NH_3) \frac{V_{NH_3}}{V_{总}} \tag{2-19}$$

将式（2-17）、式（2-18）、式（2-19）代入式（2-16）并整理得

$$V_{Br^-} = V_{NH_3}^n K \left[\frac{c_0(NH_3)}{V_{总}}\right]^n \bigg/ \left[\frac{c_0(Br^-)}{V_{总}} \times \frac{c_0(Ag^+)V_{Ag^+}}{V_{总}}\right] \tag{2-20}$$

式（2-20）等号右边除 $V_{NH_3}^n$ 外，其他皆为常数，故式（2-20）可写为

$$V_{Br^-} = V_{NH_3}^n K' \tag{2-21}$$

将式（2-21）两边取对数，得直线方程

$$\lg V_{Br^-} = n\lg V_{NH_3} + \lg K' \tag{2-22}$$

以 $\lg V_{Br^-}$ 为纵坐标、$\lg V_{NH_3}$ 为横坐标作图，求出直线斜率 n，即为 $[Ag(NH_3)_n]^+$ 的配位数。

【实验仪器及试剂】

酸式、碱式滴定管（50 mL）各 1 支；锥形瓶（250 mL）3 个；移液管（20 mL）1 支；洗耳球；直角坐标纸（自备）；等等。

氨水（2.0 mol·L^{-1}）；KBr（0.010 mol·L^{-1}）；AgNO$_3$（0.010 mol·L^{-1}）。

【实验步骤】

(1) 用 20 mL 移液管量取 20.0 mL 0.010 mol·L^{-1} AgNO$_3$ 溶液，放到 250 mL 锥形瓶中。

(2) 用碱式滴定管加入 30.0 mL 2.0 mol·L^{-1} 氨水，用量筒量取 50.0 mL 蒸馏水放入该瓶中，然后在不断摇动下，从酸式滴定管滴入 0.010 mol·L^{-1} KBr，直至开始产生 AgBr 沉淀，使整个溶液呈现很浅的乳浊色不再消失为止。记下加入的 KBr 溶液的体积（V_{Br^-}）和溶液的总体积（$V_{总}$）。

(3) 再用 25.0 mL、20.0 mL、15.0 mL、10.0 mL 2.0 mol·L^{-1} 氨水溶液重复上述操作。在进行的重复操作中，当接近终点后应补加适量的蒸馏水（补加水的体积等于第一次消耗的 KBr 溶液的体积减去这次接近终点所消耗的 KBr 溶液的体积），使溶液的总体积（$V_{总}$）与第一次滴定的 $V_{总}$ 相同。

(4) 记录滴定终点时用去的 KBr 溶液的体积（V_{Br^-}）及补加的蒸馏水的体积。

(5) 以 $\lg V_{Br^-}$ 为纵坐标、$\lg V_{NH_3}$ 为横坐标作图，求出直线斜率 n，从而求出 $[Ag(NH_3)_n]^+$ 的配位数 n（取最接近的整数）。

根据直线在纵坐标上的截距 $\lg K'$ 求算 K'。利用已求出的配位数 n 和式（2-20）计算 K 值。然后利用式（2-15）求出银氨配离子的 $K_{稳}$ 值。

【数据记录及处理】

将实验中得到的数据与计算结果填入表 2-1-8。

表 2-1-8　银氨配离子配位数的测定

室温＿＿＿＿℃

混合溶液编号	V_{Ag^+}/mL 0.010 mol·L^{-1}	V_{NH_3}/mL 2.0 mol·L^{-1}	V_{H_2O}/mL	V_{H_2O} 加/mL	V_{Br^-}/mL 0.010 mol·L^{-1}	$V_{总}$/mL	$\lg V_{NH_3}$	$\lg V_{Br^-}$
1	20.0	30.0	50					
2	20.0	25.0	55					
3	20.0	20.0	60					
4	20.0	15.0	65					
5	20.0	10.0	70					

【思考题】

(1) 在计算平衡浓度 $c(Br^-)$、$c(NH_3)$ 和 $c([Ag(NH_3)_n]^+)$ 时，为什么不考虑 AgBr 沉淀的 Br^-、AgBr 及配离子解离出来的 Ag^+，以及生成配离子时消耗的 NH_3 等的浓度？

(2) 在重复滴定操作过程中，为什么要补加一定量的蒸馏水使溶液的总体积（$V_{总}$）与

第一次滴定的 $V_总$ 相同？

(3) 所测定的 $K_稳$ 与硝酸银的浓度、氨水的浓度及温度各有怎样的关系？

实验十 磺基水杨酸合铜配合物的组成及其稳定常数的测定

【实验目的】

(1) 了解分光光度法测定配合物的组成及稳定常数的原理和方法。
(2) 学习分光光度计的使用。

【实验原理】

磺基水杨酸是弱酸（以 H_3R 表示），在不同 pH 溶液中可与 Cu^{2+} 形成组成不同的配合物。pH≈5 时，Cu^{2+} 与磺基水杨酸能形成稳定的 1∶1 亮绿色配合物；pH＞8.5，则形成 1∶2 深绿色配合物。本实验测定 pH＝5 时磺基水杨酸合铜配合物的组成和稳定常数。

测定配位化合物的组成常用分光光度法。根据朗伯-比尔定律

$$A = Kcl$$

当液层的厚度固定时，溶液的吸光度与有色物质的浓度成正比，即

$$A = K'c$$

由于所测溶液中磺基水杨酸是无色的，金属离子 Cu^{2+} 的浓度很低，也可认为基本无色，只有磺基水杨酸合铜配离子是有色的，所以磺基水杨酸合铜配离子浓度越大，溶液的颜色越深，吸光度值也就越大，这样通过测定溶液的吸光度就可以求出配合物的组成。

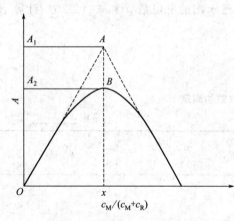

图 2-1-13 磺基水杨酸合铜配合物的吸光度-组成图

本实验采用等摩尔系列法测定配位化合物的组成和稳定常数。该法是在保持中心离子 M 与配体 R 的浓度之和不变的条件下，通过改变 M 与 R 的摩尔比配制一系列溶液。在这些溶液中，有些中心离子是过量的，有些配体是过量的，这两部分溶液中配离子的浓度都不是最大值，只有当溶液中金属离子与配体的摩尔比和配离子的组成一致时，配离子的浓度才最大。由于金属离子和配体基本无色，所以配离子的浓度越大，溶液的颜色越深，吸光度值也就越大。测定系列溶液的吸光度 A，以 A 对 $c_M/(c_M+c_R)$ 作图（图 2-1-13），则吸光度值最大处对应的溶液组成即是配合物的组成。

pH≈5 时，Cu^{2+} 与磺基水杨酸能形成稳定的亮绿色配合物，并且此配合物在 440 nm 处有最大吸收值。因此，通过测定系列溶液在此波长下的吸光度 A，即可求出配合物的组成及稳定常数。

当 $\dfrac{c_M}{c_M+c_R} = x$ 时，

$$n = \frac{c_R}{c_M} = \frac{1-x}{x}$$

由 n 可得配合物的组成。

对于 MR 型配合物，在吸光度最大处

$$\alpha = (A_1 - A_2)/A_1$$
$$M + R \rightleftharpoons MR$$

以 c_M 为金属离子 Cu^{2+} 的起始浓度，此时溶液中各离子平衡浓度分别为

$$c(MR) = c_M(1-\alpha)$$
$$c(M) = \alpha c_M$$
$$c(R) = \alpha c_M$$
$$K_稳 = \frac{c(MR)}{c(M)c(R)} = \frac{1-\alpha}{\alpha^2 c_M}$$

【实验仪器及试剂】

移液管；吸量管；容量瓶；烧杯；V-5000 型可见分光光度计；PHS-3C 型酸度计；滴定管；精密 pH 试纸；电磁搅拌器；等等。

磺基水杨酸（$0.05\ mol \cdot L^{-1}$）；HNO_3（$0.01\ mol \cdot L^{-1}$）；NaOH（$0.05\ mol \cdot L^{-1}$，$0.1\ mol \cdot L^{-1}$）；$Cu(NO_3)_2$（$0.05\ mol \cdot L^{-1}$）；KNO_3（$0.1\ mol \cdot L^{-1}$）；标准缓冲溶液（pH=6.86，4.00）。

【实验步骤】

(1) 配制溶液：用 $0.05\ mol \cdot L^{-1}\ Cu(NO_3)_2$ 溶液和 $0.05\ mol \cdot L^{-1}$ 磺基水杨酸溶液，在 13 个 50 mL 烧杯中依表 2-1-9 所列体积比配制混合溶液（可用滴定管量取溶液）。

表 2-1-9 磺基水杨酸合铜配合物的组成及其稳定常数的测定

编号	$V(Cu^{2+})$/mL	$V(H_3R)$/mL	$c_M/(c_M+c_R)$	A
1	0.00	24.00		
2	2.00	22.00		
3	4.00	20.00		
4	6.00	18.00		
5	8.00	16.00		
6	10.00	14.00		
7	12.00	12.00		
8	14.00	10.00		
9	16.00	8.00		
10	18.00	6.00		
11	20.00	4.00		
12	22.00	2.00		
13	24.00	0.00		

(2) 使用电磁搅拌器搅拌，用 NaOH 溶液（$0.1\ mol \cdot L^{-1}$，$0.05\ mol \cdot L^{-1}$）调节各溶液 pH 在 4.5～5（此时溶液为黄绿色，无沉淀；若有沉淀产生，说明 pH 过高，Cu^{2+} 已

水解。用酸度计测溶液 pH）。若 pH 不慎超过 5，可用 0.01 mol·L^{-1} HNO$_3$ 溶液调回。各溶液 pH 均应在 4.5～5 有统一的确定值，溶液的总体积不得超过 50 mL。

（3）将调好 pH 的溶液分别转移到预先编有号码的洁净的 50 mL 容量瓶中，用 pH 为 5 的 0.1 mol·L^{-1} KNO$_3$ 溶液稀释至标线，摇匀。

（4）测定吸光度：在波长为 440 nm 条件下，用分光光度计依次分别测定各溶液的吸光度。

【数据记录及处理】

以吸光度为纵坐标、硝酸铜摩尔分数 x_M 为横坐标，作 A-x_M 图，求 CuR$_n$ 的配体数目 n 和配合物的稳定常数 $K_{稳}$。

【实验注意事项】

（1）硝酸铜、磺基水杨酸、HNO$_3$ 和 NaOH 溶液均用 0.1 mol·L^{-1} KNO$_3$ 溶液为溶剂配制。

（2）若有 Cu(OH)$_2$ 沉淀生成，则必须充分搅拌使其溶解后再进行后面的工作（若搅拌不溶，加少许 6 mol·L^{-1} HNO$_3$ 使其溶解）。

【思考题】

（1）测 Cu^{2+} 与磺基水杨酸形成的配合物吸光度时，为何选用波长为 440 nm 的单色光进行测定？

（2）用本实验方法测定吸光度时，如何选用参比溶液？

（3）使用分光光度计应注意的事项有哪些？

（4）由分析化学手册查得磺基水杨酸合铜配合物稳定常数：25 ℃，离子强度 0.1，$\lg K_1=9.60$，$\lg K_2=6.92$。

第二节　综合性实验

实验十一　s区重要化合物的性质

【实验目的】

（1）比较碱土金属氢氧化物及其盐的溶解性。

（2）比较锂、镁盐的相似性。

（3）掌握碱金属、碱土金属离子的分离与检出。

（4）熟悉碱金属、碱土金属微溶盐的有关性质。

【实验原理】

s 区元素包括周期表中ⅠA、ⅡA族金属元素，分别称为碱金属和碱土金属。它们的单质表面具有金属光泽、有良好的导电性和延展性，除铍、镁外，其他金属可以用刀子切割。

碱金属和碱土金属密度较小，由于它们易与空气或水反应，保存时需浸在煤油、石蜡油中使其与空气或水隔绝。钠、钾在空气中燃烧分别生成过氧化钠和超氧化钾。

碱金属和碱土金属（除铍外）都能与水反应生成氢氧化物同时放出氢气，反应的剧烈程度随金属性增加而加剧。实验时必须注意安全，防止钠、钾与皮肤接触。因为钠、钾与皮肤上的湿气作用所放出的热可能引燃金属，烧伤皮肤。碱金属的绝大多数盐类均易溶于水。碱土金属的碳酸盐均难溶于水。锂、镁的氟化物和磷酸盐也难溶于水。

【实验仪器及试剂】

离心机；酒精灯；点滴板；坩埚；滤纸；pH 试纸（pH＝1～14）；等等。

HNO_3（2 mol·L^{-1}，浓）；HCl（2 mol·L^{-1}）；HAc（2 mol·L^{-1}）；NaOH（6 mol·L^{-1}，新制）；$NH_3·H_2O$（2 mol·L^{-1}，6 mol·L^{-1}，新制）；Na_2HPO_4（1 mol·L^{-1}）；NaCl（饱和，1 mol·L^{-1}）；LiCl（1 mol·L^{-1}）；KCl（1 mol·L^{-1}）；NaF（1 mol·L^{-1}）；Na_2CO_3（1 mol·L^{-1}）；$CaCl_2$（1 mol·L^{-1}）；$SrCl_2$（1 mol·L^{-1}）；$BaCl_2$（1 mol·L^{-1}）；K_2CrO_4（1 mol·L^{-1}）；$MgCl_2$（0.5 mol·L^{-1}，1 mol·L^{-1}）；Na_2SO_4（1 mol·L^{-1}）；$NaHCO_3$（1 mol·L^{-1}）；$(NH_4)_2CO_3$（0.5 mol·L^{-1}，1 mol·L^{-1}）；Na_3PO_4（0.5 mol·L^{-1}）；NH_4Cl（3 mol·L^{-1}，饱和）；K[Sb(OH)$_6$]（饱和）；$NaHC_4H_4O_6$（饱和）；$(NH_4)_2C_2O_4$（0.5 mol·L^{-1}，饱和）；KOH（6 mol·L^{-1}）；$(NH_4)_2HPO_4$（1 mol·L^{-1}）；$(NH_4)_2SO_4$（1 mol·L^{-1}）；NH_4Ac（3 mol·L^{-1}）；奈斯勒试剂。

【实验步骤】

1. 锂、钠、钾的溶解性

（1）锂盐

取少量 1 mol·L^{-1} LiCl 溶液分别与 1 mol·L^{-1} NaF、1 mol·L^{-1} Na_2CO_3 及 1 mol·L^{-1} Na_2HPO_4 溶液反应（必要时可微热试管），观察实验现象，写出反应式。

（2）钠盐

于少量 1 mol·L^{-1} NaCl 溶液中，加入饱和 K[Sb(OH)$_6$] 溶液。如无晶体析出，可用玻璃棒摩擦试管壁。观察产物的颜色、状态，写出反应式。

（3）钾盐

于少量 1 mol·L^{-1} KCl 溶液中加入 1 mL 饱和酒石酸氢钠（$NaHC_4H_4O_6$）溶液，观察实验现象，写出反应式。

2. 碱土金属氢氧化物的溶解性

以 $MgCl_2$、$CaCl_2$、$BaCl_2$ 和新配制的 6 mol·L^{-1} NaOH 及 2 mol·L^{-1} $NH_3·H_2O$ 溶液作试剂，设计系列试管实验，说明碱土金属氢氧化物溶解度的大小顺序。

3. 碱土金属难溶盐

（1）碳酸盐

分别用 1 mol·L^{-1} $MgCl_2$、1 mol·L^{-1} $CaCl_2$、1 mol·L^{-1} $BaCl_2$ 溶液与 1 mol·L^{-1} Na_2CO_3 溶液反应，制得的沉淀经离心分离后分别与 2 mol·L^{-1} HAc 及 2 mol·L^{-1} HCl 反应，观察沉淀是否溶解。

分别取少量 1 mol·L^{-1} $MgCl_2$、1 mol·L^{-1} $CaCl_2$、1 mol·L^{-1} $BaCl_2$ 溶液，加入 1～2 滴饱和 NH_4Cl 溶液、2 滴 2 mol·L^{-1} $NH_3·H_2O$、2 滴 0.5 mol·L^{-1} $(NH_4)_2CO_3$，观察沉淀是否生成，写出反应式，解释现象。

(2) 草酸盐

分别向 1 mol·L^{-1} MgCl$_2$、1 mol·L^{-1} CaCl$_2$、1 mol·L^{-1} BaCl$_2$ 溶液中滴加饱和 (NH$_4$)$_2$C$_2$O$_4$ 溶液，制得的沉淀经离心分离后再分别与 2 mol·L^{-1} HAc 及 2 mol·L^{-1} HCl 反应，观察实验现象，写出反应式。

(3) 铬酸盐

分别向 1 mol·L^{-1} CaCl$_2$、1 mol·L^{-1} SrCl$_2$、1 mol·L^{-1} BaCl$_2$ 溶液中滴加 K$_2$CrO$_4$ 溶液（1 mol·L^{-1}），观察沉淀是否生成。沉淀经离心分离后再分别与 2 mol·L^{-1} HAc、2 mol·L^{-1} HCl 反应，观察实验现象，写出反应式。

(4) 硫酸盐

分别向 1 mol·L^{-1} CaCl$_2$、1 mol·L^{-1} MgCl$_2$、1 mol·L^{-1} BaCl$_2$ 溶液中滴加 1 mol·L^{-1} Na$_2$SO$_4$ 溶液，观察沉淀是否生成。沉淀经离心分离后与浓 HNO$_3$ 反应，观察实验现象，写出反应式。

4. 锂盐、镁盐的相似性

① 分别向 1 mol·L^{-1} LiCl、1 mol·L^{-1} MgCl$_2$ 溶液中滴加 1 mol·L^{-1} NaF 溶液，观察实验现象，写出反应式。

② 1 mol·L^{-1} LiCl 溶液与 1 mol·L^{-1} Na$_2$CO$_3$ 溶液作用，0.5 mol·L^{-1} MgCl$_2$ 溶液与 1 mol·L^{-1} NaHCO$_3$ 溶液作用，观察实验现象，写出反应式。

③ 在 1 mol·L^{-1} LiCl 溶液与 0.5 mol·L^{-1} MgCl$_2$ 溶液中分别滴加 0.5 mol·L^{-1} Na$_3$PO$_4$ 溶液，观察实验现象，写出反应式。

5. 混合试液中 Na$^+$、K$^+$、NH$_4^+$、Mg^{2+}、Ca^{2+}、Ba^{2+} 等的分离和检出

取 Na$^+$、K$^+$、NH$_4^+$、Mg^{2+}、Ca^{2+}、Ba^{2+} 试液各 5 滴，加到离心试管中，混合均匀后，按以下步骤进行分离和检出。

(1) NH$_4^+$ 的检出

取 3 滴混合试液加到小坩埚中，滴加 6 mol·L^{-1} NaOH 溶液至显强碱性，取一表面皿，在它的凸面上贴一块湿的 pH 试纸，将此表面皿盖在坩埚上，若试纸较快地变成蓝色，说明试液中有 NH$_4^+$。

(2) Ba^{2+}、Ca^{2+} 的沉淀

在试液中加 6 滴 3 mol·L^{-1} NH$_4$Cl 溶液，并不断加入浓度为 6 mol·L^{-1} NH$_3$·H$_2$O 使溶液呈碱性，再多加 3 滴 NH$_3$·H$_2$O。在搅拌下加入 10 滴 1 mol·L^{-1} (NH$_4$)$_2$CO$_3$ 溶液，在 60 ℃ 的热水中加热几分钟，然后离心分离，把清液移到另一离心试管中，按步骤 (5) 操作处理，沉淀供步骤 (3) 用。

(3) Ba^{2+} 的分离和检出

步骤 (2) 的沉淀用 10 滴热水洗涤，弃去洗涤液，用 2 mol·L^{-1} HAc 溶液溶解沉淀，溶解时需加热并不断搅拌。加入 5 滴 3 mol·L^{-1} NH$_4$Ac 溶液，加热后滴加 1 mol·L^{-1} K$_2$CrO$_4$ 溶液，若产生黄色沉淀，表示有 Ba^{2+}。离心分离，清液留作检出 Ca^{2+} 时用。

(4) Ca^{2+} 的检出

如果步骤 (3) 所得到的清液呈橘黄色时，表明 Ba^{2+} 已沉淀完全，否则还需要加 1 mol·L^{-1} K$_2$CrO$_4$ 使 Ba^{2+} 沉淀完全。往此清液中加 1 滴 6 mol·L^{-1} NH$_3$·H$_2$O 和几滴

$0.5 \text{ mol} \cdot \text{L}^{-1}$ $(NH_4)_2C_2O_4$ 溶液，若加热后产生白色沉淀，表示有 Ca^{2+}。

(5) 残余 Ba^{2+}、Ca^{2+} 的除去

往步骤（2）的清液内加 $0.5 \text{ mol} \cdot \text{L}^{-1}$ $(NH_4)_2C_2O_4$ 和 $1 \text{ mol} \cdot \text{L}^{-1}$ $(NH_4)_2SO_4$ 各 1 滴，加热几分钟，如果溶液混浊，离心分离，弃去沉淀，把清液移到坩埚中。

(6) Mg^{2+} 的检出

取几滴步骤（5）的清液加到试管中，再加 1 滴 $6 \text{ mol} \cdot \text{L}^{-1}$ $NH_3 \cdot H_2O$ 和 1 滴 $1 \text{ mol} \cdot \text{L}^{-1}$ $(NH_4)_2HPO_4$ 溶液，摩擦试管内壁，若产生白色结晶形沉淀，表示有 Mg^{2+}。

(7) 铵盐的除去

小心地将步骤（5）中坩埚内的清液蒸发至只剩下几滴，再加 8~10 滴浓 HNO_3，然后蒸发至干。在蒸发至最后一滴时，要移开酒精灯，借石棉网上的余热把它蒸发干，最后用大火灼烧至不再冒白烟，冷却后往坩埚内加 8 滴蒸馏水。取 1 滴坩埚中的溶液加在点滴板中，再加 2 滴奈斯勒试剂，若不产生红棕色沉淀，表明铵盐已被除尽，否则还需加浓 HNO_3 进行蒸发，以除尽铵盐。除尽后的溶液供步骤（8）和步骤（9）检出 K^+ 和 Na^+。

(8) K^+ 的检出

取 2 滴步骤（7）的溶液加到试管中，再加 2 滴饱和 $NaHC_4H_4O_6$ 溶液，若产生白色沉淀，表示有 K^+。

(9) Na^+ 的检出

取 3 滴步骤（7）的溶液加到离心试管中，加 $6 \text{ mol} \cdot \text{L}^{-1}$ KOH 溶液至强碱性，加热后离心分离，弃去 $Mg(OH)_2$ 沉淀。往清液中加等体积的饱和 $K[Sb(OH)_6]$ 溶液，用玻璃棒摩擦试管壁，放置后若产生白色结晶形沉淀，表示有 Na^+，若没有沉淀产生，可放置较长时间再观察。

溶液中离子的分离和检出示意图如图 2-2-1 所示。

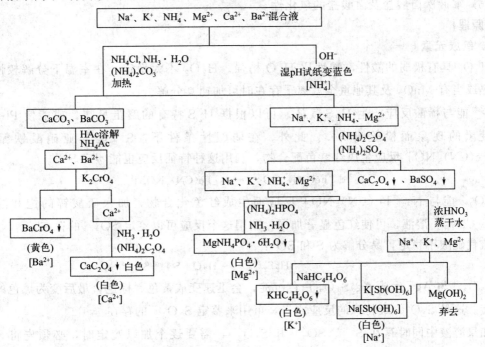

图 2-2-1 Na^+、K^+、NH_4^+、Mg^{2+}、Ca^{2+}、Ba^{2+} 的分离和检出

【思考题】

(1) 为什么在实验中比较 $Mg(OH)_2$、$Ca(OH)_2$、$Ba(OH)_2$ 的溶解度时所用的 NaOH 溶液必须是新配制的？如何配制不含 CO_3^{2-} 的 NaOH 溶液？

(2) 现有 $(NH_4)_2SO_4$、HNO_3、Na_2CO_3、$BaCl_2$、NaOH、NaCl、H_2SO_4 试剂，试利用它们之间的相互反应加以鉴别。

(3) 在用 $(NH_4)_2CO_3$ 沉淀 Ba^{2+}、Ca^{2+} 时，为什么既加 NH_4Cl 溶液又加 $NH_3 \cdot H_2O$？如果 $NH_3 \cdot H_2O$ 加得太多，对分离有何影响？为什么加热至 60 ℃？

(4) 溶解 $CaCO_3$、$BaCO_3$ 沉淀时，为什么用 HAc 而不用 HCl？

(5) 若 Ca^{2+}、Ba^{2+} 沉淀不完全，对 Mg^{2+}、Na^+ 等的检出有什么影响？

(6) 若在用 HNO_3 除去铵盐时不小心将坩埚上的铁锈带入坩埚中，当检验是否除净时，铁锈将干扰 NH_4^+ 的检出，为什么？

实验十二　p 区元素重要化合物的性质

【实验目的】

(1) 了解氧族与氮族元素单质及其化合物的结构对其性质的影响。
(2) 掌握过氧化氢的性质。
(3) 掌握氧族元素、氮族元素的含氧酸及其盐的性质。
(4) 了解卤素单质及其化合物的结构对其性质的影响。
(5) 掌握卤素的氧化性和卤素离子的还原性。
(6) 掌握次卤酸盐及卤酸盐的氧化性。

【实验原理】

1. 氧族元素

H_2O_2 具有极弱的酸性，酸性比 H_2O 稍强。H_2O_2 不太稳定，在室温下分解较慢，见光受热或当有 MnO_2 及其他重金属离子存在时可加速其分解。

S^{2-} 能与稀酸反应产生 H_2S 气体。可以根据 H_2S 特有的腐蛋臭味，或能使 $Pb(Ac)_2$ 试纸变黑的现象而检验出 S^{2-}。此外，在弱碱性条件下，S^{2-} 能与亚硝酰铁氰化钠 $Na_2[Fe(CN)_5NO]$ 反应生成红紫色配合物，利用这种特征反应也能鉴定 S^{2-}。

$$S^{2-} + [Fe(CN)_5NO]^{2-} \Longrightarrow [Fe(CN)_5NOS]^{4-}$$

SO_3^{2-} 能与 $Na_2[Fe(CN)_5NO]$ 反应而生成红色化合物，加入硫酸锌的饱和溶液和 $K_4[Fe(CN)_6]$ 溶液，可使红色显著加深，利用这个反应可以鉴定 SO_3^{2-} 的存在。

硫代硫酸不稳定，易分解为 S 和 SO_2：

$$H_2S_2O_3 \Longrightarrow H_2O + S\downarrow + SO_2\uparrow$$

$S_2O_3^{2-}$ 与 Ag^+ 生成 $Ag_2S_2O_3$ 白色沉淀，会迅速变成黄色、棕色，最后变为黑色的硫化银沉淀。这是 $S_2O_3^{2-}$ 最特殊的反应之一，可用来鉴定 $S_2O_3^{2-}$ 的存在。

如果溶液中同时存在 S^{2-}、SO_3^{2-} 和 $S_2O_3^{2-}$，需要逐个加以鉴定时，必须先将 S^{2-} 除去，因 S^{2-} 的存在妨碍 SO_3^{2-} 和 $S_2O_3^{2-}$ 的鉴定。除去 S^{2-} 的方法是在含有 S^{2-}、SO_3^{2-} 和

$S_2O_3^{2-}$ 的混合溶液中加入 $CdCO_3$ 固体,使 $CdCO_3$ 转化为 CdS 黄色沉淀,离心分离后,在清液中再分别鉴定 SO_3^{2-} 和 $S_2O_3^{2-}$。

2. 氮族元素

亚硝酸可通过亚硝酸盐和酸的相互作用而制得,但亚硝酸不稳定,易分解:

$$2HNO_2 \longrightarrow H_2O + N_2O_3 \longrightarrow H_2O + NO + NO_2$$

N_2O_3 为中间产物,在水溶液中呈浅蓝色,不稳定,进一步分解为 NO 和 NO_2。

HNO_2 及其盐既具有氧化性,又具有还原性。

H_3PO_4 是一种非挥发性的中强酸,它可以形成三种不同类型的盐,在各类磷酸盐溶液中加入 $AgNO_3$ 溶液都可得到黄色的 Ag_3PO_4 沉淀。磷酸的各种钙盐在水中的溶解度不同,$Ca(H_2PO_4)_2$ 易溶于水,$Ca_3(PO_4)_2$ 和 $CaHPO_4$ 难溶于水,但能溶于 HCl。PO_4^{3-} 能与钼酸铵反应,在酸性条件下生成黄色难溶的晶体,故可用钼酸铵来鉴定 PO_4^{3-}:

$$PO_4^{3-} + 3NH_4^+ + 12MoO_4^{2-} + 24H^+ \Longleftrightarrow (NH_4)_3PO_4 \cdot 12MoO_3 \cdot 6H_2O \downarrow + 6H_2O$$

NO_3^- 可用棕色环法鉴定:

$$3Fe^{2+} + NO_3^- + 4H^+ \Longleftrightarrow 3Fe^{3+} + 2H_2O + NO$$

$$NO + Fe^{2+} \Longleftrightarrow [Fe(NO)]^{2+} \text{(棕色)}$$

NO_2^- 也能发生同样的反应,因此当有 NO_2^- 存在时,必先将 NO_2^- 除去。除去 NO_2^- 的方法是在混合液中加饱和 NH_4Cl 一起加热,反应如下:

$$NH_4^+ + NO_2^- \xrightarrow{\text{加热}} N_2 + 2H_2O$$

NO_2^- 和 Fe^{2+} 在 HAc 溶液中能生成棕色 $[Fe(NO)]SO_4$ 溶液,利用这个反应可以鉴定 NO_2^-(检验 NO_2^- 时,必须用浓 H_2SO_4)。

$$NO_2^- + Fe^{2+} + 2HAc \Longleftrightarrow NO + Fe^{3+} + 2Ac^- + H_2O$$

$$NO + Fe^{2+} \Longleftrightarrow [Fe(NO)]^{2+} \text{(棕色)}$$

NH_4^+ 常用以下两种方法鉴定。

① 用 NaOH 和 NH_4^+ 反应生成 NH_3,使湿润红色石蕊试纸变蓝。

② 用奈斯勒试剂($K_2[HgI_4]$ 的碱性溶液)与 NH_4^+ 反应产生红棕色沉淀,其反应为:

$$NH_4^+ + 2[HgI_4]^{2-} + 4OH^- \Longleftrightarrow \left(O\begin{matrix}Hg\\ \\Hg\end{matrix}NH_2\right)I \downarrow + 3H_2O + 7I^-$$

3. 卤素

氯酸盐在中性溶液中没有明显的氧化性,但在酸性介质中能表现出明显的氧化性。

Cl^-、Br^- 和 I^- 能与 Ag^+ 反应生成难溶于水的 AgCl(白色)、AgBr(淡黄色)、AgI(黄色)沉淀,它们的溶度积常数依次减小,都不溶于稀 HNO_3。AgCl 在稀氨水或 $(NH_4)_2CO_3$ 溶液中,因生成配离子 $[Ag(NH_3)_2]^+$ 而溶解,再加 HNO_3 时,AgCl 会重新沉淀出来:

$$[Ag(NH_3)_2]^+ + Cl^- + 2H^+ \Longleftrightarrow AgCl \downarrow + 2NH_4^+$$

AgBr 和 AgI 则不溶。

如用锌在 HAc 介质中还原 AgBr、AgI 中的 Ag^+ 为 Ag,会使 Br^- 和 I^- 转入溶液中,如遇氯水则被氧化为单质。Br_2 和 I_2 易溶于 CCl_4 中,分别呈现橙黄色和紫色。

【实验仪器及试剂】

离心机；Pb(Ac)$_2$ 试纸；KI-淀粉试纸；pH 试纸；红色石蕊试纸；滤纸条；等等。

K$_2$S$_2$O$_8$(s)；FeSO$_4$·7H$_2$O(s)；KCl(s)；KBr(s)；KI(s)；KClO$_3$(s)；Zn 粉；H$_2$SO$_4$(2 mol·L^{-1}，3 mol·L^{-1}，6 mol·L^{-1}，1:1，浓)；HCl(2 mol·L^{-1})；HNO$_3$(2 mol·L^{-1}，6 mol·L^{-1}，浓)；HAc(2 mol·L^{-1})；NaOH(40%，2 mol·L^{-1})；NH$_3$·H$_2$O(2 mol·L^{-1}，浓)；Pb(NO$_3$)$_2$(0.1 mol·L^{-1})；Na$_2$S$_2$O$_3$(0.1 mol·L^{-1})；AgNO$_3$(0.1 mol·L^{-1})；NaNO$_2$(0.1 mol·L^{-1}，饱和)；KNO$_3$(0.1 mol·L^{-1})；Na$_4$P$_2$O$_7$(0.1 mol·L^{-1})；Na$_3$PO$_4$(0.1 mol·L^{-1})；NaPO$_3$(0.1 mol·L^{-1})；Na$_2$HPO$_4$(0.1 mol·L^{-1})；NaH$_2$PO$_4$(0.1 mol·L^{-1})；CaCl$_2$(0.1 mol·L^{-1})；ZnSO$_4$(饱和)；Na$_2$S(0.1 mol·L^{-1})；K$_4$[Fe(CN)$_6$](0.1 mol·L^{-1})；NH$_4$Cl(0.1 mol·L^{-1})；KI(0.1 mol·L^{-1})；KBr(0.1 mol·L^{-1}，s)；FeCl$_3$(0.1 mol·L^{-1})；KIO$_3$(0.1 mol·L^{-1})；Na$_2$SO$_3$(0.1 mol·L^{-1})；(NH$_4$)$_2$CO$_3$(12%)；MnSO$_4$(0.002 mol·L^{-1}，0.1 mol·L^{-1})；KMnO$_4$(0.01 mol·L^{-1}，0.1 mol·L^{-1})；Na$_2$[Fe(CN)$_5$NO](1%)；H$_2$O$_2$ 溶液(3%)；KBrO$_3$(饱和)；无水乙醇；H$_2$S 水溶液(饱和)；品红；碘水；氯水；溴水；CCl$_4$；淀粉溶液；奈斯勒试剂；(NH$_4$)$_2$MoO$_4$ 溶液(饱和)。

【实验步骤】

1. 过氧化氢的性质

(1) 酸性

在小试管中加入少量 40%NaOH 溶液、约 1 mL 3%H$_2$O$_2$、约 1 mL 无水乙醇，振荡试管，观察实验现象，写出反应式。

(2) 氧化性

① 取 5 滴 3%H$_2$O$_2$ 溶液，以 3 mol·L^{-1} H$_2$SO$_4$ 酸化后滴加 0.5 mL 0.1 mol·L^{-1} KI 溶液，观察实验现象，写出反应式。

② 在少量 0.1 mol·L^{-1} Pb(NO$_3$)$_2$ 溶液中滴加饱和 H$_2$S 水溶液，离心分离后吸去清液，往沉淀中逐滴加入 3%H$_2$O$_2$ 溶液并用玻璃棒搅动溶液，观察实验现象，写出反应式。

(3) 还原性

取少量 3%H$_2$O$_2$ 溶液用 3 mol·L^{-1} H$_2$SO$_4$ 酸化后滴加数滴 0.01 mol·L^{-1} KMnO$_4$ 溶液，观察实验现象。写出反应式。

(4) 介质酸碱性对 H$_2$O$_2$ 氧化还原性质的影响

在少量 3%H$_2$O$_2$ 溶液中加入 2 mol·L^{-1} NaOH 溶液数滴，再加入 0.1 mol·L^{-1} MnSO$_4$ 溶液数滴，观察实验现象，写出反应式。溶液经静置后倾去清液，往沉淀中加入少量 3 mol·L^{-1} H$_2$SO$_4$ 溶液后滴加 3%H$_2$O$_2$ 溶液，观察又有什么变化。写出反应式并给予解释。

2. 硫代硫酸盐的性质

① 向 0.1 mol·L^{-1} Na$_2$S$_2$O$_3$ 溶液中滴加 2 mol·L^{-1} HCl 溶液，观察实验现象，写出反应式。

② 向 0.1 mol·L^{-1} Na$_2$S$_2$O$_3$ 溶液中滴加碘水，观察实验现象，写出反应式。

③ 向 0.1 mol·L^{-1} Na$_2$S$_2$O$_3$ 溶液中滴加氯水，并证实反应后溶液中存在 SO$_4^{2-}$，写出

反应式。

3. 过二硫酸钾的氧化性

往有 2 滴 0.002 mol·L^{-1} MnSO$_4$ 溶液的试管中加入约 3 mL 3 mol·L^{-1} H$_2$SO$_4$、2 滴 0.1 mol·L^{-1} AgNO$_3$ 溶液，再加入少量 K$_2$S$_2$O$_8$ 固体，水浴加热，溶液的颜色有什么变化？

另取 1 支试管，不加入 AgNO$_3$ 溶液，进行同样实验。比较上述两个实验的现象有什么不同，为什么？写出反应式。

4. 亚硝酸及其盐的性质

（1）亚硝酸的生成与分解

把已用冰水冷冻过的约 1 mL 饱和 NaNO$_2$ 溶液与约 1 mL 3 mol·L^{-1} H$_2$SO$_4$ 混合均匀，观察实验现象。溶液放置一段时间后再观察现象，并分析其原因。

（2）亚硝酸的氧化性

取少量 0.1 mol·L^{-1} KI 溶液用浓 H$_2$SO$_4$ 酸化，再加入几滴 0.1 mol·L^{-1} NaNO$_2$ 溶液，观察实验现象。微热试管时，又有什么变化？写出反应式。

（3）亚硝酸的还原性

几滴 0.1 mol·L^{-1} KMnO$_4$ 溶液用浓硫酸酸化后滴加 0.1 mol·L^{-1} NaNO$_2$ 溶液，观察实验现象，写出反应式。

5. 磷酸盐的性质

（1）磷酸盐的酸碱性

① 分别检验正磷酸盐、焦磷酸盐、偏磷酸盐水溶液的 pH 值。

② 分别检验 Na$_3$PO$_4$、Na$_2$HPO$_4$、NaH$_2$PO$_4$ 水溶液的 pH 值，将等量的 AgNO$_3$ 溶液分别加入到这些溶液中，检验产生沉淀后溶液的 pH 值的变化。

（2）磷酸钙盐的生成与性质

分别向 0.1 mol·L^{-1} Na$_3$PO$_4$、0.1 mol·L^{-1} Na$_2$HPO$_4$ 和 0.1 mol·L^{-1} NaH$_2$PO$_4$ 溶液中加入 CaCl$_2$ 溶液，观察有无沉淀生成。再加入 2 mol·L^{-1} NH$_3$·H$_2$O，观察实验现象。继续加入 2 mol·L^{-1} HCl，观察实验现象。写出反应式。

（3）磷酸根、焦磷酸根、偏磷酸根的鉴别

分别向 0.1 mol·L^{-1} Na$_3$PO$_4$、0.1 mol·L^{-1} Na$_4$P$_2$O$_7$、0.1 mol·L^{-1} NaPO$_3$ 水溶液中滴加 0.1 mol·L^{-1} AgNO$_3$ 溶液，观察各自的实验现象及生成的沉淀是否溶于 HNO$_3$（2 mol·L^{-1}）。

6. S^{2-}、SO_3^{2-}、$S_2O_3^{2-}$、NH_4^+、NO_2^-、NO_3^-、PO_4^{3-} 的鉴定

① 在点滴板上滴加 2 滴 0.1 mol·L^{-1} Na$_2$S，然后滴入 1% Na$_2$[Fe(CN)$_5$NO]，观察溶液颜色，出现紫红色表示有 S^{2-}。

② 在点滴板上滴加 2 滴饱和 ZnSO$_4$，然后滴入 1 滴 0.1 mol·L^{-1} K$_4$[Fe(CN)$_6$] 和 1 滴 1% Na$_2$[Fe(CN)$_5$NO]，并加入 2 mol·L^{-1} NH$_3$·H$_2$O 使溶液呈中性，再滴加 SO_3^{2-} 溶液，出现红色沉淀即表示有 SO_3^{2-}。

③ 在点滴板上滴加 1 滴 Na$_2$S$_2$O$_3$，然后滴加 2 滴 AgNO$_3$，生成沉淀，颜色变化为白色→黄色→棕色→黑色，表示有 $S_2O_3^{2-}$。

④ 取两块干燥的表面皿，一块表面皿内滴入 0.1 mol·L^{-1} NH$_4$Cl 与 2 mol·L^{-1}

NaOH，另一块贴上湿的红色石蕊试纸或滴有奈斯勒试剂的滤纸条，然后把两块表面皿扣在一起做成气室，若红色石蕊试纸变蓝或奈斯勒试剂变红棕色，则表示有 NH_4^+ 存在。

⑤ 取少量 $0.1\ mol\cdot L^{-1}\ KNO_3$ 溶液和数粒 $FeSO_4\cdot 7H_2O$ 晶体，振荡溶解后，在混合溶液中沿试管壁慢慢滴入浓 H_2SO_4，若浓 H_2SO_4 和液面交界处有棕色环生成，则表示 NO_3^- 的存在。

⑥ 取少量 $0.1\ mol\cdot L^{-1}\ NaNO_2$ 溶液，用 $2\ mol\cdot L^{-1}$ HAc 酸化，再加入数粒 $FeSO_4\cdot 7H_2O$ 晶体，若有棕色出现，则表示有 NO_2^- 存在。

⑦ 取 3 滴 $0.1\ mol\cdot L^{-1}\ Na_3PO_4$ 溶液，加入 1 滴浓 HNO_3，再加入 8 滴饱和 $(NH_4)_2MoO_4$ 溶液，加热，若有黄色沉淀生成，则有 PO_4^{3-} 存在。

7. 卤素的氧化性

① 分别以 $0.1\ mol\cdot L^{-1}\ KBr$、$0.1\ mol\cdot L^{-1}\ KI$、$CCl_4$、氯水、溴水等试剂，设计一系列实验，说明氯、溴、碘的置换次序，记录有关实验现象，写出反应式。

② 验证氯水对溴、碘离子混合液的氧化顺序。在试管内加入 0.5 mL（约 10 滴）$0.1\ mol\cdot L^{-1}\ KBr$ 溶液及 1 滴 $0.1\ mol\cdot L^{-1}\ KI$ 溶液，再加入 0.5 mL CCl_4，逐滴加入氯水，仔细观察 CCl_4 层颜色的变化，写出有关反应式。

通过以上实验说明卤素氧化性的强弱顺序。

8. 卤素离子还原性

分别向 3 支盛有少量（绿豆大小）KCl、KBr、KI 固体的试管中加入约 0.5 mL 浓硫酸。观察实验现象并选用合适的试纸或试剂检验各试管中逸出的气体产物。提供选择的试纸或试剂分别有乙酸铅试纸、KI-淀粉试纸、pH 试纸、浓氨水。写出反应式。比较卤素离子还原性的相对强弱。

9. 次卤酸盐及卤酸盐的氧化性

① 取 2 mL 氯水，逐滴加入 $2\ mol\cdot L^{-1}$ NaOH 溶液至呈碱性（pH＝8～9）。取 3 份 NaClO 溶液分别与 $0.1\ mol\cdot L^{-1}\ MnSO_4$ 溶液、品红溶液及用 $2\ mol\cdot L^{-1}\ H_2SO_4$ 酸化了的 KI-淀粉溶液反应。观察实验现象，写出反应式。

② 取少量 $KClO_3$ 晶体，用 1～2 mL 水溶解后，加入少量 CCl_4 及 $0.1\ mol\cdot L^{-1}$ KI 溶液数滴，摇动试管，观察试管内水相及有机相的变化情况。再加入 $6\ mol\cdot L^{-1}\ H_2SO_4$ 酸化溶液，观察其变化情况，写出反应式。

③ 取 0.5 mL 饱和 $KBrO_3$ 溶液，酸化后加入数滴 $0.5\ mol\cdot L^{-1}$ KBr 溶液，摇荡，观察溶液颜色的变化，并用 KI-淀粉试纸检验逸出的气体。写出离子反应方程式。

④ $0.1\ mol\cdot L^{-1}\ KIO_3$ 溶液经 $2\ mol\cdot L^{-1}\ H_2SO_4$ 酸化后加入几滴淀粉溶液，再滴加 $1\ mol\cdot L^{-1}\ Na_2SO_3$ 溶液，观察实验现象，写出反应式。

【思考题】

（1）在氧化还原反应中，能否用 HNO_3、HCl 作为反应的酸性介质？为什么？

（2）用 KI-淀粉试纸检验 Cl_2 时，试纸呈蓝色，当在 Cl_2 中时间较长时，蓝色又褪去。为什么？

（3）在制备 NaClO 溶液时，为什么溶液的碱性不能太强？

（4）溶液 A 中加入 NaCl 溶液后有白色沉淀 B 析出，B 可溶于氨水，得溶液 C，把 NaBr 溶液加入 C 中则产生浅黄色沉淀 D，D 见光后易变黑，D 可溶于 $Na_2S_2O_3$ 中得到 E，在 E 中加 NaI 则有黄色沉淀 F 析出, 自溶液中分离出 F, 加少量锌粉煮沸, 加 HCl 除去锌粉得固体 G, 将 G 自溶液中分离出来, 加 HNO$_3$ 得溶液 A。判断 A~G 各为何物, 写出有关反应方程式。

(5) H$_2$O$_2$ 能否将 Br$^-$ 氧化为 Br$_2$? H$_2$O$_2$ 能否将 Br$_2$ 还原为 Br$^-$?

(6) 某学生将少量 AgNO$_3$ 溶液滴入 Na$_2$S$_2$O$_3$ 溶液中, 出现白色沉淀, 振荡后沉淀马上消失, 溶液又呈现无色透明, 为什么?

(7) 在 NaNO$_2$ 与 KMnO$_4$、KI 反应中是否需要加酸酸化, 为什么? 选用什么酸为好, 为什么?

(8) NO$_2^-$ 在酸性介质中与 FeSO$_4$ 也能产生棕色反应, 那么在 NO$_3^-$ 与 NO$_2^-$ 混合液中应怎样鉴出 NO$_3^-$?

实验十三　d 区元素重要化合物的性质

【实验目的】

(1) 了解 d 区元素单质及其化合物结构对其性质的影响。
(2) 掌握 d 区元素某些化合物的性质。
(3) 观察和掌握 d 区某些元素水合离子的颜色。
(4) 了解 d 区元素配合物的形成及形成配合物后对其性质的影响。

【实验原理】

钛酰离子在热水中按下式进行水解:

$$TiO^{2+} + H_2O \Longrightarrow TiO_2 + 2H^+$$

可用锌将钛酰离子 TiO^{2+} 还原而制得钛(Ⅲ):

$$2TiO^{2+} + Zn + 4H^+ \Longrightarrow 2Ti^{3+} + Zn^{2+} + 2H_2O$$

[Ti(H$_2$O)$_6$]$^{3+}$ 显紫色。Ti^{3+} 具有较强还原性, 例如, Ti^{3+} 能将 Cu^{2+} 还原:

$$Ti^{3+} + Cu^{2+} + Cl^- + H_2O \Longrightarrow CuCl\downarrow + TiO^{2+} + 2H^+$$

TiOSO$_4$ 与 H$_2$O$_2$ 反应, 溶液呈橙红色, 继续加入氨水, 出现黄色沉淀。

$$TiO^{2+} + H_2O_2 \Longrightarrow [TiO(H_2O_2)]^{2+}$$
(橙红色)

$$[TiO(H_2O_2)]^{2+} + NH_3 \cdot H_2O \Longrightarrow H_2Ti(O_2)O_2\downarrow + NH_4^+ + H^+$$
(黄色)

Cr^{3+} 的氢氧化物具有两性, 溶液中的酸碱平衡如下:

$$Cr^{3+} + 3OH^- \Longrightarrow Cr(OH)_3 \xrightarrow{OH^-} [Cr(OH)_4]^-$$

Cr^{3+} 易水解生成 Cr(OH)$_3$。

酸性溶液中 Cr$_2$O$_7^{2-}$ 为强氧化剂, 易被还原为 Cr^{3+}, 而碱性溶液中 [Cr(OH)$_4$]$^-$ 为一较强还原剂, 易被氧化为 CrO$_4^{2-}$。

$$Cr_2O_7^{2-} + 4H_2O_2 + 2H^+ \Longrightarrow 2CrO_5 + 5H_2O$$

$$CrO_5 + (C_2H_5)_2O \Longrightarrow CrO_5(C_2H_5)_2O$$
$$\text{(深蓝)}$$

$$4CrO_5 + 12H^+ \Longrightarrow 4Cr^{3+} + 7O_2\uparrow + 6H_2O$$

上述反应常用来鉴定 $Cr_2O_7^{2-}$。

$KMnO_4$ 为强氧化剂,其还原产物随介质不同而不同,在酸性介质中被还原为 Mn^{2+},在中性介质中被还原为 MnO_2,而在强碱性介质中和少量还原剂作用时则被还原为 MnO_4^{2-}。

在 HNO_3 溶液中,Mn^{2+} 可以被 $NaBiO_3$ 氧化为紫红色的 MnO_4^-,利用这个反应来鉴定 Mn^{2+}:

$$5NaBiO_3 + 2Mn^{2+} + 14H^+ \Longrightarrow 2MnO_4^- + 5Bi^{3+} + 5Na^+ + 7H_2O$$

Fe、Co、Ni 的 +2 价氢氧化物呈碱性。在空气中 $Fe(OH)_2$ 很快被氧化成 $Fe(OH)_3$,$Co(OH)_2$ 缓慢地被氧化为 $Co(OH)_3$,$Ni(OH)_2$ 与氧则不起作用。但与强氧化剂(如 Br_2)反应如下:

$$2Ni(OH)_2 + Br_2 + 2NaOH \Longrightarrow 2Ni(OH)_3\downarrow + 2NaBr$$

除 $Fe(OH)_3$ 外,$Ni(OH)_3$、$Co(OH)_3$ 与 HCl 作用,都能产生氯气,如:

$$2Co(OH)_3 + 6HCl \Longrightarrow 2CoCl_2 + Cl_2\uparrow + 6H_2O$$

Fe^{2+} 和 Fe^{3+} 盐的水溶液易水解。

Fe、Co、Ni 都能生成不溶于水而易溶于稀酸的硫化物,自溶液中析出 FeS、CoS、NiS,经放置后,由于结构改变成为不再溶于稀酸的难溶物质。

Fe、Co、Ni 能生成很多配合物,其中常见的有 $K_4[Fe(CN)_6]$、$K_3[Fe(CN)_6]$、$[Co(NH_3)_6]Cl_3$、$K_3[Co(NO_2)_6]$、$[Ni(NH_3)_4]SO_4$ 等。Co(Ⅱ) 的配合物不稳定,易被氧化为 Co(Ⅲ) 的配合物:

$$4[Co(NH_3)_6]^{2+} + O_2 + 2H_2O \Longrightarrow 4[Co(NH_3)_6]^{3+} + 4OH^-$$

而 Ni 的配合物则以 +2 价较为稳定。

在 Fe^{3+} 溶液中加入 $K_4[Fe(CN)_6]$ 溶液、在 Fe^{2+} 溶液中加入 $K_3[Fe(CN)_6]$ 溶液都能产生蓝色沉淀:

$$Fe^{3+} + [Fe(CN)_6]^{4-} + K^+ + H_2O \Longrightarrow KFe[Fe(CN)_6]\cdot H_2O\downarrow$$
$$Fe^{2+} + [Fe(CN)_6]^{3-} + K^+ + H_2O \Longrightarrow KFe[Fe(CN)_6]\cdot H_2O\downarrow$$

在 Co^{2+} 溶液中加入饱和 KSCN 溶液生成蓝色配合物 $[Co(SCN)_4]^{2-}$,其在水溶液中不稳定,易溶于有机溶剂(如丙酮)中,使蓝色更为显著。

$$[Co(SCN)_4]^{2-} + 6H_2O \Longrightarrow [Co(H_2O)_6]^{2+} + 4SCN^-$$

Ni^{2+} 溶液与丁二酮肟在氨性溶液中作用,生成鲜红色螯合物沉淀:

$$Ni^{2+} + 2\begin{array}{c}H_3C-C=NOH\\H_3C-C=NOH\end{array} \longrightarrow \text{[Ni-丁二酮肟螯合物]} + 2H^+\downarrow$$

利用形成配合物的特征颜色可以来鉴定 Fe^{2+}、Co^{2+}、Ni^{2+}、Fe^{3+}。

【实验仪器及试剂】

离心机;KI-淀粉试纸;等等。

锌粒（或锌粉）；NaBiO₃(s)；MnO₂(s)；NaF(s)；Na₂C₂O₄(s)；EDTA(s)；HCl (2 mol·L⁻¹，6 mol·L⁻¹，浓)；H₂SO₄(2 mol·L⁻¹，6 mol·L⁻¹)；H₂S(饱和)；NaOH(2 mol·L⁻¹，6 mol·L⁻¹)；NH₃·H₂O(2 mol·L⁻¹，6 mol·L⁻¹)；TiOSO₄ (0.1 mol·L⁻¹)；KMnO₄(0.01 mol·L⁻¹)；溴水；(NH₄)₂Fe(SO₄)₂(0.1 mol·L⁻¹，1 mol·L⁻¹)；FeCl₃(1 mol·L⁻¹)；MnSO₄(0.1 mol·L⁻¹)；CoCl₂(0.1 mol·L⁻¹)；FeSO₄(0.1 mol·L⁻¹)；NiSO₄(0.1 mol·L⁻¹)；Cr₂(SO₄)₃(1 mol·L⁻¹)；H₂O₂(3%)；Cr(NO₃)₃(1 mol·L⁻¹)；Na₂SO₃(0.1 mol·L⁻¹)；Na₂CO₃(1 mol·L⁻¹)；AgNO₃(0.1 mol·L⁻¹)；KI(1 mol·L⁻¹)；K₄[Fe(CN)₆](0.1 mol·L⁻¹)；CuCl₂(0.1 mol·L⁻¹)；KSCN(饱和)；K₃[Fe(CN)₆](0.1 mol·L⁻¹)；乙醚；戊醇；丙酮；四氯化碳；乙二胺(1%)；丁二酮肟(1%)。

【实验步骤】

1. 化合物的氧化还原性

（1）+2价铁、钴、镍的还原性

① 分别在0.1 mol·L⁻¹ (NH₄)₂Fe(SO₄)₂、CoCl₂、NiSO₄ 溶液中加入几滴溴水，观察实验现象，写出反应式。

② 分别在0.1 mol·L⁻¹ (NH₄)₂Fe(SO₄)₂、CoCl₂、NiSO₄ 溶液中加入6 mol·L⁻¹ NaOH，观察实验现象。将沉淀放置一段时间后观察实验现象。再将Co(Ⅱ)、Ni(Ⅱ)生成的沉淀各分成2份，分别加入3% H₂O₂ 和溴水，观察实验现象。写出反应式。

根据实验结果比较Fe(Ⅱ)、Co(Ⅱ)、Ni(Ⅱ)还原性的差异。

（2）+3价铁、钴、镍的氧化性

制取Fe(OH)₃、CoO(OH)、NiO(OH)沉淀，并分别加入浓盐酸，观察实验现象，检查是否有氯气生成。写出反应式，比较Fe(Ⅲ)、Co(Ⅲ)、Ni(Ⅲ)氧化性的差异。

（3）锰化合物的氧化还原性

① Mn(Ⅳ)、Mn(Ⅶ)氧化性的比较。用固体MnO₂、浓HCl、0.01 mol·L⁻¹ KMnO₄、0.1 mol·L⁻¹ MnSO₄ 设计一组实验，验证MnO₂、KMnO₄ 的氧化性，写出反应式。

② Mn(Ⅶ)的氧化性。分别验证Na₂SO₃ 溶液在酸性、中性和碱性介质中与KMnO₄ 的作用，写出反应式。

（4）铬化合物的氧化还原性

铬的不同氧化态的氧化还原性。利用Cr₂(SO₄)₃、3% H₂O₂、2 mol·L⁻¹ NaOH、2 mol·L⁻¹ H₂SO₄ 等试剂设计系列试管实验，说明在不同介质下，铬的不同氧化态的氧化还原性和它们之间相互转化的条件，写出反应式。

（5）钛的氧化还原性

钛(Ⅳ)和钛(Ⅲ)的氧化还原性。往TiOSO₄ 溶液中加入1粒锌粒，观察实验现象。反应一段时间后，将溶液分装于2支试管中，分别验证它们在空气中及少量CuCl₂ 溶液中的反应，观察实验现象，写出反应式。

2. 硫化物的性质

在3支试管中分别加入1 mL 0.1 mol·L⁻¹ (NH₄)₂Fe(SO₄)₂、0.1 mol·L⁻¹ CoCl₂ 和0.1 mol·L⁻¹ NiSO₄，酸化后滴加饱和H₂S溶液，观察是否有沉淀生成。再加入

$2\ mol \cdot L^{-1}\ NH_3 \cdot H_2O$ 溶液，观察实验现象。离心分离，在各沉淀中滴加 $2\ mol \cdot L^{-1}$ HCl 溶液，观察沉淀的溶解。

3. 金属盐的水解作用

(1) Fe(Ⅱ)、Fe(Ⅲ)盐的水解性

在 2 支试管中分别加入 $1\ mol \cdot L^{-1}$ $(NH_4)_2Fe(SO_4)_2$ 溶液和 $FeCl_3$ 溶液，再各加入 1 mL 去离子水，加热煮沸，有何现象？写出反应式。

(2) Cr(Ⅲ)盐水解

向 $Cr_2(SO_4)_3$ 溶液中滴加 Na_2CO_3，观察实验现象，写出反应式并解释现象。

(3) Ti(Ⅳ)盐的水解

取 1～2 滴 $TiOSO_4$ 溶液，加入适量蒸馏水，加热煮沸，观察实验现象，写出反应式。

4. 离子的颜色

观察下列离子的颜色。

① 水合阳离子：$[Ti(H_2O)_6]^{3+}$、$[Mn(H_2O)_6]^{2+}$、$[Cr(H_2O)_6]^{3+}$、$[Fe(H_2O)_6]^{2+}$、$[Co(H_2O)_6]^{2+}$、$[Ni(H_2O)_6]^{2+}$。

② 阴离子：CrO_4^{2-}、$Cr_2O_7^{2-}$、MnO_4^-、MnO_4^{2-}。

5. 离子的颜色变化

(1) Cr^{3+} 的水合异构现象

取少量 $1\ mol \cdot L^{-1}\ Cr(NO_3)_3$ 溶液进行加热，观察加热前后溶液颜色的变化。

$$[Cr(H_2O)_6](NO_3)_3 \longrightarrow [Cr(H_2O)_5NO_3](NO_3)_2 + H_2O$$

(2) 不同配体的 Co(Ⅱ) 配合物的颜色

向饱和 KSCN 溶液滴加 $CoCl_2$ 溶液至呈蓝色，将此溶液分装在 3 支试管中，在其中 2 支试管溶液中分别加入蒸馏水和丙酮，对比 3 支试管溶液颜色差异，并解释。

6. 金属离子配合物

(1) 氨合物

向 $1\ mol \cdot L^{-1}\ Cr_2(SO_4)_3$、$0.1\ mol \cdot L^{-1}\ MnSO_4$、$1\ mol \cdot L^{-1}\ FeCl_3$、$0.1\ mol \cdot L^{-1}$ $(NH_4)_2Fe(SO_4)_2$、$0.1\ mol \cdot L^{-1}\ CoCl_2$ 和 $0.1\ mol \cdot L^{-1}\ NiSO_4$ 盐溶液中分别滴加 $6\ mol \cdot L^{-1}\ NH_3 \cdot H_2O$，观察实验现象，写出反应式，总结上述金属离子形成氨合物的能力。

(2) 配合物的形成对氧化还原性的影响

① 往 KI 和 CCl_4 混合溶液中加入 $FeCl_3$ 溶液，观察实验现象。若上述试液在加入 $FeCl_3$ 之前先加入少量固体 NaF，观察实验现象，解释并写出反应式。

② 在室温下分别对比 $0.1\ mol \cdot L^{-1}$ $(NH_4)_2Fe(SO_4)_2$ 溶液在有 EDTA 存在下与没有 EDTA 存在下和 $AgNO_3$ 溶液的反应，并解释现象。

(3) 配合物的稳定性与配体的关系

① 在 $Cr_2(SO_4)_3$ 溶液中加入少量固体 $Na_2C_2O_4$ 振荡，观察溶液颜色的变化。再逐滴加入 $2\ mol \cdot L^{-1}$ NaOH，观察实验现象，写出反应式。

② 在 $FeCl_3$ 溶液中加入少量 KSCN 饱和溶液，观察实验现象。然后加入少量固体 $Na_2C_2O_4$，观察溶液颜色变化，解释并写出反应式。

③ 在 $NiSO_4$ 溶液中加入过量 $2\ mol \cdot L^{-1}\ NH_3 \cdot H_2O$，观察实验现象。然后逐滴加入 1% 乙二胺溶液，观察实验现象，写出反应式。

(4) 铁的配合物
① 在点滴板的圆穴内加入 1 滴 $FeCl_3$ 溶液和 1 滴 $K_4[Fe(CN)_6]$ 溶液，观察实验现象。
② 用 $FeSO_4$ 溶液与 $K_3[Fe(CN)_6]$ 溶液作用，观察实验现象。

7. 金属离子的鉴定

(1) 利用生成配合物的反应设计一组实验来鉴定下列离子：
Fe^{2+}；Fe^{3+}；Fe^{3+} 和 Co^{2+} 混合液中的 Co^{2+}。
实验过程中有以下提示。
a. 用生成 $[Co(SCN)_4]^{2-}$ 的方法来鉴定 Co^{2+} 时，应除去 Fe^{3+} 对 Co^{2+} 鉴定的干扰。
b. 由于 $[Co(SCN)_4]^{2-}$ 在水溶液中不稳定，鉴定时要加饱和 KSCN 溶液或固体 KSCN，并加入乙醚萃取，使 $[Co(SCN)_4]^{2-}$ 更稳定，蓝色更显著。

(2) 镍(Ⅱ)的鉴定
$NiSO_4$ 溶液中加入 $2\ mol \cdot L^{-1}\ NH_3 \cdot H_2O$ 至呈弱碱性，再加入 1 滴 1%丁二酮肟溶液，观察实验现象。

(3) 铬(Ⅲ)的鉴定
$Cr_2(SO_4)_3$ 溶液中加入过量 $6\ mol \cdot L^{-1}$ NaOH，再加入 3% H_2O_2 溶液，观察实验现象。以稀 H_2SO_4 酸化，再加入少量乙醚（或戊醇），继续滴加 3% H_2O_2 溶液，观察实验现象，写出反应式。

(4) 钛(Ⅳ)的鉴定
少量 $TiOSO_4$ 溶液中，滴加 3% H_2O_2 溶液，观察实验现象。再加入少量 $6\ mol \cdot L^{-1}$ $NH_3 \cdot H_2O$，观察实验现象。

(5) 混合液中离子的分离与鉴定
分离并鉴定 Fe^{2+}、Co^{2+}、Ni^{2+}、Mn^{2+} 的混合液；请根据已知试剂自行设计实验方案。

【思考题】
(1) 为什么制取 $Fe(OH)_2$ 时要先将溶液煮沸？
(2) 钛有几种常见氧化态？指出它们在水溶液中的状态和颜色。
(3) 在水溶液中能否制取 Cr_2S_3？若不能，应该用什么方法制取？
(4) 为什么 d 区元素水合离子具有颜色？
(5) 钛、钴、镍是否都能生成+2 价和+3 价的配合物？
(6) $FeCl_3$ 的水溶液呈黄色，当它与什么物质作用时，会呈现下列现象？
① 棕红色沉淀；
② 血红色；
③ 无色；
④ 深蓝色沉淀。

实验十四　ds 区元素重要化合物的性质

【实验目的】
(1) 了解 ds 区元素单质及化合物的结构对其性质的影响。

(2) 掌握 ds 区元素的氧化物或氢氧化物的酸碱性和热稳定性。

(3) 掌握 ds 区元素的金属离子形成配合物的特征以及铜和汞氧化态的变化。

【实验原理】

Cu^{2+} 具有氧化性，与 I^- 反应时生成 CuI 白色沉淀：

$$2Cu^{2+} + 4I^- = 2CuI\downarrow + I_2$$

CuI 能溶于过量的 KI 中生成配离子 $[CuI_2]^-$：

$$CuI + I^- = [CuI_2]^-$$

将 $CuCl_2$ 溶液和铜屑混合，加入浓 HCl，加热得棕黄色配离子 $[CuCl_2]^-$：

$$Cu^{2+} + Cu + 4Cl^- = 2[CuCl_2]^-$$

生成的 $[CuI_2]^-$ 与 $[CuCl_2]^-$ 都不稳定，将溶液加水稀释时，又可得到 CuI 和 CuCl 白色沉淀。

在铜盐溶液中加入过量 NaOH，再加入葡萄糖，Cu^{2+} 能还原成 Cu_2O 沉淀：

$$2Cu^{2+} + 4OH^- + C_6H_{12}O_6 = Cu_2O\downarrow + C_6H_{12}O_7 + 2H_2O$$

在银盐溶液中加入过量氨水，再用甲醛或葡萄糖还原便可制得银镜：

$$2Ag^+ + 2NH_3 + H_2O = Ag_2O + 2NH_4^+$$

$$Ag_2O + 4NH_3 + H_2O = 2[Ag(NH_3)_2]^+ + 2OH^-$$

$$2[Ag(NH_3)_2]^+ + HCHO + 2OH^- = 2Ag\downarrow + HCOONH_4 + 3NH_3 + H_2O$$

Cu^{2+}、Ag^+、Zn^{2+}、Cd^{2+} 与过量氨水反应时，分别生成氨配合物。但 Hg^{2+} 和 Hg_2^{2+} 与过量氨水反应时，在没有大量 NH_4^+ 存在的情况下并不生成氨配离子：

$$HgCl_2 + 2NH_3 = HgNH_2Cl\downarrow + NH_4Cl$$
（白色）

$$Hg_2Cl_2 + NH_3 = HgNH_2Cl\downarrow + Hg\downarrow + HCl$$
（白色）　（黑色）

$$2Hg(NO_3)_2 + 4NH_3 + H_2O = HgO \cdot HgNH_2NO_3\downarrow + 3NH_4NO_3$$
（白色）

$$2Hg_2(NO_3)_2 + 4NH_3 + H_2O = HgO \cdot HgNH_2NO_3\downarrow + 2Hg\downarrow + 3NH_4NO_3$$
（白色）　（黑色）

Hg^{2+}、Hg_2^{2+} 与 I^- 作用，分别生成难溶于水的 HgI_2 和 Hg_2I_2 沉淀。

红色 HgI_2 易溶于过量 KI 中生成 $[HgI_4]^{2-}$：

$$HgI_2 + 2KI = K_2[HgI_4]$$

黄绿色 Hg_2I_2 与过量 KI 反应时，发生歧化反应生成 $[HgI_4]^{2-}$ 和 Hg：

$$Hg_2I_2 + 2KI = K_2[HgI_4] + Hg\downarrow$$

Cu^{2+} 能与 $K_4[Fe(CN)_6]$ 反应生成 $Cu_2[Fe(CN)_6]$ 红棕色沉淀；Zn^{2+} 在强碱性溶液中与双硫腙反应生成粉红色螯合物；Cd^{2+} 与 H_2S 饱和溶液反应能生成 CdS 黄色沉淀；Hg^{2+} 与 $SnCl_2$ 反应生成白色 Hg_2Cl_2，Hg_2Cl_2 与过量 $SnCl_2$ 反应能生成黑色 Hg。利用上述特征反应可鉴定 Cu^{2+}、Zn^{2+}、Cd^{2+}、Hg^{2+}、Hg_2^{2+}。

【实验仪器及试剂】

离心机等。

铜屑(s)；NaCl(s)；HCl(2 mol·L^{-1}，浓)；HNO$_3$(2 mol·L^{-1})；葡萄糖(10%)；

NaOH(2 mol·L^{-1}, 6 mol·L^{-1}); NH$_3$·H$_2$O(2 mol·L^{-1}, 6 mol·L^{-1}); CuSO$_4$(0.1 mol·L^{-1}); KSCN(25%); ZnSO$_4$(0.1 mol·L^{-1}); CdSO$_4$(0.1 mol·L^{-1}); Hg(NO$_3$)$_2$(0.1 mol·L^{-1}); Hg$_2$(NO$_3$)$_2$(0.1 mol·L^{-1}); AgNO$_3$(0.1 mol·L^{-1}); K$_4$[Fe(CN)$_6$](0.1 mol·L^{-1}); NH$_4$Cl(0.1 mol·L^{-1}); NaCl(0.1 mol·L^{-1}); KBr(0.1 mol·L^{-1}); KI(0.1 mol·L^{-1}); Na$_2$S$_2$O$_3$(0.1 mol·L^{-1}); CoCl$_2$(0.1 mol·L^{-1}); SnCl$_2$(0.1 mol·L^{-1}); CuCl$_2$(1 mol·L^{-1}); H$_2$SO$_4$(2 mol·L^{-1}); 淀粉溶液；双硫腙；H$_2$S 溶液（饱和）。

【实验步骤】

1. 氢氧化物的生成与性质

分别取 1 滴 0.1 mol·L^{-1} 的 CuSO$_4$、ZnSO$_4$、CdSO$_4$、Hg(NO$_3$)$_2$、Hg$_2$(NO$_3$)$_2$ 及 AgNO$_3$ 溶液，制得相应的氢氧化物，记录它们的颜色，并验证其酸碱性和热稳定性，结果列入表 2-2-1，写出有关反应式。

表 2-2-1 ds 区元素氢氧化物的酸碱性和热稳定性

		Cu^{2+}	Ag$^+$	Zn^{2+}	Cd^{2+}	Hg^{2+}	Hg$_2^{2+}$
盐＋6 mol·L^{-1} NaOH（现象）							
氢氧化物或氧化物	＋6 mol·L^{-1} NaOH（现象）						
	＋2 mol·L^{-1} H$_2$SO$_4$（现象）						
结论	酸碱性						
	热稳定性						

2. 与氨水的作用

分别取 2 滴 0.1 mol·L^{-1} 的 CuSO$_4$、ZnSO$_4$、CdSO$_4$、Hg(NO$_3$)$_2$、Hg$_2$(NO$_3$)$_2$ 及 AgNO$_3$ 溶液，逐滴加入 6.0 mol·L^{-1} NH$_3$·H$_2$O，记录沉淀的颜色并验证沉淀是否溶于过量的 NH$_3$·H$_2$O。若沉淀溶解，再加入 1 滴 2.0 mol·L^{-1} NaOH 溶液，观察是否有沉淀产生。归纳以上实验结果，填入表 2-2-2，写出反应方程式。

表 2-2-2 ds 区元素化合物与氨水作用的实验现象及产物

项目	CuSO$_4$	AgNO$_3$	ZnSO$_4$	CdSO$_4$	Hg(NO$_3$)$_2$	Hg$_2$(NO$_3$)$_2$
氨水少量时现象及产物						
氨水过量时现象及产物						

3. Ag$^+$、Hg^{2+}、Hg$_2^{2+}$ 的配合物

（1）银的配合物

利用 0.1 mol·L^{-1} AgNO$_3$、0.1 mol·L^{-1} NaCl、0.1 mol·L^{-1} KBr、0.1 mol·L^{-1}

KI、0.1 mol·L^{-1} Na$_2$S$_2$O$_3$、2 mol·L^{-1} NH$_3$·H$_2$O 等试剂设计系列试管实验，比较 AgCl、AgBr 和 AgI 溶解度的大小以及 Ag$^+$ 与 NH$_3$·H$_2$O、Na$_2$S$_2$O$_3$ 生成的配合物稳定性的大小。记录有关现象，写出反应式。

(2) 汞的配合物

① 在 Hg(NO$_3$)$_2$ 溶液中逐滴加入 KI 溶液，观察沉淀的生成与溶解。然后往溶解后的溶液中加入 6 mol·L^{-1} NaOH 使溶液呈碱性，再加入几滴 0.1 mol·L^{-1} NH$_4$Cl 溶液，观察实验现象，写出反应式（此反应可用于检验 NH$_4^+$ 的存在）。

② 在 Hg$_2$(NO$_3$)$_2$ 溶液中逐滴加入 KI 溶液，观察沉淀的生成与溶解，写出反应式。

③ 在 Hg(NO$_3$)$_2$ 溶液中逐滴加入 25％KSCN 溶液，观察沉淀的生成与溶解，写出反应式。把溶液分成 2 份，分别加入 0.1 mol·L^{-1} ZnSO$_4$ 和 CoCl$_2$ 溶液，并用玻璃棒摩擦试管壁，观察白色 Zn[Hg(SCN)$_4$] 和蓝色 Co[Hg(SCN)$_4$] 沉淀的生成（此反应可用于定性检验 Zn^{2+}、Co^{2+}）。

4. Cu^{2+}、Ag$^+$ 的氧化性

(1) 碘化亚铜(Ⅰ)的形成

在 CuSO$_4$ 溶液中加入 KI 溶液，观察实验现象，用实验验证反应产物，写出反应式。

(2) 氯化亚铜(Ⅰ)的形成和性质

取 1 mL 1 mol·L^{-1} CuCl$_2$ 溶液，加入适量的浓 HCl，再加少量 NaCl(s) 和适量铜屑，加热至沸，当溶液变为泥黄色时停止加热，将溶液迅速倒入盛有 20 mL 水的 50 mL 烧杯中，静置沉降，用倾析法分出溶液。将沉淀 CuCl 分为两份，分别加入 2 mol·L^{-1} NH$_3$·H$_2$O 溶液和浓 HCl 溶液，观察实验现象，写出反应方程式。

(3) 银镜的制作

在 1 支干净试管中加入 2 滴 0.1 mol·L^{-1} AgNO$_3$ 溶液，滴加 2 mol·L^{-1} NH$_3$·H$_2$O 溶液至生成的沉淀刚好溶解，加入 10 滴 10％葡萄糖溶液，微热，观察银镜的生成。倒掉溶液，加 2 mol·L^{-1} HNO$_3$ 溶液使银溶解。

(4) 氧化亚铜(Ⅰ)的形成和性质

在 CuSO$_4$ 溶液中加入过量的 6 mol·L^{-1} NaOH 溶液，使最初生成的沉淀完全溶解。然后再加入数滴 10％葡萄糖溶液，摇匀，微热，观察实验现象。若生成沉淀，离心分离，并用蒸馏水洗涤沉淀。往沉淀中加入 2 mol·L^{-1} H$_2$SO$_4$ 溶液，再观察现象，写出反应式。

5. 离子的鉴定

① 利用离子的特征反应鉴定 Cu^{2+}、Ag$^+$、Zn^{2+}、Cd^{2+}、Hg^{2+} 等。

② 试设计 Zn^{2+}、Cd^{2+}、Hg^{2+} 混合液的分离方案并逐个进行鉴定。

【思考题】

(1) Cu(Ⅱ) 与 Cu(Ⅰ) 各自稳定存在和相互转化的条件是什么？

(2) Hg$_2^{2+}$ 和 Hg^{2+} 与 KI 反应的产物有何异同？

(3) 现有 5 瓶没有标签的溶液：AgNO$_3$、Zn(NO$_3$)$_2$、Cd(NO$_3$)$_2$、Hg(NO$_3$)$_2$、Hg$_2$(NO$_3$)$_2$，试用最简单的方法鉴别它们。

(4) Hg^{2+}、Hg$_2^{2+}$ 和氨水反应，当溶液中存在大量 NH$_4^+$ 时，将出现怎样的变化？为什么？

实验十五 硫酸亚铁铵的制备

【实验目的】

(1) 了解硫酸亚铁铵的制备方法。

(2) 练习在水浴上加热、减压过滤等操作。

(3) 了解检验产品中杂质含量的一种方法——目测比色法。

【实验原理】

铁屑与稀硫酸作用，制得硫酸亚铁溶液，硫酸亚铁溶液与硫酸铵溶液作用，生成溶解度较小的硫酸亚铁铵复盐晶体：

$$FeSO_4 + (NH_4)_2SO_4 + 6H_2O \rightleftharpoons FeSO_4 \cdot (NH_4)_2SO_4 \cdot 6H_2O$$

硫酸亚铁铵又称莫尔盐，它在空气中不易被氧化，比硫酸亚铁稳定。它能溶于水，但难溶于乙醇。

目测比色法是确定杂质含量的一种常用方法，在确定杂质含量后便能确定产品的级别。将产品配成溶液，与各标准溶液进行比色，如果产品溶液的颜色比某一标准溶液的颜色浅，就确定杂质含量低于该标准溶液中的含量，即低于某一规定的限度，所以这种方法又称为限量分析。本实验仅做硫酸亚铁铵中 Fe^{3+} 的限量分析。

实验室配制 Fe^{3+} 的标准溶液时，一般先配制 $0.01\ mg \cdot mL^{-1}$ 的 Fe^{3+} 标准溶液。用吸量管吸取 Fe^{3+} 的标准溶液 5.00 mL、10.00 mL、20.00 mL 分别放入 3 支比色管中，然后各加入 2.00 mL 2.0 $mol \cdot L^{-1}$ HCl 溶液和 0.5 mL 1.0 $mol \cdot L^{-1}$ KSCN 溶液。用备用的含氧较少的去离子水将溶液稀释到 25.00 mL，摇匀，得到符合三个级别的标准溶液。Ⅰ级、Ⅱ级、Ⅲ级试剂中 Fe^{3+} 的最高允许含量分别为 0.05 mg、0.10 mg 和 0.20 mg（25 mL 溶液中）。

若 1.00 g 硫酸亚铁铵试样溶液的颜色与Ⅰ级试剂的标准溶液的颜色相同或略浅，便可确定为Ⅰ级产品，其中 Fe^{3+} 的质量分数 $= 0.05/(1.00 \times 1\ 000) = 0.005\%$，Ⅱ级和Ⅲ级产品以此类推。

有关盐类的溶解度（每 100 g 水中的含量）如表 2-2-3 所示。

表 2-2-3 几种盐的溶解度数据 单位：$g \cdot 100\ g^{-1}$

盐	溶解度			
	10 ℃	20 ℃	30 ℃	40 ℃
$(NH_4)_2SO_4$	73.0	75.4	78.0	81.0
$FeSO_4 \cdot 7H_2O$	37	48.0	60.0	73.3
$FeSO_4 \cdot (NH_4)_2SO_4 \cdot 6H_2O$	17.2	21.6	24.5	27.9

【实验仪器及试剂】

锥形瓶（150 mL）；烧杯（150 mL，60 mL）；台秤；普通漏斗；漏斗架；布氏漏斗；

抽滤瓶（400 mL）；量筒（10 mL）；抽气管（或真空泵）；蒸发皿；表面皿；比色管；比色管架；水浴锅；pH试纸；滤纸；等等。

HCl（2.0 mol·L^{-1}）；H$_2$SO$_4$（3.0 mol·L^{-1}）；NaOH（1.0 mol·L^{-1}）；Na$_2$CO$_3$（1.0 mol·L^{-1}）；KSCN（1.0 mol·L^{-1}）；乙醇（95%）；Fe^{3+}的标准溶液（3份）；(NH$_4$)$_2$SO$_4$(s)；铁屑。

【实验步骤】

1. 硫酸亚铁铵的制备

（1）铁屑油污的除去

称取2 g铁屑，放入150 mL锥形瓶中，加入20 mL 1.0 mol·L^{-1} Na$_2$CO$_3$溶液，小火加热约10 min，以除去铁屑表面的油污。倾析除去碱液，并用水将铁屑洗净。

（2）硫酸亚铁的制备

在盛有洗净铁屑的锥形瓶中，加入15 mL 3.0 mol·L^{-1} H$_2$SO$_4$溶液，放在水浴上加热，使铁屑与稀硫酸发生反应（在通风橱中进行）。在反应过程中，要适当地添加去离子水，以补充蒸发掉的水分。当反应进行到不再产生气泡时，表示反应基本完成。用普通漏斗趁热过滤，滤液盛于蒸发皿中。将锥形瓶和滤纸上的残渣洗净，收集在一起，用滤纸吸干后称其质量（如残渣量极少，可不收集），计算出已作用的铁屑的质量。

（3）硫酸铵饱和溶液的配制

根据已作用的铁的质量和反应式中的计量关系，计算出所需(NH$_4$)$_2$SO$_4$固体的质量和室温下配制硫酸铵饱和溶液所需要水的体积。根据计算结果在烧杯中配制(NH$_4$)$_2$SO$_4$的饱和溶液。

（4）硫酸亚铁铵的制备

将(NH$_4$)$_2$SO$_4$饱和溶液倒入盛FeSO$_4$溶液的蒸发皿中，混匀后，用pH试纸检验溶液的pH值是否为1~2。若酸度不够，用3.0 mol·L^{-1} H$_2$SO$_4$调节。

蒸发混合溶液，浓缩至表面出现晶体膜为止（注意蒸发过程中不宜搅动）。静置，让溶液自然冷却，冷至室温时，便析出硫酸亚铁铵晶体。抽滤至干，再用5 mL 95%乙醇溶液淋洗晶体，以除去晶体表面上附着的水分。继续抽干，取出晶体，在表面皿上晾干。称其质量，并计算产率。

2. Fe^{3+}的限量分析

用烧杯将去离子水煮沸5 min，以除去溶解的氧，盖好，冷却后备用。称取1.00 g的产品置于比色管中，加10.0 mL备用的去离子水溶解，再加入2.00 mL 2.0 mol·L^{-1} HCl溶液和0.5 mL 1.0 mol·L^{-1} KSCN溶液，最后以备用的去离子水稀释到25.00 mL，摇匀。与标准溶液进行目测比色，以确定产品等级。

【数据记录及处理】

将实验相关数据记入表2-2-4中。

表2-2-4 硫酸亚铁铵的制备

已作用的铁质量/g	(NH$_4$)$_2$SO$_4$饱和溶液		FeSO$_4$·(NH$_4$)$_2$SO$_4$·6H$_2$O			
	(NH$_4$)$_2$SO$_4$质量/g	水体积/mL	理论产量/g	实际产量/g	产率/%	级别

【思考题】

(1) 为什么硫酸亚铁溶液和硫酸亚铁铵溶液都要保持较强的酸性？

(2) 进行目测比色时，为什么用含氧较少的去离子水来配制硫酸亚铁铵溶液？

(3) 制备硫酸亚铁时，为什么采用水浴加热法？

(4) 通过废旧铁屑与硫酸溶液等经过加热、浓缩、结晶等过程合成工业摩尔盐，我们可以受到什么启发？

实验十六　氯化钠的提纯

【实验目的】

(1) 学会用化学方法提纯粗食盐，同时为进一步精制成试剂级纯度的氯化钠提供原料。

(2) 熟练台秤的使用以及常压过滤、减压过滤、蒸发浓缩、结晶和干燥等基本操作。

【实验原理】

粗食盐中含有泥沙等不溶性杂质及溶于水的 K^+、Ca^{2+}、Mg^{2+}、SO_4^{2-} 等离子。将粗食盐溶于水后，用过滤的方法可以除去不溶性杂质。Ca^{2+}、Mg^{2+}、SO_4^{2-} 等离子需要用化学方法除去。有关的离子方程式如下：

$$SO_4^{2-} + Ba^{2+} == BaSO_4 \downarrow$$

$$Ca^{2+} + CO_3^{2-} == CaCO_3 \downarrow$$

$$Ba^{2+} + CO_3^{2-} == BaCO_3 \downarrow$$

$$2Mg^{2+} + CO_3^{2-} + 2OH^- == Mg(OH)_2 \cdot MgCO_3 \downarrow$$

【实验仪器及试剂】

台秤；烧杯 (250 mL)；普通漏斗；漏斗架；布氏漏斗；抽滤瓶；蒸发皿；量筒 (10 mL, 50 mL)；泥三角；坩埚钳；pH 试纸；滤纸；煤气灯；等等。

HCl (2.0 mol·L^{-1})；NaOH (2.0 mol·L^{-1})；Na$_2$CO$_3$ (1.0 mol·L^{-1})；(NH$_4$)$_2$C$_2$O$_4$ (0.50 mol·L^{-1})；BaCl$_2$ (1.0 mol·L^{-1})；镁试剂；粗食盐。

【实验步骤】

1. 粗食盐的提纯

(1) 粗食盐的溶解

在台秤上称量 8.0 g 粗食盐，放入 150 mL 烧杯中，加 30 mL 去离子水。煤气灯加热，搅拌使盐溶解。

(2) SO_4^{2-} 的除去

在煮沸的粗食盐溶液中，边搅拌边逐滴加入 1.0 mol·L^{-1} BaCl$_2$ 溶液（约需加 2 mL）。为了检验沉淀是否完全，可将煤气灯移开，待沉淀下降后，在上层清液中加入 1～2 滴 BaCl$_2$ 溶液，观察是否有混浊现象。如无混浊，说明 SO_4^{2-} 已沉淀完全；如有混浊，则要继续滴加 BaCl$_2$ 溶液，直到沉淀完全为止。然后小火加热 5 min，以使沉淀颗粒长大而便于过滤。用普通漏斗过滤，保留滤液，弃去沉淀。

(3) Ca^{2+}、Mg^{2+}、Ba^{2+} 等的除去

在滤液中加入 1 mL 2.0 mol·L^{-1} NaOH 溶液和 3 mL 1.0 mol·L^{-1} Na_2CO_3 溶液，加热至沸。同上法用 Na_2CO_3 溶液检验沉淀是否完全。继续煮沸 5 min。用普通漏斗过滤，保留滤液，弃去沉淀。

(4) 调节溶液的 pH 值

在滤液中逐滴加入 2.0 mol·L^{-1} HCl 溶液，充分搅拌，并用玻璃棒蘸取滤液在 pH 试纸上试验，直到溶液呈微酸性（pH＝5～6）为止。

(5) 蒸发浓缩

将溶液转移到蒸发皿中，用小火加热，蒸发浓缩至溶液呈稀粥状为止，但切不可将溶液蒸干。

(6) 结晶、减压过滤、干燥

让浓缩液冷却至室温，用布氏漏斗减压过滤。再将晶体转移到蒸发皿中，在石棉网上用小火加热，干燥。冷却后，称其质量，计算产率。

2. 产品纯度的检验

取粗食盐和提纯后的食盐各 1.0 g，分别溶解于 5 mL 去离子水中。然后各分成 3 份，盛于试管中，按下面的方法对照检验它们的纯度。

① SO_4^{2-} 的检验：加入 8 滴 1.0 mol·L^{-1} $BaCl_2$ 溶液，观察有无 $BaSO_4$ 白色沉淀产生。

② Ca^{2+} 的检验：加入 2 滴 0.50 mol·L^{-1} $(NH_4)_2C_2O_4$ 溶液，观察有无 CaC_2O_4 白色沉淀生成。

③ Mg^{2+} 的检验：加入 2～3 滴 2.0 mol·L^{-1} NaOH 溶液，使呈碱性，再加入几滴镁试剂（对硝基苯偶氮间苯二酚），如有蓝色沉淀产生，表示存在 Mg^{2+}。

【思考题】

(1) 过量的 Ba^{2+} 如何除去？

(2) 粗食盐提纯过程中，为什么要加 HCl 溶液？

(3) 在混合溶液中，怎样检验 Ca^{2+}、Mg^{2+}？

实验十七　三草酸合铁(Ⅲ)酸钾的制备及其配阴离子电荷的测定

【实验目的】

(1) 用硫酸亚铁铵制备三草酸合铁(Ⅲ)酸钾。

(2) 用离子交换法测定三草酸合铁(Ⅲ)酸钾配阴离子的电荷数。

【实验原理】

三草酸合铁(Ⅲ)酸钾 $K_3[Fe(C_2O_4)_3]·3H_2O$ 是一种翠绿色的单斜晶体，溶于水而不溶于乙醇，受光照易分解。本实验制备纯的三草酸合铁(Ⅲ)酸钾晶体，首先用硫酸亚铁铵与草酸反应制备草酸亚铁：

$$(NH_4)_2Fe(SO_4)_2 \cdot 6H_2O + H_2C_2O_4 \longrightarrow FeC_2O_4 \cdot 2H_2O \downarrow + (NH_4)_2SO_4 + H_2SO_4 + 4H_2O$$

草酸亚铁在草酸钾和草酸的存在下,被过氧化氢氧化为草酸高铁配合物:

$$2FeC_2O_4 \cdot 2H_2O + H_2O_2 + 3K_2C_2O_4 + H_2C_2O_4 \longrightarrow 2K_3[Fe(C_2O_4)_3] + 6H_2O$$

加入乙醇后,便析出三草酸合铁(Ⅲ)酸钾晶体。

本实验用阴离子交换法来确定三草酸合铁(Ⅲ)酸根的电荷数。将准确称量的三草酸合铁(Ⅲ)酸钾晶体溶于水,使其通过装有国产 717 型苯乙烯强碱性阴离子交换树脂 $R\equiv N^+Cl^-$ 的交换柱,三草酸合铁(Ⅲ)酸钾溶液中的配阴离子 X^{z-} 与阴离子树脂上的 Cl^- 进行交换:

$$zR\equiv N^+Cl^- + X^{z-} \longrightarrow (R\equiv N^+)_zX + zCl^-$$

只要收集交换出来的含 Cl^- 的溶液,用标准硝酸银溶液滴定(莫尔法),测定氯离子的含量,就可以确定配阴离子的电荷数 z。

$$z = Cl^- \text{的物质的量} / \text{配合物的物质的量} = c_{Cl^-} / c_{K_3[Fe(C_2O_4)_3] \cdot 3H_2O}$$

【实验仪器及试剂】

托盘天平;分析天平;酸式滴定管;称量瓶;移液管;温度计(373 K);玻璃管(40 mm);容量瓶(100 mL);滤纸;国产 717 型苯乙烯强碱性阴离子交换树脂;等等。

$(NH_4)_2Fe(SO_4)_2 \cdot 6H_2O$(s);$H_2SO_4$(1 mol·L^{-1});$H_2C_2O_4$ 溶液(饱和);$K_2C_2O_4$ 溶液(饱和);NaCl 溶液(1 mol·L^{-1});$AgNO_3$ 标准溶液(0.1 mol·L^{-1});K_2CrO_4(5%);H_2O_2(3%);乙醇(95%)。

【实验步骤】

1. 草酸亚铁的制备

在 100 mL 烧杯中加入 5.0 g $(NH_4)_2Fe(SO_4)_2 \cdot 6H_2O$ 固体、15 mL 蒸馏水和 1 mL 1 mol·L^{-1} H_2SO_4,加热溶解后再加入 25 mL 饱和 $H_2C_2O_4$ 溶液,加热至沸,搅拌片刻,停止加热,静置。待黄色晶体 $FeC_2O_4 \cdot 2H_2O$ 沉降后,倾析弃去上层清液,加入 20~30 mL 蒸馏水,搅拌并温热,静置,弃去上层清液。

2. 三草酸合铁(Ⅲ)酸钾的制备

在上述沉淀中加入 10 mL 饱和 $K_2C_2O_4$ 溶液,水浴加热至 313 K。恒温在 313 K 左右,用滴管慢慢加入 20 mL 3% H_2O_2,边加边搅拌,观察实验现象。然后将溶液加热煮沸,并分 2 次加入 8 mL 饱和 $H_2C_2O_4$ 溶液(第一次加 5 mL,第二次慢慢加入 3 mL),趁热过滤。滤液中加入 10 mL 95%乙醇,温热溶液使析出的晶体再溶解后用表面皿盖好烧杯,静置,自然冷却(避光静置过夜)。晶体完全析出后抽滤,称其质量,计算产率。产品保留作测定用。

3. 三草酸合铁(Ⅲ)酸根离子电荷的测定

(1) 装柱

将预先处理好的国产 717 型苯乙烯强碱性阴离子交换树脂(氯型) $R\equiv N^+Cl^-$ 装入 1 支 20 mm×400 mm 的交换柱中,要求树脂高度约为 20 cm,注意树脂顶部应保留 0.5 cm 的水,放入一小团玻璃丝,以防止注入溶液时将树脂冲起,装好的交换柱应该均匀无裂缝、无气泡。

(2) 交换

用蒸馏水淋洗树脂床至检查流出的水不含 Cl^- 为止,再使水面下降至距树脂顶部

0.5 cm 左右，即用螺旋夹夹紧柱下部的胶管。

准确称取 1 g 三草酸合铁(Ⅲ)酸钾至小烧杯中，用 10～15 mL 蒸馏水溶解，全部转移入交换柱。松开螺旋夹，控制 3 mL·min^{-1} 的速度流出，用 100 mL 容量瓶收集流出液，当柱中液面下降离树脂顶部 0.5 cm 左右时，用少量蒸馏水（约 5 mL）洗涤小烧杯并转入交换柱，重复 2～3 次后，再用滴管吸取蒸馏水洗涤交换柱上部管壁上残留的溶液，使样品溶液尽量全部流过树脂床。待容量瓶收集的流出液达 60～70 mL 时，检查流出液至不含 Cl$^-$ 为止（与开始淋洗时比较），将螺旋夹夹紧。用蒸馏水稀释容量瓶内溶液至刻度，摇匀，作滴定用。

(3) 标定

准确吸取 25.00 mL 淋洗液于锥形瓶，加 1 mL 5% K$_2$CrO$_4$ 溶液，以 0.1 mol·L^{-1} AgNO$_3$ 标准溶液滴定至终点，记录数据。重复滴定 1～2 次。

用 1 mol·L^{-1} NaCl 溶液淋洗树脂柱，直至流出液酸化后检不出 Fe^{3+} 为止，回收树脂。

【数据记录及处理】

(1) 以表格形式记录本实验的有关数据。

(2) 计算出收集到的 Cl$^-$ 的物质的量和配阴离子的电荷数。

【思考题】

(1) 影响三草酸合铁(Ⅲ)酸钾产量的主要因素有哪些？

(2) 三草酸合铁(Ⅲ)酸钾见光易分解，应如何保存？

(3) 用离子交换法测定三草酸合铁(Ⅲ)酸钾的配阴离子的电荷时，如果交换时的流出速度过快，对实验结果有什么影响？

实验十八 溶胶-凝胶法制备纳米二氧化钛

【实验目的】

(1) 掌握溶胶-凝胶法制备纳米粒子的基本原理及操作。

(2) 了解 TiO$_2$ 纳米材料的应用及光催化机理。

(3) 了解纳米材料的性质及制备方法。

【实验原理】

TiO$_2$ 是一种重要的无机功能材料，广泛应用于光催化、气敏、光电等领域。纳米 TiO$_2$ 由于其粒径小、表面活性高，具有独特的小尺寸效应、表面效应和量子效应，成为光催化的首选材料。

溶胶-凝胶（sol-gel）法是 20 世纪 60 年代发展起来的一种制备玻璃、陶瓷等无机材料的新工艺，近年来已成为纳米材料制备的方法之一。sol-gel 法制备纳米材料：将所需组成的前驱体溶液和水配成混合溶液，经水解、缩聚反应形成透明溶胶，并逐渐凝胶化，再经过干燥、热处理后，即可获得所需纳米材料。该方法具有化学均匀性好、产物颗粒均一、过程易控制等优点，适于氧化物和 Ⅱ～ⅥB 族化合物的制备。

sol-gel 法制备 TiO$_2$ 纳米粒子是通过钛醇盐 Ti(OR)$_4$（R 为—C$_2$H$_5$、—C$_3$H$_7$、—C$_4$H$_9$ 等

烷基）的水解和缩聚反应来实现的。以钛酸四丁酯为原料，在有机介质中通过水解、缩合反应得到溶胶，进一步缩聚制得凝胶，凝胶经陈化、干燥、煅烧得到 TiO_2 纳米粒子，其反应方程式如下：

水解：$Ti(OR)_4 + nH_2O \longrightarrow Ti(OR)_{(4-n)}(OH)_n + nROH$

缩聚：$2Ti(OR)_{(4-n)}(OH)_n \longrightarrow [Ti(OR)_{(4-n)}(OH)_{(n-1)}]_2O + H_2O$ （R=—C_4H_9）

制备过程中各反应物的配比、搅拌速度及煅烧温度对所得 TiO_2 纳米粒子的结构和性质都有影响。

【实验仪器及试剂】

磁力搅拌器；恒温干燥箱；高温炉；离心机；分光光度计；烧杯；等等。

钛酸四丁酯（AR）；无水乙醇（AR）；冰醋酸（AR）；盐酸（AR）；去离子水；罗丹明 6G。

【实验步骤】

1. TiO_2 纳米粒子的制备

量取 10 mL 钛酸四丁酯，缓慢滴入到 35 mL 无水乙醇中，用磁力搅拌器强力搅拌 10 min，混合均匀，形成黄色澄清溶液 A。将 4 mL 冰醋酸和 10 mL 去离子水加到 35 mL 无水乙醇中，搅拌均匀，得到溶液 B，滴入 2~3 滴盐酸，调节 pH 值使 pH≤3。室温水浴下，在剧烈搅拌下将溶液 A 缓慢滴入溶液 B 中，滴加完毕后得浅黄色溶液。继续搅拌 30 min 后，40 ℃水浴加热，约 1 h 后得到白色凝胶（倾斜烧瓶凝胶不流动）。置于 80 ℃下烘干，大约 20 h，得黄色晶体，研磨，得到淡黄色粉末。在 600 ℃下热处理 2 h，得到二氧化钛（纯白色）粉体，并称重。

2. TiO_2 纳米粒子光催化活性测试

在紫外光照条件下，以制备的纳米 TiO_2 光催化剂来降解水溶液中的罗丹明 6G 染料，通过染料浓度随光催化反应时间的降低速率来评价样品的光催化性能。

① 空白实验以 4 mL 浓度为 5 mg·L^{-1} 的罗丹明 6G 溶液为标准，不加 TiO_2 光催化剂，在紫外灯照射下，测试罗丹明 6G 溶液的颜色随照射时间的变化。每 10 min 拍照一次，记录 10、20、30、40、50 min 后溶液的颜色。

② 称取 0.4 mg 制备的 TiO_2 光催化剂加入到 4 mL 浓度为 5 mg·L^{-1} 的罗丹明 6G 溶液中，上下剧烈振荡。在紫外灯照射下，反应开始后每 10 min 拍照一次，记录 10、20、30、40、50 min 后溶液的颜色。

【实验注意事项】

紫外灯对人眼有强烈的刺激作用，应注意避免长时间直接照射。

【思考题】

(1) 溶胶-凝胶法制备材料有哪些优缺点？

(2) 纳米二氧化钛粉体有哪些用途？

(3) TiO_2 纳米材料的光催化活性与非纳米 TiO_2 粉体相比有何不同？如何解释？

(4) 除了溶胶-凝胶法可以制备 TiO_2 纳米粒子外，还有哪些制备 TiO_2 纳米粒子的方法？进行简单介绍并比较这些方法的优缺点。

(5) 光催化分解过程中，哪些因素会影响其催化效率？

实验十九 发光稀土配合物 Eu(phen)$_2$(NO$_3$)$_3$ 的制备

【实验目的】

(1) 了解稀土元素及稀土化合物的性质。
(2) 了解稀土配合物发光的基本原理和特点。
(3) 学习 Eu(phen)$_2$(NO$_3$)$_3$ 的制备原理和方法。

【实验原理】

稀土元素是指元素周期表中镧系的 15 种元素和ⅢB 族中的钪（Sc）和钇（Y），共 17 种元素。镧系金属的活泼性仅次于碱金属和碱土金属，性质极为相似，常见化合价为+3，其水合离子大多有颜色，易形成稳定的配合物。稀土元素及其化合物有许多独特的光、电、磁和化学特性，已广泛应用于电子、石油化工、冶金、机械、能源、轻工、环境保护、农业等领域。我国拥有丰富的稀土矿产资源，探明的储量居世界之首，为中国稀土工业发展提供了坚实的基础。

一般情况下，配合物的配位结构和配位数取决于中心金属离子的离子半径、电子结构、氧化态以及配体的形状。稀土元素由于具有未充满的 4f 电子层，并且 4f 电子被外层的 5s、5p 电子屏蔽的特性，使其配位场效应小、体积大，能够形成配位数高的配合物，并且配合物键型主要为离子型。稀土离子属于典型的硬酸，易与硬碱中的氟、氧、氮等配位原子成键。

稀土元素的硝酸盐、硫氰酸盐、醋酸盐或氯化物与邻菲罗啉（邻二氮菲，phen）在溶剂中作用时，一般得到 RE：phen＝1∶2（物质的量之比）的配合物。本实验中，起始原料 Eu$_2$O$_3$ 与 HNO$_3$ 反应完全蒸干后得到 Eu(NO$_3$)$_3$·nH$_2$O（n=5 或 6），使其在乙醇溶剂中与配体 phen 直接反应，生成产物。反应方程式为：

$$Eu(NO_3)_3 \cdot nH_2O + 2phen \longrightarrow Eu(phen)_2(NO_3)_3 + nH_2O$$

产物为白色，紫外灯下发出红色荧光。

发光是物体内部以某种方式吸收能量，然后转化为光辐射的过程。稀土配合物发光主要由中心离子的 f-f 跃迁所引起，具有光色纯度高、发光效率高和修饰配体不影响发光颜色等优点，广泛应用于分析化学、生物学、有机电致发光等领域。稀土配合物的发光类型和发光性能与稀土离子的 4f 电子结构及其跃迁密切相关。4f 电子受 5s、5p 的屏蔽，它们的能级受外界的影响较小，但由于自旋耦合常数较大，能引起 J 能级的分裂。不同稀土离子中 4f 电子的最低激发态能级和基态能级之间的能量差不同，致使它们在发光性质上有一定的差别。稀土离子的 4f 电子跃迁主要有 f-f 跃迁和 f-d 跃迁。属于 f-f 禁阻跃迁的三价稀土离子在紫外光区的吸收系数很小，发光效率低。配体 phen 在紫外光区有较强的吸收，而且能有效地将激发态能量通过无辐射跃迁传递给稀土离子的激发态，从而敏化稀土离子的发光，弥补了稀土离子发光在紫外-可见光区的吸收系数很小的缺陷，此即为"Antena 效应"。

Antena 效应能量传递原理如图 2-2-2 所示。稀土配合物中中心稀土离子发光过程大致为：首先配体发生 π→π* 吸收，经过由 S$_0$ 单重态到 S$_1$ 单重态的电子跃迁，再经过系间窜越至三重态，接着由最低激发三重态 T$_1$ 向稀土离子振动能级进行能量转移，稀土离子的基态受激发跃迁至激发态，当电子由激发态能级回到基态时，发出该稀土离子的特征荧光。

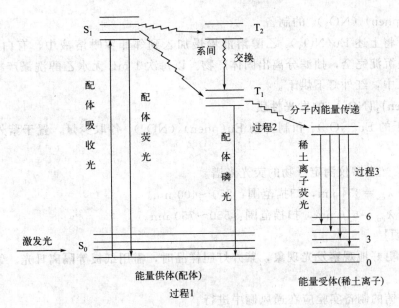

图 2-2-2 稀土配合物分子内能量传递过程示意图

在激发光谱中,紫外区出现一个宽峰,其最大波长位于约 310 nm 处,是配体 phen 的 $\pi \rightarrow \pi^*$ 跃迁产生的。在检测范围内,发射光谱中出现的是 Eu^{3+} 的特征发射峰,这说明配体 phen 将吸收的能量有效地传递给了中心 Eu^{3+}。发射光谱数据及指认列于表 2-2-5。

表 2-2-5 $Eu(phen)_2(NO_3)_3$ 发射光谱数据及指认

峰位波长/nm	相对强度	指认
529	弱	$^5D_0 \rightarrow {}^7F_1$
616	极强	$^5D_0 \rightarrow {}^7F_2$
640	极弱	$^5D_0 \rightarrow {}^7F_3$
680	弱	$^5D_0 \rightarrow {}^7F_4$

【实验仪器及试剂】

电子天平;蒸发皿;烧杯(50 mL,10 mL);酒精灯;恒温水浴锅;小漏斗;表面皿;玻璃棒;抽滤瓶;布氏漏斗;红外灯;紫外灯;荧光光谱仪;等等。

固体 Eu_2O_3 (99.99%);1,10-邻菲罗啉(phen,A.R.);HNO_3(体积比 1:1);无水乙醇(A.R.)。

【实验步骤】

1. $Eu(phen)_2(NO_3)_3$ 的制备

(1) $Eu(NO_3)_3$ 乙醇溶液的制备

在 50 mL 烧杯中称取白色固体 Eu_2O_3 0.0088 g,在搅拌下加入 3 mL HNO_3(1:1),放在 60~70 ℃水浴上加热,直至溶解,得到澄清透明溶液。若加热后仍有少许不溶物,则过滤除去。将清液转移至蒸发皿中,加热蒸发至干,得白色固体 $Eu(NO_3)_3 \cdot nH_2O$($n=5$ 或 6)。留取少量固体,用红外灯烘干,其他绝大部分加入 3 mL 无水乙醇使之溶解。

(2) 邻菲罗啉溶液的制备

在 10 mL 烧杯中称取邻菲罗啉 0.0201 g,加入 3~5 mL 无水乙醇使其溶解。

(3) Eu(phen)$_2$(NO$_3$)$_3$ 的制备

在搅拌下将上述 Eu(NO$_3$)$_3$ 乙醇溶液慢慢加入到邻菲罗啉溶液中，有白色沉淀生成，搅拌 5 min 使沉淀完全，抽滤分离出固体产物。以每次 1 mL 无水乙醇洗涤产物三次，将产物转入表面皿中，红外灯下烘干。

2. Eu(phen)$_2$(NO$_3$)$_3$ 的发光性质

① 将烘干的 Eu(NO$_3$)$_3$ 和制备的 Eu(phen)$_2$(NO$_3$)$_3$ 各取少量，置于紫外灯下，观察产物发光现象。

② 采用荧光光谱仪测定产物的荧光光谱。

激发光谱 $\lambda_{ex}=354$ nm，扫描范围：250～400 nm。

发射光谱 $\lambda_{em}=616$ nm，扫描范围：550～750 nm。

【实验注意事项】

(1) 为了更好地观察发光现象，紫外灯照样品时，需用纸板等隔离日光。紫外灯可用普通座式。

(2) 硝酸铕的制备实验应在通风橱中进行。

(3) 如果硝酸铕和邻菲罗啉不能完全溶解，应当过滤，过滤时注意用少量无水乙醇淋洗滤纸，使原料尽可能地不受损失。

【思考题】

(1) 溶解 Eu$_2$O$_3$ 时，为什么不宜加入过多的 HNO$_3$ 溶液？

(2) 为什么要将稀土的硝酸盐溶液蒸干？

(3) 本实验中有哪些操作是用以保证产物纯度的？

(4) 本实验中使用非水溶剂的优点有哪些？

(5) 为什么 Eu(NO$_3$)$_3$ 和 Eu(phen)$_2$(NO$_3$)$_3$ 发光性质有差异？

实验二十 | 硫代硫酸钠的制备

【实验目的】

(1) 熟练掌握制备实验中蒸发浓缩、减压过滤、结晶等基本操作。

(2) 了解硫代硫酸钠的制备方法。

【实验原理】

亚硫酸钠在沸腾温度下与硫化合生成硫代硫酸钠，其反应类似于与氧的反应：

$$Na_2SO_3 + S \rlap{=}= Na_2S_2O_3$$

$$Na_2SO_3 + \frac{1}{2}O_2 \rlap{=}= Na_2SO_4$$

反应中硫可以看作是氧化剂，它将 Na$_2$SO$_3$ 中的四价硫氧化成六价，本身被还原为负二价，所以 Na$_2$S$_2$O$_3$ 中的硫是非等价的。

常温下从溶液中结晶出来的硫代硫酸钠为 Na$_2$S$_2$O$_3$·5H$_2$O。Na$_2$S$_2$O$_3$·5H$_2$O 俗称大苏打，也称"海波"(hypo)，是常用的还原剂，在分析化学及摄影、医药、纺织、造纸等方面具有很大的实用价值。

$Na_2S_2O_3 \cdot 5H_2O$ 易溶于水，在空气中易风化（视温度和相对湿度而定）。其熔点为 48.5 ℃，215 ℃时完全失水，223 ℃以上分解成多硫化钠和硫酸钠：

$$4Na_2S_2O_3 \Longrightarrow 3Na_2SO_4 + Na_2S_5$$

实验所得产物中 $Na_2S_2O_3 \cdot 5H_2O$ 的含量可以采用碘量法测定。硫代硫酸钠产品中所含的杂质可能有硫酸盐、亚硫酸盐、硫化物及某些金属离子等。本实验只进行 SO_4^{2-}、SO_3^{2-} 的比浊法分析（限量分析）。用 I_2 将 $S_2O_3^{2-}$ 和 SO_3^{2-} 分别氧化为 $S_4O_6^{2-}$ 和 SO_4^{2-}，再加入 $BaCl_2$ 生成难溶的 $BaSO_4$，溶液出现混浊，其浊度与试液中 SO_4^{2-} 和 SO_3^{2-} 的含量成正比。鉴定结果可与国家标准所规定的指标[1] 相比较。

【实验仪器及试剂】

布氏漏斗；表面皿；抽滤瓶；蒸发皿；容量瓶（100 mL）；移液管（20 mL）；比色管（25 mL）。

Na_2SO_3（固体）；硫粉；乙醇（95%）；I_2（0.05 mol·L^{-1}）；HCl（0.1 mol·L^{-1}）；$BaCl_2$（0.25 %）；$Na_2S_2O_3 \cdot 5H_2O$（0.05 mol·L^{-1}）；Na_2SO_4（100 mg·L^{-1}）。

【实验步骤】

1. 硫代硫酸钠的制备

称取固体 Na_2SO_3 15 g 置于 250 mL 锥形瓶中，加水 80 mL 溶解（可小火加热）。另称取硫粉 5 g，以 95%乙醇 2 mL 湿润[2] 后加至溶液中，小火加热至微沸，并充分振摇（注意保持体积，勿蒸发过多；若溶液体积太少可适当补水）。约 1 h 后停止加热，若溶液呈黄色[3]，可加入少许固体 Na_2SO_3 除去杂质。稍冷，过滤除去未反应的硫粉，获无色透明溶液于小烧杯中。将溶液转移到蒸发皿，在蒸汽浴上蒸发浓缩，待溶液体积略小于 30 mL 时，停止加热，充分冷却，搅拌或用接种法使结晶析出。减压过滤，并用 95%乙醇 1 mL 洗涤 1 次。抽气干燥后，转移至表面皿上，用滤纸吸干，称量，根据理论产量计算产率。

2. 硫代硫酸钠的结晶提纯

将制得的硫代硫酸钠产品溶于适量热水[4] 中，过滤，在不断搅拌下冷却（以冰水浴冷却更好），重复结晶制得细小晶体。减压过滤，用少量 95%乙醇洗涤 1 次，抽气干燥，转移至表面皿上，用滤纸吸干，获得提纯的硫代硫酸钠。称量，计算纯度。

3. 硫酸盐和亚硫酸盐的限量分析

（1）SO_4^{2-} 系列标准溶液的配制

移取 100 mg·L^{-1} $NaSO_4$ 溶液 0.40 mL、0.50 mL、1.00 mL 分别置于 3 支 25 mL 比色管中，稀释至标线。加入 0.1 mol·L^{-1} HCl 溶液 1 mL 及 0.25% $BaCl_2$ 溶液 3 mL，摇匀。放置 10 min 后，加入 0.05 mol·L^{-1} $Na_2S_2O_3$ 溶液 1 滴，摇匀。这三份标准溶液中 SO_4^{2-} 的含量分别相当于表 2-2-6 中不同等级试剂的限量。

（2）SO_4^{2-} 和 SO_3^{2-} 的限量分析

称取硫代硫酸钠产品 0.5 g 溶于 15 mL 水，加入 0.05 mol·L^{-1} I_2 溶液 18 mL，再继续滴加 I_2 溶液使其呈浅黄色，转移至 100 mL 容量瓶中，加水稀释至标线，摇匀。

移取试液 20.00 mL 置于 25 mL 比色管中，稀释至标线。加入 0.1 mol·L^{-1} HCl 溶液 1 mL 及 0.25% $BaCl_2$ 溶液 3 mL，摇匀，放置 10 min 后，加入 0.05 mol·L^{-1} $Na_2S_2O_3$ 溶液 1 滴，摇匀，立即与 SO_4^{2-} 系列标准溶液比较浊度，确定产品等级。

【思考题】

(1) 制备硫代硫酸钠时，选用锥形瓶进行反应有何优点？

(2) 提高 $Na_2S_2O_3 \cdot 5H_2O$ 的产率与纯度，实验中需注意哪些问题？

【注释】

[1] 国家标准 GB/T 637—2006 给出了 $Na_2S_2O_3 \cdot 5H_2O$ 试剂的纯度级别（表2-2-6）。

表 2-2-6　$Na_2S_2O_3 \cdot 5H_2O$ 各级试剂纯度

名称	优级纯	分析纯	化学纯
$Na_2S_2O_3 \cdot 5H_2O$ 含量/%	≥99.5	≥99.0	≥98.5
pH(50 g·L^{-1} 溶液, 25 ℃)	6.0~7.5	6.0~7.5	6.0~7.5
澄清度实验/号	≤2	≤3	≤5
水不溶物含量/%	≤0.002	≤0.005	≤0.01
氯化物(Cl)含量/%	≤0.02	≤0.02	—
硫酸盐及亚硫酸盐含量(以 SO_4^{2-} 计)/%	≤0.04	≤0.05	≤0.1
硫化物(S)含量/%	≤0.0001	≤0.00025	≤0.0005
总氮量(N)/%	≤0.002	≤0.005	—
钾(K)含量/%	≤0.001		
镁(Mg)含量/%	≤0.001	≤0.001	—
钙(Ca)含量/%	≤0.003	≤0.003	≤0.005
铁(Fe)含量/%	≤0.0005	≤0.0005	≤0.001
重金属含量(以 Pb 计)/%	≤0.0005	≤0.0005	≤0.001

[2] 硫粉不能单独被水浸润，因为它易漂浮于液面，影响反应。经乙醇湿润后便易于被水浸润，从而增加反应物的接触面。

[3] 溶液呈黄色说明有多硫化物存在。在亚硫酸钠未完全作用时，多硫化物是不会存在的，因为两者会发生如下反应：

$$2SO_3^{2-} + 2S_x^{2-} + 3H_2O \Longrightarrow S_2O_3^{2-} + 2xS\downarrow + 6OH^-$$

所以若出现黄色，表示亚硫酸钠已反应完全。

[4] 不同温度下硫代硫酸钠的溶解度见表 2-2-7。

表 2-2-7　硫代硫酸钠的溶解度

温度/℃	0	10	20	25	35	45	75
溶解度/(g·100 g^{-1})	50.15	59.66	70.07	75.90	91.24	120.9	233.3

实验二十一　利用废铝罐制备明矾

【实验目的】

(1) 了解复盐的性质及其制备方法。

(2) 认识铝和氢氧化铝的两性性质。
(3) 掌握溶解、过滤、结晶以及沉淀的转移和洗涤等无机化合物制备的基本操作。

【实验原理】

铝片与过量的碱反应，生成可溶解的 $[Al(OH)_4]^-$。$[Al(OH)_4]^-$ 在弱酸性溶液中可脱去一个 OH^-，生成 $Al(OH)_3$ 沉淀。随着酸度的增加，$Al(OH)_3$ 又可重新溶解，形成 $[Al(H_2O)_6]^{3+}$。像 $Al(OH)_3$ 这一类物质，同时具有能够与酸或碱反应的性质，称为两性物质。

本实验的产物明矾，即硫酸钾铝 $[KAl(SO_4)_2 \cdot 12H_2O]$，也称钾铝矾、铝钾矾等。矾类 $[M^+M^{3+}(SO_4)_2 \cdot 12H_2O]$ 是一种复盐，能从含有硫酸根、三价阳离子（如 Al^{3+}、Cr^{3+}、Fe^{3+} 等）与一价阳离子（如 K^+、Na^+、NH_4^+）的溶液中结晶出来。它含有 12 个结晶水，其中 6 个结晶水与三价阳离子结合，其余 6 个结晶水与硫酸根及一价阳离子形成较弱的结合。复盐溶解于水中即解离出简单盐类溶解时所具有的离子。

本实验利用废弃铝罐制备明矾，反应式可表示如下：

铝与 KOH 的反应：

$$2Al + 2KOH + 6H_2O = 2[Al(OH)_4]^- + 2K^+ + 3H_2 \uparrow$$

加入 H_2SO_4 反应：

$$[Al(OH)_4]^- + H^+ = Al(OH)_3 \downarrow + H_2O$$

继续加入 H_2SO_4 反应：

$$Al(OH)_3 + 3H^+ = Al^{3+} + 3H_2O$$

加入 K^+ 生成明矾：

$$K^+ + Al^{3+} + 2SO_4^{2-} + 12H_2O = KAl(SO_4)_2 \cdot 12H_2O$$

【实验仪器及试剂】

真空泵等。

铝罐 1 只（自备）；$KOH(1\ mol \cdot L^{-1})$；$H_2SO_4(6\ mol \cdot L^{-1})$；无水乙醇；EDTA 溶液（$0.02205\ mol \cdot L^{-1}$）；二甲酚橙指示剂；$NH_3 \cdot H_2O(1:1)$，$HCl(1:1)$，六亚甲基四胺（20%）；锌标准溶液。

【实验步骤】

1. 制备明矾

将铝罐裁剪成铝片，用砂纸除去表面的颜料和塑胶内膜（该步操作时注意保护台面），洗净，再将铝片剪成小片。

称取铝片 1 g 于 250 mL 烧杯中，加入 $1\ mol \cdot L^{-1}$ KOH，小火加热至铝片完全溶解。略冷却，过滤除去不溶物。取 $6\ mol \cdot L^{-1}$ H_2SO_4 溶液 25 mL 在搅拌下缓慢地加入试液中，得到清液（若仍有白色沉淀物，可加热溶解或再适当加入少量 H_2SO_4 溶液）。

将上述溶液置于冰水浴中冷却，使明矾结晶析出，减压过滤。产品用少量蒸馏水洗涤 2～3 次，最后用乙醇洗涤 1 次，抽气干燥。取出产品，置于已知质量的洁净表面皿上，称量，根据理论产量计算产率。

2. 净水实验

取池塘混浊污水或室外雨后的积水，试验明矾不同投放量时的净水效果。

3. 明矾中铝含量的测定

准确称取 1 g 左右的产品，溶解，用蒸馏水定容至 250 mL，摇匀。取三个洁净的锥形瓶，分别移取上述产品溶液 20.00 mL、0.02205 mol·L^{-1} EDTA 溶液 15.00 mL，加 2 滴二甲酚橙指示剂，滴加 1∶1 NH$_3$·H$_2$O 调至溶液恰呈紫红色。然后滴加 2 滴 1∶1 HCl，将溶液煮沸 1 min，冷却，加入 20 mL 20% 六亚甲基四胺溶液，此时溶液应呈黄色，用锌标准溶液滴定至溶液由黄色变为紫红色即为终点。根据锌标准溶液所消耗的体积，计算明矾中 Al^{3+} 的质量分数。

由于 Al^{3+} 和 Zn^{2+} 与 EDTA 均生成 1∶1 的配合物，由此可用如下公式计算产品中的 Al^{3+} 含量：

$$w(Al^{3+}) = [c(EDTA)V(EDTA) - c(Zn^{2+})V(Zn^{2+})] \times \frac{250 \text{ mL}}{20 \text{ mL}} \times \frac{M(Al^{3+})}{m(产物)}$$

【思考题】

(1) 本实验中用碱液溶解铝片，然后再加酸，为什么不直接用酸溶解？

(2) 最后产品为何要用乙醇洗涤？是否可以烘干？

(3) 当产品溶液达到稳定的过饱和状态而不析出晶体时，可以采用什么方法促使其结晶析出？

实验二十二 由软锰矿制备高锰酸钾

【实验目的】

(1) 了解碱熔法分解矿石及电解法制备高锰酸钾的基本原理和操作方法。

(2) 掌握锰的各主要价态之间的转化关系。

【实验原理】

软锰矿（主要成分为二氧化锰）与碱和氧化剂混合后共熔，即可得到墨绿色的锰酸钾熔体：

$$3MnO_2 + 6KOH + KClO_3 \xrightarrow{共熔} 3K_2MnO_4 + KCl + 3H_2O$$

锰酸钾溶于水并发生歧化反应，生成高锰酸钾：

$$3MnO_4^{2-} + 2H_2O \Longrightarrow 2MnO_4^- + MnO_2 \downarrow + 4OH^-$$

为使反应顺利进行，必须随时中和生成的氢氧根，常用的方法是通入 CO$_2$，但此方法锰酸钾的最高转化率仅达 66.7%，为了提高锰酸钾的转化率，较好的办法是电解锰酸钾溶液：

$$2MnO_4^{2-} + 2H_2O \xrightarrow{电解} 2MnO_4^- + 2OH^- + H_2 \uparrow$$

【实验仪器及试剂】

托盘天平；铁坩埚（60 mL）；坩埚钳；铁搅拌棒；温度计；厚的确良布；防护眼镜；布氏漏斗；抽滤瓶；表面皿；烘箱；蒸发皿；等等。

软锰矿（200 目）；KOH(s)；镍片；粗铁丝；KClO$_3$(s)。

【实验步骤】

1. 锰酸钾溶液的制备

将 8 g 固体 KClO$_3$、15 g 固体 KOH 与 15 g 软锰矿先混合均匀，再放入 60 mL 的铁坩坩埚内,用坩埚钳将坩埚夹紧并固定在铁架上,戴上防护眼镜,然后小心加热并用铁搅拌棒搅拌,当熔融物的黏度逐渐增大时,要大力搅拌以防结块。待反应物干涸后,再强热 5 min 并适当翻动。

铁坩埚冷却后,取出熔块置于烧杯中,用 80 mL 水浸取,微热、搅拌至熔块全部分散,用铺有厚的确良布的布氏漏斗减压过滤,便可得到墨绿色的 K_2MnO_4 滤液。

2. 锰酸钾转化为高锰酸钾

(1) 电解法

把制得的 K_2MnO_4 溶液倒入 150 mL 烧杯中,加热至 333 K,按图 2-2-3 装上电极。阳极为两块光滑的镍片,浸入溶液的面积约为 32 cm^2;阴极则由一条粗铁丝弯曲而成,浸入溶液的面积为阳极的 1/10,电极间距离为 0.5~1.0 cm。通电后阳极的电流密度为 30~60 mA·cm^{-2},阴极的电流密度为 300~600 mA·cm^{-2},槽电压约为 2.5 V。

阳极:$2MnO_4^{2-} \longrightarrow 2MnO_4^- + 2e^-$

阴极:$2H_2O + 2e^- \longrightarrow H_2 + 2OH^-$

这时可看到阴极上有气体放出,溶液也由墨绿色逐渐转变为紫红色。0.5~1 h 后即可看到烧杯底部沉积出的 $KMnO_4$ 晶体。停止通电,取出电极,用铺有厚的确良布的布氏漏斗将晶体抽干,称其质量,母液回收。

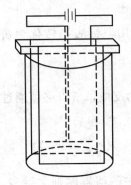

图 2-2-3 电解装置图

根据不同温度下 $KMnO_4$ 的溶解度数据,用重结晶法将粗产品提纯。将晶体放在表面皿上,置于烘箱内,在 333~353 K 下烘 1 h,称其质量,回收产品。

(2) 二氧化碳法

当熔块在水中完全分散后过滤,在滤液中趁热通入 CO_2,直至 K_2MnO_4 完全转化为 $KMnO_4$ 和 MnO_2(试用简便方法确定 K_2MnO_4 已转化完全)。然后用铺有厚的确良布的布氏漏斗抽滤,弃去 MnO_2 残渣,将滤液转入蒸发皿中,浓缩至表面析出 $KMnO_4$ 晶体,冷却,抽滤至干,依前法重结晶、烘干、称量、回收产品。

【实验注意事项】

(1) 用 KOH 熔解软锰矿时防止结块。

(2) 装好电解装置。

【思考题】

(1) 根据锰的 $\Delta G^{\ominus}$-n 图说明由二氧化锰制备高锰酸钾的原理。

(2) 在用氢氧化钾熔解软锰矿的过程中,应注意哪些安全问题?

(3) 烘干高锰酸钾晶体时,应注意什么问题?为什么?

实验二十三 由白钨矿制备三氧化钨

【实验目的】

(1) 学习酸法分解白钨矿制备三氧化钨的原理和操作方法。

(2) 了解钨的氧化物、钨酸、钨酸盐的性质。

【实验原理】

三氧化钼和三氧化钨溶于碱溶液形成简单的钼酸盐和钨酸盐。在一定的pH范围内,简单钼酸盐和钨酸盐能结晶析出。将钼酸盐或钨酸盐溶液酸化,降低其pH至弱酸性,MoO_4^{2-}或WO_4^{2-}将逐渐缩聚成多酸根。在简单的钨酸盐的热溶液中加强酸,析出黄色的钨酸(H_2WO_4);在冷溶液中加过量酸,则析出白色的钨酸胶体($H_2WO_4 \cdot xH_2O$)。

钼酸盐和钨酸盐的氧化性均很弱,在酸性溶液中,只有用强还原剂才能将H_2MoO_4还原成Mo^{3+}。当简单钼酸盐或钨酸盐被缓和地还原时,生成深蓝色的钼蓝或钨蓝,它们是+5价和+6价钼或钨的氧化物-氢氧化物混合体。

白钨矿的主要成分是钨酸钙,还含有钼、硅、铁、磷、砷等杂质。

本实验用酸法分解白钨矿。在353~363 K时白钨矿与浓盐酸作用,钨酸钙转化为黄钨酸❶:

$$CaWO_4 + 2HCl = H_2WO_4 + CaCl_2$$

由于生成的黄钨酸沉淀包围在矿粒表面,妨碍了矿粒与盐酸之间的反应,所以必须通过不断地搅拌破坏黄钨酸膜,以加速分解反应的进行。

在分解过程中,杂质钼酸钙也转化为相应的钼酸:

$$CaMoO_4 + 2HCl = H_2MoO_4 + CaCl_2$$

黄钨酸在一定浓度盐酸溶液中的溶解度很小,而钼酸在盐酸溶液中的溶解度则大得多。例如,343 K时在浓度为200 g·L^{-1}的盐酸溶液中,黄钨酸的溶解度仅为0.011 g·L^{-1},而钼酸溶解度为135.5 g·L^{-1}。因此,利用它们在盐酸溶液中溶解度的不同可以将黄钨酸和钼酸初步分离。

矿中某些杂质具有还原性,能使W(Ⅵ)还原为低价氧化物而损失,加入一定量的硝酸可以防止。

其他杂质如钙、铁、磷、砷等相应形成可溶性的二氯化钙、三氯化铁、磷酸和砷酸,它们可以与钼酸一起除去。只有二氧化硅、少量的钼酸和未分解的钨酸钙留在黄钨酸沉淀中。

黄钨酸溶解于氨水生成钨酸铵:

$$H_2WO_4 + 2NH_3 \cdot H_2O = (NH_4)_2WO_4 + 2H_2O$$

这样就可以与不溶于氨水的二氧化硅和未分解的钨酸钙分离。

浓缩钨酸铵溶液时由于氨的逸出,形成一种溶解度较小的仲钨酸铵而析出。少量未除尽的钼酸形成溶解度较大的钼酸铵留在溶液中:

$$12(NH_4)_2WO_4 = 5(NH_4)_2O \cdot 12WO_3 \cdot 5H_2O + 14NH_3\uparrow + 2H_2O$$

灼烧仲钨酸铵晶体可得到三氧化钨:

$$5(NH_4)_2O \cdot 12WO_3 \cdot 5H_2O \xrightarrow{\triangle} 12WO_3 + 10NH_3\uparrow + 10H_2O$$

【实验仪器及试剂】

台秤;烧结玻璃漏斗(G3);表面皿;布氏漏斗;抽滤瓶;蒸发皿;等等。

白钨矿(200~300目);盐酸[1%(质量分数),浓];HNO_3(浓);$NH_3 \cdot H_2O$[2%(质量分数),8 mol·L^{-1}]。

---

❶ 黄钨酸组成不确定,近年文献报道写成$WO_3 \cdot xH_2O$。

【实验步骤】

1. 分解白钨矿（在通风橱内进行）

在 100 mL 锥形瓶中加入 15 g 研细的白钨矿、25 mL 浓盐酸、2 mL 浓 HNO_3，摇匀，盖上表面皿（或加一个玻璃漏斗），水浴加热 30 min，反应过程中要经常摇动。生成的黄钨酸用 3 号烧结玻璃漏斗减压过滤，滤液倒入回收瓶集中处理。沉淀先用热水洗涤 2 次，再用 1% 热盐酸洗涤 3 次（每次约 5 mL），观察反应产物的颜色和状态。

2. 仲钨酸铵的制备

将沉淀转入烧杯中加入 45 mL 8 mol·L^{-1} $NH_3·H_2O$，在水浴上温热并不断搅拌。待黄钨酸全部溶解后，减压过滤并用 2% $NH_3·H_2O$ 洗涤残渣 2 次（每次约 5 mL）。弃去残渣，把滤液转入蒸发皿内，于水浴上浓缩至有较大量晶体析出，停止加热，冷却，减压过滤，观察产物的颜色和状态，滤液回收集中处理。

3. 三氧化钨的制备

将仲钨酸铵晶体转入蒸发皿中，小火加热，烘干晶体。然后大火加热，并经常搅动，直至粉末变成橙红色，冷却，观察三氧化钨的颜色和状态，称其质量，并根据矿石的含量计算产率。

【实验注意事项】

分解白钨矿时要将钼酸、钨酸分离完全，以保证产品纯净。

【思考题】

(1) 根据钨、钼化合物性质上的差异，如何除去白钨矿中的杂质钼？

(2) 怎样才能加速白钨矿的分解？

(3) 分解白钨矿时产生的白钨酸对本实验有何影响？如何防止白钨酸的生成？

【附注】

氢还原法制备钨粉

用氢气还原三氧化钨可以制得金属钨粉。还原过程如下：

$$WO_3 + H_2 \xrightarrow{923\ K} WO_2 + H_2O$$

$$WO_2 + 2H_2 \xrightarrow{1093\ K} W + 2H_2O$$

如图 2-2-4 所示，通入的氢气必须净化。在净化系统中的洗气瓶 3、4 中加入浓 H_2SO_4，洗气瓶 2 中加入 0.1 mol·L^{-1} $KMnO_4$ 溶液，缓冲瓶 5 加少量玻璃丝，在干燥洁净的瓷舟 7 中均匀铺上 2 g 经烘干的疏松的三氧化钨，并同瓷舟一起称质量（准确至 0.1 g）。将瓷舟放入管式炉的中央位置，用带尖嘴的弯成 90° 的玻璃管的塞子塞紧瓷管出口。

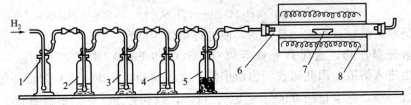

图 2-2-4　氢还原三氧化钨装置示意图

1、5—缓冲瓶；2—洗气瓶（$KMnO_4$ 溶液）；3、4—洗气瓶（浓 H_2SO_4）；6—瓷管；

7—瓷舟（WO_3）；8—管式炉

将各部分仪器连接好后，检查各接口严密不漏气，方可通入氢气（由氢气钢瓶或启普发生器产生）。氢气的流速要均匀稳定，以看到洗气瓶内产生一个一个连续气泡为宜，不能时快时慢甚至中途停顿，否则系统中压力改变，容易引入空气发生危险。通气几分钟，待系统中的空气完全被排除后，检查氢气的纯度（可在瓷管出口弯曲尖嘴玻璃管上收集氢气，试管口点火试验氢气的纯度，直至不发出刺耳的爆鸣音），确证氢气已经纯净，方可在管式炉出口处的玻璃尖嘴上点燃氢气。

接上管式炉的电源（在未确证氢气纯净之前严禁加热），调节温度控制器，控制温度恒定在 1093 K 的工作状态，加热 0.5 h 后，停止加热，继续通入氢气至温度降到 523 K，才可以停止通氢气（防止在高温时钨粉被氧化）。小心取出瓷舟，称其质量，计算产率。

实验二十四　由钛铁矿提取二氧化钛

【实验目的】

(1) 了解用硫酸分解钛铁矿的原理和操作方法。

(2) 了解钛盐的某些特性及在高酸度下使 TiO^{2+} 水解的方法。

【实验原理】

钛在自然界中含量高，但制取困难。钛的主要矿物有钛铁矿（$FeTiO_3$）和金红石（TiO_2）。金属钛是一种新兴的结构材料，钛的机械强度与铜相似。

从标准电极电势来看，钛是还原性强的金属，但在钛表面形成的致密的、钝性的氧化物保护膜，使钛具有优良的抗腐蚀性。

$$\varphi_A^{\ominus}/V \quad TiO^{2+} \xrightarrow{0.1} Ti^{3+} \xrightarrow{-0.37} Ti^{2+} \xrightarrow{-1.63} Ti$$
$$\underline{\qquad -0.88 \qquad}$$

自然界中 TiO_2 有三种晶型，其中最重要的是金红石型，呈红色或桃红色。钛白是经化学处理制造出来的纯净的二氧化钛，它是重要的化工原料，可用于制取高级白色油漆。

钛铁矿的主要成分为 $FeTiO_3$，杂质主要为 Mg、Mn、V、Al 等。由于这些杂质的存在，以及部分 Fe(Ⅱ) 在风化过程中转化为 Fe(Ⅲ) 而失去，所以 TiO_2 的含量变化范围较大，一般在 50%（质量分数）左右。

在 433～473 K 时，过量的浓硫酸与钛铁矿发生下列反应：

$$FeTiO_3 + 2H_2SO_4 \Longrightarrow TiOSO_4 + FeSO_4 + 2H_2O$$
$$FeTiO_3 + 3H_2SO_4 \Longrightarrow Ti(SO_4)_2 + FeSO_4 + 3H_2O$$

它们都是放热反应，反应一旦开始，便进行得较为剧烈。

用水浸取分解产物，这时钛和铁等以 $TiOSO_4$ 和 $FeSO_4$ 形式进入溶液。此外，部分 $Fe_2(SO_4)_3$ 也进入溶液，因此需在浸出液中加入金属铁粉，把 Fe(Ⅲ) 完全还原为 Fe(Ⅱ)。铁粉应当过量一些，把少量的 TiO^{2+} 还原为 Ti^{3+}，以保护 Fe(Ⅱ) 不被氧化。有关的电极电势如下：

$$Fe^{2+} + 2e^- \Longrightarrow Fe \qquad \varphi_{Fe^{2+}/Fe}^{\ominus} = -0.447 \text{ V}$$
$$Fe^{3+} + e^- \Longrightarrow Fe^{2+} \qquad \varphi_{Fe^{3+}/Fe^{2+}}^{\ominus} = +0.771 \text{ V}$$

$$\text{TiO}^{2+} + 2\text{H}^+ + e^- \rightleftharpoons \text{Ti}^{3+} + \text{H}_2\text{O} \qquad \varphi^{\ominus}_{\text{TiO}^{2+},\text{H}^+/\text{Ti}^{3+}} = +0.10 \text{ V}$$

将溶液冷却至 273 K 以下，便有大量 $\text{FeSO}_4 \cdot 7\text{H}_2\text{O}$ 晶体析出。剩下的 Fe(Ⅱ) 可以在偏钛酸的水洗过程中除去。

为了使 TiOSO_4 在高酸度下水解，可先取一部分上述 TiOSO_4 溶液，使其水解并分散为偏钛酸胶体，以此作为沉淀凝聚中心与其余的 TiOSO_4 溶液一起加热至沸腾，使其进行水解，即得偏钛酸沉淀：

$$\text{TiOSO}_4 + (n+1)\text{H}_2\text{O} \rightleftharpoons \text{TiO}_2 \cdot n\text{H}_2\text{O}\downarrow + \text{H}_2\text{SO}_4$$

将偏钛酸在 1073～1273 K 灼烧，即得二氧化钛。

$$\text{TiO}_2 \cdot n\text{H}_2\text{O} \rightleftharpoons \text{TiO}_2 + n\text{H}_2\text{O}$$

【实验仪器及试剂】

台秤；温度计（523 K）；电动搅拌器；瓷蒸发皿；瓷坩埚；布氏漏斗；抽滤瓶；等等。

钛铁矿粉（325 目）；工业浓硫酸；铁粉；冰；食盐；H_2SO_4（10%，体积分数）。

【实验步骤】

1. TiOSO_4 的制备

称取 25 g 钛铁矿粉（325 目），放入瓷蒸发皿中，加入 20 mL 浓硫酸，搅拌均匀，然后放在砂浴上加热并不断搅拌。用温度计测量反应物温度，当温度升至 383～393 K 时，要不停地搅拌反应物，注意观察反应物的变化（有无气体放出、反应物的颜色如何、黏度有何变化）。当温度升至 423 K 左右时，反应剧烈进行，反应物也迅速变硬，这一过程几分钟内即可结束，故在这段时间内要大力搅拌，避免反应物凝固在蒸发皿上。剧烈反应后，把温度计插入砂浴中，在 473 K 左右保持温度 0.5 h，冷至室温。

2. 浸取

将产物放在烧杯中，加入 60 mL 水，搅拌至产物全部分散（约需 1 h）。为了加速溶解，可微热，但在整个浸取过程中，温度不能超过 343 K，以免 TiOSO_4 过早水解为胶状而难以过滤。抽滤，滤渣用约 10 mL 水洗涤一次后弃去。

3. 分离硫酸亚铁

往滤液中慢慢加入总量约 1 g 的铁粉，不断搅拌至溶液变为紫黑色（Ti^{3+} 呈紫色）。抽滤，滤液用冰-盐混合物冷至 273 K 以下，观察 $\text{FeSO}_4 \cdot 7\text{H}_2\text{O}$ 结晶析出。再冷却一段时间后，进行抽滤，回收 $\text{FeSO}_4 \cdot 7\text{H}_2\text{O}$。

4. 钛盐水解

先取经分离 $\text{FeSO}_4 \cdot 7\text{H}_2\text{O}$ 后的浸出液约 1/5 体积，在不断搅拌下，逐滴加入为浸出液总体积 8～10 倍的沸水中，继续煮沸 10～15 min 后，再慢慢加入其余全部浸出液，继续煮沸约半小时（应适当补充水）。静置沉降，用倾析法洗涤沉淀（先用热的体积分数为 10% 的 H_2SO_4 洗 2 次，再用热水洗涤沉淀多次，直至检查不到 Fe^{2+}）。抽滤，得到偏钛酸。

5. 煅烧

将偏钛酸放在瓷坩埚中，先小火烘干，然后用大火烧至不再冒白烟（也可在马弗炉内于 1123 K 灼烧），冷却，即得白色的二氧化钛粉末。称其质量，计算产率。

【实验注意事项】

(1) 酸处理钛铁矿时不要使反应物凝固。

(2) 硫酸亚铁要分离彻底。

【思考题】

(1) 钛盐在水溶液中能否以 Ti^{4+}、TiO_4^{4-} 或 Ti^{2+} 等形式稳定存在？

(2) 在本实验中，为使 Fe(Ⅲ) 以 $FeSO_4 \cdot 7H_2O$ 的形式除去，可否用其他金属，如 Zn、Al 或 Mg 等将 Fe^{3+} 还原为 Fe^{2+}？

(3) 欲除去浸取液中少量的重金属离子，应如何处理？

实验二十五 过碳酸钠的制备及产品质量检验

【实验目的】

(1) 掌握常温下湿法制备过碳酸钠的方法。

(2) 采用盐析法和醇析法提高过碳酸钠的产率。

(3) 学会产品质量的检测。

【实验原理】

碳酸钠和双氧水在一定条件下反应生成过碳酸钠，过碳酸钠的理论活性氧含量为 15.3%，反应为放热反应，其反应式如下：

$$2Na_2CO_3 + 3H_2O_2 =\!=\!= 2Na_2CO_3 \cdot 3H_2O_2$$

由于过碳酸钠不稳定，重金属离子或其他杂质污染、高温、高湿等因素都易使其分解，从而降低过碳酸钠活性氧含量，其分解反应式为：

$$2Na_2CO_3 \cdot 3H_2O_2 =\!=\!= 2Na_2CO_3 + 3H_2O + 3/2 O_2$$

【实验仪器及试剂】

电子天平（0.01 g）；循环水真空泵；数字显示烘箱；紫外-可见分光光度计；磁力搅拌器及磁子；60 mL 玻璃砂芯漏斗（3 号）；抽滤瓶；电子分析天平（0.1 mg）；移液管（1 mL 2 根，10 mL 1 根）；100 mL 容量瓶；温度计；50 mL 棕色酸式滴定管；等等。

无水 Na_2CO_3；$MgSO_4 \cdot 7H_2O(s)$；$Na_2SiO_3 \cdot 9H_2O(s)$；NaCl(s)；无水乙醇；H_2SO_4（2 mol·L^{-1}）；HCl(1∶1)；$KMnO_4$ 标准溶液（待标定）；$NH_3 \cdot H_2O$（10%）；盐酸羟胺溶液（10%）；HAc-NaAc 缓冲溶液（pH=4.5）；邻菲罗啉溶液（0.2%）；H_2O_2（30%）。

【实验步骤】

1. 产品Ⅰ的制备

① 配制反应液 A：称取 0.15 g 硫酸镁于烧杯中，加入 25 mL 30% H_2O_2 搅拌至溶解。

② 配制反应液 B：称取 0.15 g 硅酸钠和 15 g 无水 Na_2CO_3 于烧杯中，分批加入适量的蒸馏水中，搅拌至溶解。

③ 将反应液 A 分批加入盛有反应液 B 的烧杯中（如有需要可添加少许蒸馏水），磁力搅拌反应，控制反应温度在 30 ℃ 以下。加完后继续搅拌 5 min。

④ 在冰水浴中将反应物温度冷却至 0～5 ℃。

⑤ 反应物转移至布氏漏斗，抽滤至干，滤液定量转移至量筒，记录体积。

⑥ 产品用适量无水乙醇洗涤 2～3 次，抽滤至干。

⑦ 产品转移至表面皿中，放入烘箱，50 ℃ 干燥 60 min。

⑧ 冷却至室温，即得产品Ⅰ，称量（精确至 0.01 g），记录数据，计算产率。

2. 产品Ⅱ的制备

① 用量筒将滤液平均分成两部分（如有沉淀物需搅拌混合均匀），分别放入两个烧杯。

② 在一个盛有滤液的烧杯中加入 5.0 g NaCl 固体，磁力搅拌 5 min（如有需要可添加少许蒸馏水）。

③ 随后操作参照产品Ⅰ的制备（从④操作开始），可得产品Ⅱ，称量（精确至 0.01 g），记录数据。

3. 产品Ⅲ的制备

① 在另一个盛有滤液的烧杯中，加入 10 mL 无水乙醇，磁力搅拌 5 min（如有需要可添加少许蒸馏水）。

② 随后操作参照产品Ⅰ的制备（从④操作开始），可得产品Ⅲ，称量（精确至 0.01 g），记录数据。

4. 产率计算

计算过碳酸钠（产品Ⅰ、Ⅱ和Ⅲ）的总产率。

5. 产品质量的检测

(1) 活性氧含量的测定

① 准确称取产品Ⅰ、Ⅱ和Ⅲ 0.2000～0.2200 g，放入 250 mL 锥形瓶中，加 50 mL 去离子水溶解，再加 50 mL 2 mol·L^{-1} H$_2$SO$_4$。

② 用 KMnO$_4$ 标准溶液滴定至终点（至溶液呈粉红色，并在 30 s 内不消失即为终点），记录所消耗 KMnO$_4$ 溶液的体积。

③ 每个产品平行测定三个样品。

④ 计算产品活性氧的含量（%）。

(2) 铁含量的测定

① 准确称取 0.2000～0.2200 g 产品Ⅰ（平行测定三次），置于小烧杯中，用 10 mL 去离子水润湿，加 2 mL HCl（1∶1）至样品完全溶解。

② 添加去离子水约 10 mL，用 10% NH$_3$·H$_2$O 调节溶液的 pH 为 2～2.5。

③ 混合溶液定量转移至 100 mL 容量瓶中，加 1 mL 10% 盐酸羟胺溶液，摇匀；放置 5 min 后，再加 1 mL 0.2% 邻菲罗啉溶液和 10 mL HAc-NaAc 缓冲溶液（pH=4.5）混合，稀释至刻度，放置 30 min，待测。

④ 以空白试样为参比溶液，在 510 nm 波长处，用 1 cm 比色皿测定试液的吸光度，记录数据。

⑤ 对照标准曲线即可算得样品中 Fe 的含量（%）。

(3) 热稳定性的检测

① 准确称取 0.3000～0.3500 g 产品Ⅰ于表面皿上（平行测定三次）。

② 放入烘箱，100 ℃ 加热 60 min。

③ 冷却至室温，称量（精确至 0.0001 g），记录数据。

④ 根据加热前后质量的变化，结合产品Ⅰ的活性氧的测定结果对产品的热稳定性进行讨论。

【思考题】

(1) 制备过碳酸钠产品时，加入硫酸镁和硅酸钠有什么作用？

(2) 得到高产率和高活性氧的过碳酸钠产品的关键因素有哪些？

实验二十六　磷酸盐在钢铁防蚀中的应用

【实验目的】

(1) 掌握表面处理的一些基本操作。

(2) 了解磷酸盐的配制方法。

(3) 了解磷酸盐用于钢铁防腐的原理。

【实验原理】

钢铁的磷化处理是防锈的一种有效措施。钢铁制件在一定条件下，经磷酸盐水溶液处理后，表面上能形成一层磷酸盐保护膜，简称磷化膜。此膜疏松、多孔，具有附着力强、耐蚀性和绝缘性好等特点，可以作为良好的涂漆底层和润滑层，所以磷化处理被广泛地应用于汽车、家用电器和钢铁等行业。按磷化液主成分的不同，有磷酸锰盐、磷酸铁盐和磷酸锌盐等类型的磷化液；按磷化方式不同，有浸渍、喷射和涂刷等磷化方式。为了获得性能良好的磷化膜和改进磷化工艺，目前国内外仍将磷化作为重要课题加以研究。

磷酸锌盐磷化液的基本原料是工业磷酸、硝酸和氧化锌。它们可以按一定比例直接配成磷化液，也可以先制成磷酸二氢锌和硝酸锌浓溶液，再按一定比例加水配成磷化液。钢件磷化处理的一般过程是：除油→水洗→酸洗→水洗→磷化→水洗→涂漆。除油可采用金属清洗剂在常温下进行。各水洗过程都用自来水，最好采用淋洗；水洗时，如表面不挂水珠，则表示除油彻底。酸洗液可用 $20\%\ H_2SO_4$，洗到铁锈除净为止，酸洗温度过高或时间过长，会产生过腐蚀现象，应当避免。

磷化过程包含着复杂的化学反应，涉及解离、水解、氧化还原、沉淀和配位反应等。

1. 磷化前的化学反应

磷化前，磷化液中存在两类化学反应：

① 解离

$$Zn(NO_3)_2 \rightleftharpoons Zn^{2+} + 2NO_3^-$$

$$Zn(H_2PO_4)_2 \rightleftharpoons Zn^{2+} + 2H_2PO_4^-$$

$$H_2PO_4^- \rightleftharpoons HPO_4^{2-} + H^+ \quad (K_2 \approx 10^{-8})$$

$$HPO_4^{2-} \rightleftharpoons PO_4^{3-} + H^+ \quad (K_3 \approx 10^{-13})$$

② 水解

$$Zn^{2+} + H_2O \rightleftharpoons Zn(OH)^+ + H^+ \quad (K_h \approx 10^{-9})$$

$$PO_4^{3-} + H_2O \rightleftharpoons HPO_4^{2-} + OH^- \quad (K_{h1} \approx 10^{-2})$$

$$HPO_4^{2-} + H_2O \rightleftharpoons H_2PO_4^- + OH^- \quad (K_{h2} \approx 10^{-7})$$

$$H_2PO_4^- + H_2O \rightleftharpoons H_3PO_4 + OH^- \quad (K_{h3} \approx 10^{-12})$$

由于磷化液的 pH 值在 2 左右，Zn^{2+} 的水解可以忽略。但磷酸根的水解比较显著，磷化液中 PO_4^{3-} 的浓度极小，即：$c(Zn^{2+}) \geqslant c(H^+) \approx c(H_2PO_4^-) > c(HPO_4^{2-}) \geqslant c(PO_4^{3-})$。

2. 磷化时的化学反应

磷化时，在钢铁表面上同时发生两类化学反应：

① 氧化还原

$$Fe + 2H^+ = Fe^{2+} + H_2\uparrow \tag{1}$$

$$3Fe + 2NO_3^- + 8H^+ = 3Fe^{2+} + 2NO\uparrow + 4H_2O \tag{2}$$

$$3H_2 + 2NO_3^- + 2H^+ = 2NO\uparrow + 4H_2O \tag{3}$$

反应（1）、(2) 是钢铁的腐蚀；反应 (3) 是 NO_3^- 的去氢气作用，以保证磷化的正常进行。

② 沉淀反应

$$Fe^{2+} + HPO_4^{2-} = FeHPO_4\downarrow \tag{4}$$

$$3Zn^{2+} + 2PO_4^{3-} = Zn_3(PO_4)_2\downarrow \tag{5}$$

伴随 (1)、(2) 反应的进行，在相界面处 H^+ 的浓度逐渐下降，pH 值升高，Fe^{2+} 浓度逐渐增大。当 $c(Fe^{2+})c(HPO_4^{2-}) \geqslant K_{sp}(FeHPO_4)$ 和 $[c(Zn^{2+})]^2[c(PO_4^{3-})]_2 \geqslant K_{sp}[Zn_3(PO_4)_2]$ 时，钢铁表面上将发生 (4)、(5) 反应。有人认为，早期生成的磷化膜的铁含量高，磷酸铁盐小晶粒是磷酸锌盐沉淀的基础；磷化膜的主要成分是 $FeHPO_4$ 和 $Zn_3(PO_4)_2$。

3. 磷化继续进行时的化学反应

磷化继续进行时，磷化液中还会发生下列反应：

$$[Fe(H_2O)_6]^{2+} + NO = [Fe(NO)(H_2O)_5]^{2+} + H_2O$$

$$3Fe^{2+} + NO_3^- + 4H^+ = 3Fe^{3+} + NO\uparrow + 2H_2O$$

$$Fe^{3+} + PO_4^{3-} = FePO_4(白色)\downarrow$$

因此可以看到磷化液由无色透明渐渐变成浅棕色，继而溶液混浊并产生白色沉淀。

4. 影响磷化质量的诸因素

钢铁种类及其表面状态、磷化温度和时间，以及磷化液中杂质离子的含量都对磷化质量有影响，这些因素之间是相互制约的，分析问题时应全面考虑。磷化液配方和工艺条件的确定，可通过正交试验方法进行优选。

【实验仪器及试剂】

恒温水浴锅；pH 试纸；滤纸；镊子；石棉网；等等。

85 mm×25 mm×0.80 mm 普通碳素钢片；ZnO(s)；H_2SO_4(20%)；HNO_3(45%)；H_3PO_4(85%)；$CuSO_4$(1.0 mol·L^{-1})；NaCl(0.1 mol·L^{-1})；HCl(10%)。

【实验步骤】

1. 试片的预处理

试片为 85 mm×25 mm×0.80 mm 普通碳素钢片。经除油、酸洗和水洗后放在清水中备用（时间不宜过长，否则易生锈），操作时用镊子夹取试片。

2. 磷化液的配制

称量 4.0 g ZnO（99.5%）放入 100 mL 烧杯中，加 5 mL 去离子水润透，用玻璃棒搅成糊状。将烧杯放在石棉网上，加 8.5 mL HNO_3（45%）和 1.8 mL H_3PO_4（85%），边加边搅拌，使固体基本溶解。将溶液倒入 150 mL 烧杯中，加水稀释至 100 mL，配成磷化液。

3. 试片的磷化

把磷化液倒入烧杯中，搅拌均匀，用 pH 试纸测酸度（pH≈2）。将烧杯放在恒温槽中加热至 (50±1)℃，取一试片浸在磷化液中，并计时，10～15 min 后取出，用水冲掉表面上的磷化液，将试片放在支架上自然干燥（15 min 左右）。若磷化膜外观呈银灰色，且连续、均匀、无锈迹，说明磷化效果较好（可重复磷化 3~5 片）。

4. 磷化膜耐蚀性的检验

选择已干燥的磷化好的试片，滴一滴硫酸铜试液❶于磷化膜上，记录该处出现红棕色的时间，若接近或超过 1 min 为合格。

【思考题】
(1) 磷化前试片如何预处理？
(2) 本实验中的磷化液配方是什么？
(3) 磷化效果检验的实验原理是什么？
(4) 磷化过程中为保证防腐质量，需要注意哪些问题？

第三节　设计性实验

实验二十七　水溶液中 Fe^{3+}、Co^{2+}、Ni^{2+}、Mn^{2+}、Al^{3+}、Cr^{3+}、Zn^{2+} 等的分离和检出

【实验目的】
(1) 掌握分离、检出这些离子的条件。
(2) 熟悉以上各离子的有关性质（如氧化还原性、两性、配位性等）。

【实验原理】

实验原理可用图 2-3-1 表示。

【实验仪器及试剂】

离心机等。

H_2SO_4（2 mol·L^{-1}）；HNO_3（3 mol·L^{-1}）；HAc（2 mol·L^{-1}，6 mol·L^{-1}）；NaOH（6 mol·L^{-1}）；$NH_3 \cdot H_2O$（2 mol·L^{-1}）；$FeCl_3$（0.1 mol·L^{-1}）；$CoCl_2$（0.1 mol·L^{-1}）；$NiCl_2$（0.1 mol·L^{-1}）；$MnCl_2$（0.1 mol·L^{-1}）；$CrCl_3$（0.1 mol·L^{-1}）；$Al_2(SO_4)_3$（0.1 mol·L^{-1}）；$ZnCl_2$（0.1 mol·L^{-1}）；$K_4[Fe(CN)_6]$（0.1 mol·L^{-1}）；KSCN（1 mol·L^{-1}）；NH_4Ac（3 mol·L^{-1}）；NH_4SCN（饱和溶液）；$(NH_4)_2[Hg(SCN)_4]$；$Pb(Ac)_2$（0.5 mol·L^{-1}）；Na_2S（2 mol·L^{-1}）；H_2O_2（3%）；丙酮；丁二酮肟；铝试剂；$NaBiO_3$(s)；NH_4F(s)；NH_4Cl(s)。

【实验步骤】

取 Fe^{3+}、Co^{2+}、Ni^{2+}、Mn^{2+}、Al^{3+}、Cr^{3+}、Zn^{2+} 试液各 5 滴，加到离心试管中，混

---

❶ 硫酸铜试液的组成：40 mL $CuSO_4$ 溶液（1.0 mol·L^{-1}）加 0.8 mL NaCl 溶液（0.1 mol·L^{-1}）和 20 mL HCl 溶液（10%）。

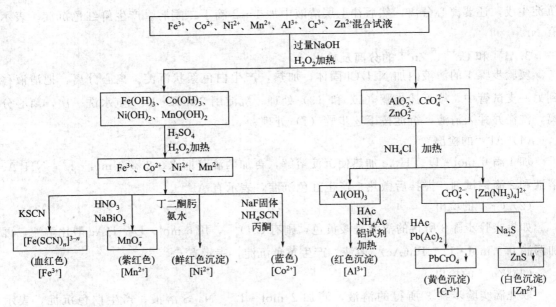

图 2-3-1　Fe^{3+}、Co^{2+}、Ni^{2+}、Mn^{2+}、Al^{3+}、Cr^{3+}、Zn^{2+} 的分离和检出

合均匀后，按以下步骤进行分离和检出。

1. Fe^{3+}、Co^{2+}、Ni^{2+}、Mn^{2+} 与 Al^{3+}、Cr^{3+}、Zn^{2+} 的分离

往试液中加入 20 滴 6 mol·L^{-1} NaOH 溶液至呈强碱性后，再多加 5 滴 NaOH 溶液。然后逐滴加入 3% H_2O_2 溶液（10 滴），每加 1 滴 H_2O_2 溶液，即用搅拌棒搅拌。加完后继续搅拌 3 min，加热使过剩的 H_2O_2 完全分解，至不再出现气泡为止。离心分离，把清液移到另 1 支离心管中，按实验步骤 3 处理。沉淀用热水洗 1 次，离心分离，弃去洗涤液。

2. Fe^{3+}、Co^{2+}、Ni^{2+}、Mn^{2+} 的分离与检出

往实验步骤 1 所得的沉淀中加 10 滴 2 mol·L^{-1} H_2SO_4 和 2 滴 3% H_2O_2 溶液，搅拌后，放在水浴中加热至沉淀全部溶解、H_2O_2 全部分解为止，把溶液冷至室温，进行以下实验。

（1）Fe^{3+} 的检出

① 取 1 滴实验步骤 2 所得溶液加到点滴板穴中，加一滴 0.1 mol·L^{-1} $K_4[Fe(CN)_6]$ 溶液。产生蓝色沉淀，表示有 Fe^{3+}。

② 取一滴实验步骤 2 所得的溶液加到点滴板穴中，加一滴 0.1 mol·L^{-1} KSCN 溶液。溶液变成血红色，表示有 Fe^{3+}。

（2）Mn^{2+} 的检出

取 1 滴实验步骤 2 所得溶液，加 3 滴蒸馏水和 3 滴 3 mol·L^{-1} HNO_3 及一小勺 $NaBiO_3$ 固体，搅拌。溶液变紫红色，表示有 Mn^{2+}。

（3）Co^{2+} 的检出

在试管中加 2 滴实验步骤 2 所得的溶液和少量 NH_4F 固体，再加入等体积的丙酮（戊醇），然后加饱和 NH_4SCN 溶液。溶液呈蓝色，表示有 Co^{2+}。

（4）Ni^{2+} 的检出

在离心管中加几滴实验步骤 2 所得溶液，并加 2 mol·L^{-1} $NH_3·H_2O$ 至碱性，如果有沉淀生成，还要离心分离，然后往上层清液中加 1~2 滴丁二酮肟。产生鲜红色沉淀，表示有 Ni^{2+}。

3. Al^{3+} 和 Cr^{3+}、Zn^{2+} 的分离及检出

实验步骤 1 的清液内加 NH_4Cl 固体，加热，产生白色絮状沉淀。离心分离，把清液移到另一支试管中，按下述步骤（2）和（3）处理。沉淀用 2 mol·L^{-1} 氨水洗一次，离心分离，洗涤并并入清液，沉淀按下述步骤（1）处理。

（1）Al^{3+} 的检出

加 4 滴 6 mol·L^{-1} HAc 加热使沉淀溶解，再加两滴蒸馏水、2 滴 3 mol·L^{-1} NH_4Ac 溶液和 2 滴铝试剂，搅拌后微热。产生红色沉淀，表示有 Al^{3+}。

（2）Cr^{3+} 的检出

如果实验步骤 3 所得的清液呈淡黄色，则有 CrO_4^{2-}，用 6 mol·L^{-1} HAc 酸化溶液，再加两滴 0.5 mol·L^{-1} $Pb(Ac)_2$ 溶液。产生黄色沉淀，表示有 Cr^{3+}。

（3）Zn^{2+} 的检出

取几滴实验步骤 3 所得的清液，滴加 2 mol·L^{-1} Na_2S 溶液。产生白色沉淀，表示有 Zn^{2+}。

【思考题】

（1）在分离 Fe^{3+}、Co^{2+}、Ni^{2+}、Mn^{2+}、Al^{3+}、Cr^{3+}、Zn^{2+} 时，为什么要加过量的 NaOH，同时还要加 H_2O_2？反应完全后，过量的 H_2O_2 为什么要完全分解？

（2）在使 $Fe(OH)_3$、$Co(OH)_3$、$Ni(OH)_3$、$MnO(OH)_2$ 等沉淀溶解时，除了加 H_2SO_4 外，为什么还要加 H_2O_2？H_2O_2 在这里起的作用与生成沉淀时起的作用是否一样？过量的 H_2O_2 为什么也要分解？

（3）分离 $[Al(OH)_4]^-$、CrO_4^{2-}、$[Zn(OH)_4]^{2-}$ 时加入 NH_4Cl 的作用是什么？

（4）用 $Pb(Ac)_2$ 溶液检出 Cr^{3+} 时，为什么要用 HAc 酸化溶液？

实验二十八 | 三氯化六氨合钴(Ⅲ)的合成和组成的测定

【实验目的】

（1）掌握制备三氯化六氨合钴(Ⅲ)的方法并测定其组成。

（2）加深理解配合物的形成对三价钴稳定性的影响。

【实验原理】

氯化钴(Ⅲ)的氨合物有许多种，主要有三氯化六氨合钴(Ⅲ) $[Co(NH_3)_6]Cl_3$（橙黄色晶体）、三氯化一水五氨合钴(Ⅲ) $[Co(NH_3)_5H_2O]Cl_3$（砖红色晶体）、二氯化一氯五氨合钴(Ⅲ) $[Co(NH_3)_5Cl]Cl_2$（紫红色晶体）等。它们的制备条件各不相同，例如，在没有活性炭存在下制得的是二氯化一氯五氨合钴(Ⅲ)，在活性炭存在下制得的主要是三氯化六氨合钴(Ⅲ)。本实验就是用活性炭作催化剂，在过量氨和氯化铵的存在下，用过氧化氢氧化氯化亚钴来制备三氯化六氨合钴(Ⅲ)的。其总反应式为：

$$2CoCl_2 + 2NH_4Cl + 10NH_3 + H_2O_2 \longrightarrow 2[Co(NH_3)_6]Cl_3 + 2H_2O$$

得到的固体产物中混有大量活性炭,可以将其溶解在酸性溶液中。过滤掉活性炭以后,在高浓度的盐酸下使三氯化六氨合钴(Ⅲ)结晶出来。

三氯化六氨合钴(Ⅲ)为橙黄色单斜晶体,20 ℃时在水中的溶解度为 0.26 mol·L^{-1}。固态的 $[Co(NH_3)_6]Cl_3$ 在 488 K 转变为 $[Co(NH_3)_5Cl]Cl_2$,高于 523 K 则被还原为 $CoCl_2$。

在 $[Co(NH_3)_6]^{3+}$ 溶液中存在如下的平衡:

$$[Co(NH_3)_6]^{3+} \rightleftharpoons Co^{3+} + 6NH_3 \quad K_{不稳} = 7.1 \times 10^{-36}$$

$$[Co(NH_3)_6]^{3+} + H_2O \rightleftharpoons [Co(NH_3)_5H_2O]^{3+} + NH_3$$

$$[Co(NH_3)_5H_2O]^{3+} \rightleftharpoons [Co(NH_3)_5OH]^{2+} + H^+$$

从 $K_{不稳}$ 可以看出,$[Co(NH_3)_6]^{3+}$ 是很稳定的,因此在强碱或强酸的作用下基本上不被分解,只有加入强碱并在沸腾的条件下才分解:

$$2[Co(NH_3)_6]Cl_3 + 6NaOH \rightleftharpoons 2Co(OH)_3 \downarrow + 12NH_3 \uparrow + 6NaCl$$

【实验仪器及试剂】

托盘天平;分析天平;烘箱;锥形瓶(250 mL,100 mL);圆底烧瓶(100 mL);碘量瓶;抽滤瓶;布氏漏斗;量筒(100 mL,10 mL);烧杯(400 mL,100 mL);试管;酸式滴定管(50 mL);碱式滴定管(50 mL);普通漏斗;研钵;玻璃管;橡胶塞;磁力搅拌子;电磁搅拌器;等等。

$CoCl_2·6H_2O$(s);NH_4Cl(s);KI(20%);活性炭;HCl 溶液(2 mol·L^{-1};浓;0.5 mol·L^{-1},标准);NaOH 溶液(10%;0.5 mol·L^{-1},标准);氨水(浓);淀粉溶液(0.5%);$Na_2S_2O_3$ 标准溶液(0.1 mol·L^{-1});$AgNO_3$ 标准溶液(0.1 mol·L^{-1});K_2CrO_4(5%);H_2O_2(5%);乙醇;甲基红(1%)。

【实验步骤】

1. 三氯化六氨合钴(Ⅲ)的制备

取 6 g NH_4Cl 溶于 12.5 mL 水中,加热至沸,加入 9 g 研细的 $CoCl_2·6H_2O$ 晶体,溶解后,趁热倾入事先放有 0.5 g 活性炭的锥形瓶中。用流水冷却后,加入 20 mL 浓氨水,再冷至 10 ℃以下,用滴管逐滴加 20 mL 5% H_2O_2 溶液。水浴加热至 50~60 ℃,保持 20 min,并不断搅拌。然后用冰浴冷却至 0 ℃左右,抽滤(沉淀不需洗涤),直接把沉淀溶于 75 mL 沸水中(水中含有 2.5 mL 浓 HCl)。趁热抽滤,慢慢加入 10 mL 浓 HCl 于滤液中,即有大量橘黄色晶体析出,用水浴冷却后过滤。晶体以冷的 2 mol·L^{-1} HCl 洗涤,再用少许乙醇洗涤,吸干,在水浴上干燥,或在烘箱中于 105 ℃烘 20 min。称量,计算产率。

2. 三氯化六氨合钴(Ⅲ)组成的测定

(1)配体氨的测定

准确称取约 0.1 g 产品于 100 mL 圆底烧瓶中,加约 25 mL 水和 5 mL 10% NaOH 溶液溶解,小心加入磁力搅拌子。准确移取 25.00 mL 0.5 mol·L^{-1} HCl 标准溶液于 250 mL 的锥形瓶中,吸收蒸馏出的氨(需冰水浴冷却)。接好蒸馏装置,冷凝管通入冷水,打开电磁搅拌,加热,保持沸腾状态。

蒸馏至黏稠(约 20 min),断开冷凝管和锥形瓶的连接处,然后去掉热源。用少量水冲洗冷凝管和下端的玻璃管,将冲洗液一并转入接收锥形瓶中。以甲基红为指示剂,用 0.5 mol·L^{-1} NaOH 标准溶液滴定锥形瓶中的 HCl 溶液,溶液变浅黄色即为终点。计算氨的含量，确定配体 NH_3 的个数。

(2) 钴的测定

准确称取约 0.5 g 样品于碘量瓶中，加 40 mL 水溶解，再加入 40 mL 10%NaOH，加热煮沸（加一个玻璃珠作沸石），至产生黑色沉淀，赶尽氨气。冷却，加入 5 mL 20%KI 溶液，立即盖上瓶盖，振荡 1 min，再加入 15 mL 浓 HCl，在暗处放置 15 min。然后加入 100 mL 蒸馏水，用 0.1 mol·L^{-1} $Na_2S_2O_3$ 标准溶液滴定至溶液呈橙黄色时，加入 8 滴 0.5%淀粉溶液，继续滴定至蓝色褪去为终点。平行测定 3 次，计算钴的含量。

(3) 氯的测定

准确称取 0.18~0.19 g 样品于锥形瓶中，加 20 mL 水溶解，加入 1 mL 5%的 K_2CrO_4 溶液为指示剂，用 0.1 mol·L^{-1} $AgNO_3$ 标准溶液滴定至出现淡红棕色沉淀且不再消失。平行测定 3 次，计算氯的含量。

分析氨、钴、氯的结果，写出配合物的实验式。

【思考题】

(1) 在 $[Co(NH_3)_6]Cl_3$ 的制备过程中，氯化铵、活性炭、过氧化氢各起什么作用？影响产品质量的关键在哪里？

(2) $[Co(NH_3)_6]^{3+}$ 与 $[Co(NH_3)_6]^{2+}$ 比较，哪个稳定？为什么？

(3) 氨的测定原理是什么？用反应方程式表示。氨测定装置中，漏斗下端插入氢氧化钠液面下的作用是什么？

(4) 测定钴含量时，样品液加入 10%的 NaOH，加热产生的黑色沉淀是什么化合物？写出相关反应方程式。

(5) 碘量法测定钴含量的原理是什么？写出相关反应方程式。

(6) 氯的测定原理是什么？写出相关反应方程式。

(7) 什么是稀度？如何表示？如配制 250 mL 稀度为 128 的 $[Co(NH_3)_6]Cl_3$ 溶液，计算应准确称取化合物的量。

实验二十九　无机颜料铁黄的制备

【实验目的】

(1) 了解用亚铁盐氧化制备铁黄的原理和方法。

(2) 熟练掌握恒温水浴加热、溶液 pH 值的调节、沉淀的洗涤、结晶的干燥和减压过滤等基本操作。

【实验原理】

本实验制取铁黄采用湿法，即亚铁盐氧化法。除空气参与氧化外，用氯酸钾（$KClO_3$）作为主要的氧化剂可以大大加速反应的进程。制备过程分为两步。

1. 晶种的形成

铁黄是晶体结构，要使它结晶，必须先形成晶核，晶核长大成为晶种。晶种生成过程的条件决定着铁黄的颜色和质量，所以制备晶种是关键的一步。形成铁黄晶种的过程大致分为两步。

(1) 生成氢氧化亚铁胶体

在一定温度下,向硫酸亚铁铵(或硫酸亚铁)溶液中加入碱液(主要是氢氧化钠,用氨水也可),立刻有胶状氢氧化亚铁生成,反应如下:

$$FeSO_4 + 2NaOH = Fe(OH)_2\downarrow + Na_2SO_4$$

由于氢氧化亚铁溶解度非常小,晶核生成的速度相当迅速。为使晶种粒子细小而均匀,反应要在充分搅拌下进行,溶液中要留有硫酸亚铁晶体。

(2) FeO(OH)晶核的形成

要生成铁黄晶种,需将氢氧化亚铁进一步氧化,反应如下:

$$4Fe(OH)_2 + O_2 = 4FeO(OH)\downarrow + 2H_2O$$

由于氢氧化亚铁(Ⅱ)氧化成铁(Ⅲ)是一个复杂的过程,所以反应温度和pH值必须严格控制在规定范围内。此步温度控制在20~25 ℃,调节溶液pH值保持在4~4.5。如果溶液pH值接近中性或略偏碱性,可得到由棕黄到棕黑,甚至黑色的一系列过渡色。pH>9则形成红棕色的铁红晶种。若pH>10,则又产生一系列过渡色相的铁氧化物,失去作为晶种的作用。

2. 铁黄的制备(氧化阶段)

氧化阶段的氧化剂主要为$KClO_3$。另外,空气中的氧也参与氧化反应。氧化时必须升温,温度保持在80~85 ℃,控制溶液的pH值为4~4.5。氧化过程的化学反应如下:

$$4FeSO_4 + O_2 + 6H_2O = 4FeO(OH)\downarrow + 4H_2SO_4$$
$$6FeSO_4 + KClO_3 + 9H_2O = 6FeO(OH)\downarrow + 6H_2SO_4 + KCl$$

氧化反应过程中,沉淀的颜色变化为:灰绿色→中墨绿色→红棕色→淡黄色(或赭黄色)。

【实验仪器及试剂】

恒温水浴槽;台秤;循环水真空泵;pH试纸(pH=1~14);烧杯(100 mL);等等。

$(NH_4)_2Fe(SO_4)_2 \cdot 6H_2O(s)$, $KClO_3(s)$; $NaOH(2\ mol \cdot L^{-1})$; $BaCl_2(0.1\ mol \cdot L^{-1})$。

【实验步骤】

称取10.0 g $(NH_4)_2Fe(SO_4)_2 \cdot 6H_2O$放在100 mL烧杯中,加水13 mL,在恒温水浴中加热至20~25 ℃搅拌溶解(有部分晶体不溶)。检验此时溶液的pH,慢慢滴加NaOH(2 mol·L^{-1}),边加边搅拌至溶液pH≤4,停止加碱。观察反应过程中沉淀颜色的变化。

取0.3 g $KClO_3$倒入上述溶液中,搅拌后检验溶液的pH。将恒温水浴温度升到60~80 ℃进行氧化反应。不断滴加2 mol·L^{-1} NaOH,随着氧化反应的进行,溶液的pH不断降低,至pH为4~4.5时停止加碱。整个氧化反应约需加10 mL 2 mol·L^{-1} NaOH溶液。接近此碱液体积时,每加1滴碱液后即检查溶液的pH。因可溶盐难以洗净,故对最后生成的淡黄色颜料要用60 ℃左右的自来水倾析法洗涤颜料,至溶液中基本无SO_4^{2-}(以自来水做空白实验)。减压过滤得黄色颜料滤饼,弃去母液,将黄色颜料滤饼转入蒸发皿中,在水浴加热下进行烘干,称其质量,计算产率。

【思考题】

(1) 铁黄制备过程中,随着氧化反应的进行虽然不断滴加碱液,为什么溶液的pH还是逐渐降低?

(2) 在洗涤黄色颜料过程中如何检验溶液中基本无SO_4^{2-},目视观察达到什么程度算合格?

(3) 如何从铁黄制备铁红、铁绿、铁棕和铁黑?

实验三十 稀土有机配合物的合成、表征与发光性能研究

【实验目的】

(1) 了解共沉淀法合成稀土有机配合物的方法。

(2) 了解紫外光谱分析在稀土有机配合物的结构表征中的作用。

(3) 了解荧光光谱分析在稀土有机配合物发光性能研究中的作用。

【实验原理】

稀土有机配合物是稀土荧光材料之一,主要作光致发光和电致发光材料,用于制备可控性的转光农膜、荧光防伪油墨、荧光涂料、荧光塑料等高分子化合物和电致发光器件。

稀土有机配合物发光材料的合成涉及配位化学和光谱分析等方面的知识,其中包括稀土氯化物的制备、第一配体和第二配体的选择、配合物合成条件的控制及稀土有机配合物发光性能的评价。

本实验以邻菲罗啉、2-噻吩甲酰三氟丙酮为第一配体,乙烯基吡啶、乙烯基咔唑、顺丁烯二酸酐、丙烯腈、十一烯酸、油酸、亚油酸为第二配体,采用共沉淀法合成具有优良光致发光性能的稀土有机配合物。通过紫外光谱分析,比较配体在配位前后紫外特征吸收峰的变化;通过荧光光谱分析,研究目标稀土有机配合物的激发光谱和发射光谱特征,并研究不同配体对稀土有机配合物发光性能的影响规律。

【实验仪器及试剂】

紫外-可见分光光度计;荧光光谱仪;紫外灯;恒温磁力搅拌器;分析天平;循环水多用真空泵;真空干燥箱;等等。

邻菲罗啉;噻吩甲酰三氟丙酮;乙烯基吡啶;乙烯基咔唑;顺丁烯二酸酐;丙烯腈;十一烯酸;油酸;亚油酸;乙醇钠;无水乙醇;丙酮;浓盐酸;等等(均为分析纯)。

【实验步骤】

1. 稀土氯化物的制备

称取 2 mmol 稀土氧化物置于烧杯中,加 30 mL 浓盐酸,在恒温磁力搅拌器上加热溶解完全,呈无色透明溶液。继续加热,直至液体完全被蒸干,得到白色粉末状氯化稀土。待其冷却后,加 15 mL 无水乙醇溶解,得无色透明的氯化稀土无水乙醇溶液。

2. 稀土有机配合物的合成

称取 4 mmol 第一配体,加 10 mL 无水乙醇溶解,得无色透明溶液。将第一配体的无水乙醇溶液逐滴加入上述氯化稀土乙醇溶液中,溶液逐渐变成淡红色的混浊液。反应 0.5 h 后,用滤纸沾上溶液,用电吹风烘干,放在紫外灯下检测其发光现象。称取 12 mmol 第二配体,用无水乙醇溶解,得澄清溶液。如果第二配体是酸,则需加乙醇钠、无水乙醇溶液中和。把氯化稀土和第一配体的反应液滴加到第二配体中,用乙醇钠、无水乙醇溶液调节反应液 pH 为 6~7,反应 0.5 h 后,在紫外灯下检测所得配合物的发光现象。继续反应 1 h,静置让沉淀完全析出,抽滤,用无水乙醇洗涤至产物无氯离子,再用丙酮洗涤一次,将产物真空干燥至恒量,碾磨得稀土有机配合物粉末。

3. 稀土有机配合物的表征与发光性能评价

采用紫外-可见分光光度计,分析比较配体在配位前后紫外特征吸收峰的变化;通过荧

光光谱分析,研究目标稀土有机配合物的发光性能。

【思考题】

(1) 稀土有机配合物的发光与稀土离子的电子结构有什么关系?

(2) 第二配体的加入对稀土有机配合物发光性能有什么影响?

(3) 稀土有机配合物的紫外特征吸收峰与其激发光谱有什么关系?

实验三十一 钼硅酸的制备及性质测试

【实验目的】

(1) 了解杂多化合物的生成原理,掌握杂多化合物制备的一般方法。

(2) 了解杂多化合物的常见性质。

【实验原理】

某些简单的含氧酸根在酸性溶液中具有很强的缩合倾向。缩合脱水的结果是通过共用氧原子(称为氧桥)把简单的含氧酸根连接在一起形成多酸。例如:

$$2CrO_4^{2-} + 2H^+ \rightleftharpoons Cr_2O_7^{2-} + H_2O$$

$$12WO_4^{2-} + 18H^+ \rightleftharpoons H_2W_{12}O_{40}^{6-} + 8H_2O$$

类似地,MoO_4^{2-}、VO_3^-、MoO_3^-、TaO_3^- 等也可以形成多酸。根据多酸的组成可以把多酸分为同多酸和杂多酸。由同种含氧酸根缩合而成的多酸称为同多酸,如 $H_2Mo_3O_{10}$、$H_2W_{12}O_{40}$,同多酸的盐称为同多酸盐。由不同种含氧酸根缩合而成的多酸称为杂多酸,如 $H_3PW_{12}O_{40}$、$H_{14}SiMo_{12}O_{40}$,相应的盐称为杂多酸盐。杂多酸和杂多酸盐统称为杂多化合物。

由钨酸根和磷酸根形成的杂多酸称为钨磷酸。习惯上把其中的磷称为杂原子(因其量少而得名),而把其中的钨原子称为多原子或重原子(因其含量大,且多为钨、钼等重原子而得名)。杂原子与多原子的比例不同时,形成的杂多酸的结构不同。当 P、W 比值为 1:12 时,其分子式为 $H_3PW_{12}O_{40}$,其结构式常写成 $H_3[P(W_3O_{10})_4]$,这种结构称为 Keggin 结构,如图 2-3-2 所示。具有 Keggin 结构的杂多酸根还有 $AsW_{12}O_{40}^{3-}$、$SiMo_{12}O_{40}^{4-}$、$SiW_{12}O_{40}^{4-}$、$GeW_{12}O_{40}^{4-}$ 等。在 Keggin 结构中,P^{5+}、As^{5+}、Si^{4+}、Ge^{4+} 等处于整个结构的中心,因此又得名中心杂原子;多原子则以 $W_3O_{10}^{2-}$、$Mo_3O_{10}^{2-}$ 等三金属簇形式配位到中心杂原子上。从结构上看杂多酸及其盐是一种特殊的配合物。

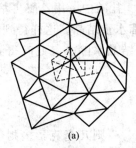
(a)

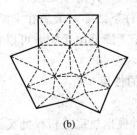
(b)

图 2-3-2 不同角度下 $XMo_{12}O_{40}^{n-}$ 的结构

Keggin 结构会被破坏，生成简单的含氧酸根，如：

$$PW_{12}O_{40}^{3-} + 24OH^- \stackrel{\triangle}{=\!=\!=} PO_4^{3-} + 12WO_4^{2-} + 12H_2O$$

因此，用 NaOH 滴定杂多酸的水溶液时，NaOH 的用量不同，结果可能完全不同。

【实验仪器及试剂】

电磁搅拌器；碱式滴定管（50 mL）；G3 玻璃砂芯漏斗；干燥器；洗气瓶；热重分析仪；分液漏斗（250 mL，150 mL）；烧杯（500 mL，50 mL）；等等。

钼酸钠(s)；硅酸钠(s)；HCl（浓，3 mol·L^{-1}）；H$_2$O$_2$（3%）；乙醚（C.P.）；酚酞（1%）；甲基橙（0.1%）；NaOH 标准溶液（0.1 mol·L^{-1}）。

【实验步骤】

1. 十二钼硅酸的制备

（1）合成

称取 50 g Na$_2$MoO$_4$·2H$_2$O 溶于 200 mL 水中，加热至 60 ℃，加入 250 mL 浓盐酸（在通风橱内进行），在电磁搅拌的同时加入硅酸钠的水溶液（5 g 硅酸钠溶于 50 mL 蒸馏水，其密度为 1.375 g·cm^{-3}），继续搅拌并用滴液漏斗滴加 60 mL 浓盐酸，反应完毕后用玻璃砂芯漏斗过滤除去少量的硅酸沉淀，保留滤液。

（2）萃取

待上述反应液冷却后，取一部分倒入 250 mL 分液漏斗中，加入足量的乙醚（使乙醚层的高度为 0.5 cm 即可），采用旋转式摇动使反应液与乙醚充分接触（此处应注意防止剧烈振荡后产生的大量乙醚蒸气溅出，或把分液漏斗盖子弹出造成液体飞溅），待静止后，分出最下层的十二钼硅酸乙醚加合物（简称醚合物）。向剩余水溶液与乙醚层中加入浓盐酸并振荡，直至无杂多酸醚合物生成，分出醚合物，再放出残余的水相（弃去）。向含有乙醚的分液漏斗中加入（1）中所得的混合液，补充乙醚后重复萃取操作，分出醚合物，合并于同一容器内。

（3）纯化

将所得到的醚合物全部注入小分液漏斗中，加入足量的乙醚（约 25 mL），再萃取 1 次，分出十二钼硅酸乙醚加合物。

（4）除醚、结晶

可以用两种方法除去醚合物中的乙醚：一是向醚合物中通入经浓硝酸洗涤过的空气；二是向醚合物中加入其 1/2 体积的蒸馏水，再通入洗涤过的空气。如果溶液变绿，则可以加入少量 H$_2$O$_2$ 使其恢复原来的黄色，溶液很容易析出结晶。

（5）制取产品

将上面所得钼硅酸晶体溶于 60 mL 3 mol·L^{-1} 盐酸中，用乙醚再萃取 1 次，除去其中的乙醚。在 40 ℃ 条件下浓缩，最后在室温下用蒸馏水重结晶。这样得到的晶体中约含 29 个水分子。将晶体置于干燥器中干燥，可以将大部分结晶水除去，此时得到的晶体含 5～6 个结晶水。

2. 十二钼硅酸的性质

（1）热性质

称取少量样品（根据热重分析仪的灵敏度而定，少则几毫克，多则数百毫克）。测定条件为：静态空气气氛，铝质样品池，Al$_2$O$_3$ 为参比物，升温速率为 10 ℃·min^{-1}。测定样品从室温到 500 ℃ 范围内的热性质。

(2) 与 NaOH 的反应

① 称取 1.0000 g 左右的样品，以甲基橙为指示剂，用 0.1 mol·L^{-1} NaOH 标准溶液滴定其水溶液。

② 称取 0.2000 g 左右的样品，加水溶解后，加热至近沸，以酚酞为指示剂，用 0.1 mol·L^{-1} NaOH 标准溶液滴定至终点。

比较以上两种情况，滴定结果有何不同？这说明了什么问题？

【实验注意事项】

注意反应条件，在合成十二钼硅酸时防止 H_2MnO_4 的生成。

【思考题】

(1) 在 Keggin 结构中，O_a、O_b、O_c、O_d 各有多少个？哪种氧原子与重原子的结合力最大？为什么？

(2) 在杂多酸晶体中，哪种水最易失去？哪种水最难失去？结构水的失去意味着什么？

(3) 用乙醚作萃取剂时，振荡后乙醚的蒸气压增大，易把分液漏斗的盖弹出，甚至可能发生爆炸性的飞溅现象，实验过程中应如何避免这种事故？

实验三十二　乙酸铜的制备与分析

【实验目的】

(1) 练习减压过滤、蒸发浓缩、洗涤晶体等基本操作。

(2) 掌握乙酸铜的制备方法。

(3) 熟悉配位滴定法测定铜含量的方法。

【实验原理】

乙酸铜 $Cu(CH_3COO)_2·H_2O$ 为暗蓝绿色单斜晶体，能溶于水、乙醇和乙醚，20 ℃ 时在水中的溶解度为 7.2 g·(100 g 水)$^{-1}$，100 ℃ 以上时失去结晶水，其熔点为 115 ℃，可应用于催化剂、医药、陶瓷、涂料等行业。

$Cu(CH_3COO)_2·H_2O$ 可由铜、氧化铜或碳酸铜与乙酸一起加热反应制得。本实验以 $CuSO_4·5H_2O$ 为原料，与 Na_2CO_3 反应生成 $CuCO_3$。将 $CuCO_3$ 溶解在乙酸中，即制得 $Cu(CH_3COO)_2·H_2O$，反应式如下：

$$CuSO_4 + Na_2CO_3 =\!=\!= Na_2SO_4 + CuCO_3 \downarrow$$
$$CuCO_3 + 2CH_3COOH =\!=\!= Cu(CH_3COO)_2·H_2O + CO_2 \uparrow$$

产物中铜的含量采用配位滴定法测定。

【实验仪器及试剂】

微孔玻璃漏斗（3 号）；抽滤瓶；循环水真空泵；蒸发皿；容量瓶；锥形瓶；温度计；滴定管；等等。

碳酸钠（$Na_2CO_3·10H_2O$）；硫酸铜（$CuSO_4·5H_2O$）；H_2SO_4（2 mol·L^{-1}）；$BaCl_2$（0.1 mol·L^{-1}）；冰醋酸；HAc-NaAc 缓冲溶液（pH=5）；PAN 指示剂（0.2% 乙醇溶液）；EDTA 标准溶液（0.02 mol·L^{-1}）。

【实验步骤】

1. Cu(CH₃COO)₂·H₂O 的制备

称取 12 g $CuSO_4 \cdot 5H_2O$ 溶于 120 mL 热水中,另取 13.5 g $Na_2CO_3 \cdot 10H_2O$ 溶于 60 mL 热水,剧烈搅拌下将 $CuSO_4$ 溶液加到 Na_2CO_3 溶液中,立即产生 $CuCO_3$ 沉淀。待溶液澄清后,用微孔玻璃漏斗减压过滤。沉淀用 50 ℃ 左右热水洗涤数次,直至将 SO_4^{2-} 洗净。

在 6 mL 冰醋酸和 50 mL 温水的混合液中,搅拌下缓慢加入洗净的 $CuCO_3$ 沉淀,溶解,于 60 ℃ 水浴上蒸发浓缩至原体积的 1/3,此时将析出较多的乙酸铜晶体,冷却,减压过滤,称量,计算产率。

2. Cu(CH₃COO)₂·H₂O 产品中铜含量的测定

准确称取 $Cu(CH_3COO)_2 \cdot H_2O$ 产品 1 g 左右于 150 mL 小烧杯中,加 25 mL 水及 2 mol·L⁻¹ H_2SO_4 约 1 mL,溶解后,转移至 250 mL 容量瓶中,稀释至标线,摇匀。

移取该产品溶液 25 mL 三份,分别置于 250 mL 锥形瓶中,加入 HAc-NaAc 缓冲溶液 15 mL,加热至 70~80 ℃,加入 PAN 指示剂 5 滴,以 0.02 mol·L⁻¹ EDTA 标准溶液滴定,溶液由紫红色突变至绿色,即为终点。

计算 $Cu(CH_3COO)_2 \cdot H_2O$ 产品中铜的含量。

【实验注意事项】

(1) 收集滤液,用 $BaCl_2$ 溶液检验 SO_4^{2-} 是否洗净。

(2) 临近滴定终点时应充分振荡,并缓慢滴定。

【思考题】

(1) 硫酸铜与碳酸钠反应生成 $CuCO_3$ 沉淀,洗涤沉淀时能否用沸水?为什么?

(2) 在以 PAN 为指示剂、用 EDTA 配位滴定法直接测定铜含量时,为什么需将溶液加热至 70~80 ℃,并特别注意临近终点时充分振荡、缓慢滴定?

实验三十三 过二硫酸钾的制备与性质

【实验目的】

(1) 学习电解法制备无机化合物的一般操作步骤。

(2) 掌握电解法制备过二硫酸钾的实验条件。

(3) 学习过二硫酸钾的强氧化性。

【实验原理】

电解合成是无机化合物合成的重要途径,可大规模制备化学工业产品。例如,电解 NaCl 的水溶液可得到重要的化工产品 NaOH、Cl_2 和 H_2,电解熔融 NaCl 可得到金属钠和 Cl_2 等。有时电解是制取某些化学物质最有效的方法,如氟单质的制备。电解合成时,反应体系及其产物不会引入杂质,减少分离带来的困难,所以电解法是常用的行之有效的合成方法。

一般电解法多用于制备最高价、特殊高价、中间价态和特殊低价等用化学法难以合成的化合物。例如，高价的含氧酸盐及含氧化合物（$K_2S_2O_8$、$KClO_4$ 等）的制备、低氧化态的过渡金属（Ni^+、W^{3+} 等）化合物的制备。近年来，在非水体系中用电解法直接合成低价金属配合物、金属有机化合物等有了较大的发展，为无机化合物的合成提供了新的途径。

在本实验中，用电解 $KHSO_4$ 饱和水溶液或 H_2SO_4 与 K_2SO_4 混合溶液的方法制备过二硫酸钾，电极反应为

阴极反应：$2H^+ + 2e^- \longrightarrow H_2$

阳极反应：$2HSO_4^- \longrightarrow S_2O_8^{2-} + 2H^+ + 2e^-$

在阳极除了生成 $S_2O_8^{2-}$ 外，也有 H_2O 被电解为 O_2 的氧化反应。从标准电极电势判断，H_2O 的氧化反应比 HSO_4^- 的氧化反应优先发生。实际上由于动力学的原因，生成 O_2 需要较高的超电势，且与阳极材料有关。O_2 在 $1\ mol \cdot L^{-1}$ KOH 溶液中的超电势为：Ni 0.87 V，Cu 0.84 V，Ag 1.14 V，Pt 1.38 V。O_2 在 Pt 上有较高的超电势，所以在制备 $K_2S_2O_8$ 时用 Pt 作阳极。

超电势随电流密度增加而增大，所以采用较高的电流有利于获得 $S_2O_8^{2-}$ 并尽可能减少 O_2 的生成。电解在低温下进行反应速率慢，水被氧化的速率也会变小，使氧的超电势增加，所以低温对生成 $S_2O_8^{2-}$ 是有利的。提高 HSO_4^- 浓度，会使 $K_2S_2O_8$ 的产量提高。综上所述，在电解制备 $S_2O_8^{2-}$ 时将采用 Pt 电极、高电流密度、低温及饱和的 $KHSO_4$ 溶液。

在任何电解过程中，产物在阳极产生后会向阴极扩散并可能被还原为原来的物质。因此，一般阳极和阴极必须分开，或用隔膜隔开。本实验中，阳极产生的 $S_2O_8^{2-}$ 将向阴极扩散生成溶解度小的 $K_2S_2O_8$，在到达阴极以前就从溶液中析出。

Pt 电极采用直径较小的细丝，电极反应的电流密度控制在 $2.0\ A \cdot cm^{-2}$。

$S_2O_8^{2-}$ 是已知最强的氧化剂之一，可以把许多元素氧化为最高氧化态。例如，可将 Cr^{3+} 氧化为 $Cr_2O_7^{2-}$，将 Mn^{2+} 氧化为 MnO_4^-，但反应较慢，需加入 Ag^+ 作催化剂。

【实验仪器及试剂】

台秤；直流稳压电源；电流表；Pt 薄片电极、Pt 丝电极（10 mm×0.64 mm）；抽滤装置；玻璃砂芯漏斗；碘量瓶；烧杯（1000 mL）；大试管；干燥器；温度计；等等。

$KHSO_4$ 固体；乙醇（95%）；H_2SO_4；$MnSO_4$；$Cr_2(SO_4)_3$；$AgNO_3$ 溶液；乙醚；冰块。

【实验步骤】

1. $K_2S_2O_8$ 的合成

将 60 g $KHSO_4$ 溶于 120 mL 水中，冰盐浴冷却至约 $-4\ ℃$。取 100 mL 溶液倒入大试管中。安装 Pt 丝阳极和 Pt 薄片阴极，调节两极间的距离并使其固定，如图 2-3-3 所示。

将试管放入 1000 mL 烧杯中，周围用冰盐浴冷却。通直流电 1.5～2 h，控制电流约 2 A。逐渐有 $K_2S_2O_8$ 晶体在试管底部析出，待 HSO_4^- 将耗尽时反应变慢。由于溶液对电流的阻抗将产生热量，所以在电解过程中每隔 30 min 向冰盐浴中补充冰，以保证温度控制在 $-4\ ℃$ 左右。

反应结束后，关闭电源并记录时间。抽滤，先用

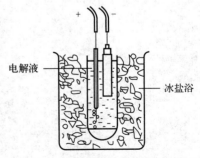

图 2-3-3　电解制备 $K_2S_2O_8$ 装置

95%乙醇、后用乙醚洗涤晶体。用滤纸吸干后，称量，若产品少于 3 g 则需加入新的 $KHSO_4$ 饱和溶液再进行电解。产品在干燥器中干燥 1~2 d。称量，计算产率。

2. $K_2S_2O_8$ 氧化性实验

将约 0.75 g 自制的 $K_2S_2O_8$ 溶解在少量水中制成饱和溶液。将 $K_2S_2O_8$ 溶液分别滴入下列溶液的试管中，微热，观察实验现象，写出反应方程式。

① H_2SO_4 酸化的 KI 溶液。

② H_2SO_4 酸化的 $MnSO_4$ 溶液（加入 1 滴 $AgNO_3$ 溶液）。

③ H_2SO_4 酸化的 $Cr_2(SO_4)_3$ 溶液（加入 1 滴 $AgNO_3$ 溶液）。

【思考题】

(1) 为什么在电解液中阳极和阴极不能靠得很近？

(2) 如果用铜丝代替铂丝作阳极，能生成 $K_2S_2O_8$ 吗？为什么？

(3) 为什么不能用电解 K_2SO_4 制备 $K_2S_2O_8$？

读一读

练一练

第三章 大学化学基本实验（Ⅱ）（分析化学）

第一节 基础性实验

实验一 分析天平的称量练习

【实验目的】

(1) 了解电子分析天平的构造，学会正确的称量方法。

(2) 初步掌握指定质量称量法和递减称量法。

(3) 了解在称量中如何运用有效数字。

【实验原理】

电子分析天平是最新一代的分析天平，采用电磁力学平衡原理，不必使用砝码，放上被称物后，在几秒内即达到平衡，显示读数。电子分析天平的特点是通过操作者触摸按键可自动调零、自动校准、扣除皮重、数字显示等，同时其质量轻、体积小、操作简便、称量速度快。电子分析天平适用于精度不高于 0.1 mg、最大称样量不超过 200 g 的精确称量。

【实验仪器及试剂】

电子分析天平；小烧杯；称量瓶；牛角匙；锥形瓶；等等。

无水 Na_2CO_3 基准物质。

【实验步骤】

1. 指定质量称量法练习

① 取一洁净干燥的称量瓶，分取已烘干的无水 Na_2CO_3 试样约 1.8 g。

② 将一洁净干燥的小烧杯置于电子分析天平称量盘中央，关天平门，去皮，显示读数为 "0.0000 g"，用牛角匙将试样加到小烧杯中央，使天平读数为 (0.5000±0.0002) g，记录该数据为 m_1。

③ 再次去皮，按上述同样的方法称量两份试样，记录该数据为 m_2、m_3。

2. 递减称量法练习

① 取一洁净干燥的称量瓶，分取已烘干的无水 Na_2CO_3 试样约 1.5 g。

② 盖上称量瓶盖，将其置于电子分析天平称量盘中央，关天平门，去皮，显示读数为"0.0000 g"，正确转移试样 0.3～0.4 g 于一盛放试样容器中，准确记录质量 m_1。

③ 再次去皮为"0.0000 g"，转移试样 0.3～0.4 g 于上述盛放容器中，准确记录质量 m_2；去皮为"0.0000 g"，再次转移试样 0.3～0.4 g 于上述盛放容器中，准确记录质量 m_3。

【数据记录及处理】

（1）请将指定质量称量法的相关数据记入表 3-1-1 中。

表 3-1-1　指定质量称量法数据

称量名称	Ⅰ	Ⅱ	Ⅲ
准确称样品质量/g			

（2）请将递减称量法的相关数据记入表 3-1-2 中。

表 3-1-2　递减称量法数据

称量名称	Ⅰ	Ⅱ	Ⅲ
倾出试样质量/g			

【思考题】

（1）递减称量法称量是怎样进行的？指定质量称量法称量是怎样进行的？它们各有什么优缺点？宜在何种情况下采用？

（2）电子分析天平的"去皮"操作是怎样进行的？

（3）在称量的记录和计算中，如何正确运用有效数字？

实验二　盐酸标准溶液的配制与标定

【实验目的】

（1）掌握盐酸标准溶液的配制与标定方法。

（2）进一步熟悉递减称量法，巩固称量操作。

（3）掌握酸式滴定管的使用方法，练习滴定操作。

（4）熟悉甲基橙指示剂的变色过程，掌握滴定终点的控制。

【实验原理】

市售盐酸为无色透明 HCl 水溶液，HCl 含量为 36%～38%（质量分数），相对密度约为 1.18。由于市售浓盐酸含量不准确且易挥发，若直接配制准确度差；因此配制盐酸标准溶液需用间接配制法。

标定盐酸常用的基准物质是无水碳酸钠或硼砂，本实验采用无水碳酸钠为基准物质。无水碳酸钠易吸收空气中的水分，使用时先将其置于 270～300 ℃ 干燥至恒重，然后保存于干燥器中备用，其标定反应为：

$$Na_2CO_3 + 2HCl =\!=\!= 2NaCl + H_2O + CO_2\uparrow$$

化学计量点时对应 pH 为 3.9，因此以甲基橙作指示剂滴至溶液呈橙色为终点。为防止形成 CO_2 的过饱和溶液，使溶液的酸度稍有增大，造成终点过早出现，临近终点时应将溶液剧烈摇动或加热以赶走 CO_2，冷却后再进行滴定。

滴定终点时：$c_{HCl} = (2m_{Na_2CO_3} \times 1000)/(M_{Na_2CO_3} V_{HCl})$

$M_{Na_2CO_3} = 105.99 \text{ g} \cdot \text{mol}^{-1}$

【实验仪器及试剂】

电子分析天平；锥形瓶；称量瓶；试剂瓶；酸式滴定管；等等。

无水 Na_2CO_3 基准物质；盐酸（1:1）；甲基橙溶液（$1 \text{ g} \cdot \text{L}^{-1}$）。

【实验步骤】

1. $0.1 \text{ mol} \cdot \text{L}^{-1}$ HCl 溶液的配制

用小量筒量取 9 mL 的盐酸（1:1），加入蒸馏水中，并稀释成 500 mL，贮于 500 mL 试剂瓶中，充分摇匀。

2. $0.1 \text{ mol} \cdot \text{L}^{-1}$ HCl 溶液的标定

① 按照"滴定管及其使用"中介绍的方法，洗净酸式滴定管（检查是否漏水）。先用蒸馏水将滴定管内壁冲洗 2~3 次；接着用配制好的盐酸溶液将酸式滴定管润洗 2~3 次，再于管内装满该溶液；然后排出滴定管管尖气泡；最后将滴定管液面调节至"0.00"刻度。

② 采用递减称量法，准确称取三份已烘干的无水 Na_2CO_3 基准物质 0.11~0.16 g（准确至 0.0001 g），分别置于 250 mL 锥形瓶中，加约 30 mL 水使之溶解。以甲基橙为指示剂，用待标定的 HCl 溶液滴定至溶液由黄色恰变成橙色❶，即为终点。平行测定 3 份，求 HCl 溶液的准确浓度，要求各次相对偏差不大于 ±0.5%，否则需重新标定。

【数据记录及处理】

请将 HCl 溶液标定的相关数据记入表 3-1-3 中。

表 3-1-3 HCl 溶液标定数据

记录项目	滴定编号		
	I	II	III
$m_{Na_2CO_3}/\text{g}$			
V_{HCl}/mL			
$c_{HCl}/(\text{mol} \cdot \text{L}^{-1})$			
c_{HCl}（平均值）$/(\text{mol} \cdot \text{L}^{-1})$			
相对偏差/%			
相对平均偏差/%			

---

❶ 如果甲基橙由黄色转变为橙色终点不好观察，可用三个锥形瓶比较：一锥形瓶中放入 50 mL 水，滴入甲基橙 1 滴，呈现黄色；另一锥形瓶中加入 50 mL 水，滴入甲基橙 1 滴，滴入 1/4 或 1/2 滴 $0.1 \text{ mol} \cdot \text{L}^{-1}$ HCl 溶液，则为橙色；另取一锥形瓶，其中加入 50 mL 水，滴入甲基橙 1 滴，滴入 1 滴 $0.1 \text{ mol} \cdot \text{L}^{-1}$ NaOH，则呈现深黄色。比较后有助于确定橙色。

【思考题】

(1) 为什么不能用直接配制法配制 HCl 标准溶液？

(2) 溶解碳酸钠时，所加水的体积是否需要准确？为什么？

(3) 如果碳酸钠没有烘干，将使标定结果偏高还是偏低？为什么？

实验三　酸碱标准溶液的配制和浓度的比较

【实验目的】

(1) 练习酸碱标准溶液的配制。

(2) 练习滴定操作，掌握准确确定终点的方法。

(3) 熟悉甲基橙和酚酞指示剂的使用和终点的变化。

【实验原理】

在酸碱滴定中，浓盐酸易挥发，固体 NaOH 容易吸收空气中的水分和 CO_2，因此不能直接配制准确浓度的 HCl 和 NaOH 标准溶液，只能先配制近似浓度的溶液，然后用基准物质标定其准确浓度。也可用另一已知准确浓度的标准溶液滴定该溶液，再根据它们的体积比求得该溶液的浓度。

【实验仪器及试剂】

NaOH 固体（分析纯）；盐酸（1∶1）；甲基橙溶液（$1\ g \cdot L^{-1}$）；酚酞的乙醇溶液（$2\ g \cdot L^{-1}$）。

【实验步骤】

1. $0.1\ mol \cdot L^{-1}$ HCl 溶液的配制

用小量筒量取 9 mL 盐酸（1∶1），加入水中，并稀释成 500 mL，贮于 500 mL 试剂瓶中，充分摇匀。

2. $0.1\ mol \cdot L^{-1}$ NaOH 溶液的配制

在台秤上迅速称出一定量的 NaOH，置于烧杯中，立即用 500 mL 水溶解，配制成溶液，贮于具橡皮塞的试剂瓶中，充分摇匀。

3. NaOH 溶液与 HCl 溶液的浓度比较

① 洗净酸、碱式滴定管各 1 支（检查是否漏水）。先用蒸馏水将滴定管内壁冲洗 2～3 次。用配制好的盐酸标准溶液将酸式滴定管润洗 2～3 次，再于管内装满该酸溶液；用 NaOH 标准溶液将碱式滴定管润洗 2～3 次，再于管内装满该碱溶液。然后排出两滴定管管尖气泡。最后将两滴定管液面调节至 "0.00" 刻度。

② 由碱式滴定管中准确放出 NaOH 溶液 20 mL 于锥形瓶中，加入 1 滴甲基橙指示剂，用 $0.1\ mol \cdot L^{-1}$ HCl 溶液滴定至黄色转变为橙色，放出时以每分钟约 10 mL 的速度，即每秒滴入 3～4 滴溶液。记下读数，平行滴定 3 份，记录相关数据。计算体积比 V_{HCl}/V_{NaOH}，要求相对偏差在 ±0.3% 以内。

③ 用移液管吸取 25.00 mL $0.1\ mol \cdot L^{-1}$ HCl 溶液于 250 mL 锥形瓶中，加 2～3 滴酚酞指示剂，用 $0.1\ mol \cdot L^{-1}$ NaOH 溶液滴定溶液呈微红色，此红色保持 30 s 不褪色即为终点。如此平行测定 3 份，要求 3 次之间所消耗 NaOH 溶液的体积的最大绝对差值不超

过±0.04 mL。

【数据记录及处理】

（1）请将 HCl 溶液滴定 NaOH 溶液（甲基橙指示剂）的相关数据记入表 3-1-4 中。

表 3-1-4　HCl 溶液滴定 NaOH 溶液数据

记录项目	滴定编号		
	Ⅰ	Ⅱ	Ⅲ
V_{NaOH}/mL			
V_{HCl}/mL			
V_{HCl}/V_{NaOH}			
V_{HCl}/V_{NaOH}（平均值）			
相对偏差/%			
相对平均偏差/%			

（2）请将 NaOH 溶液滴定 HCl 溶液（酚酞指示剂）的相关数据记入表 3-1-5 中。

表 3-1-5　NaOH 溶液滴定 HCl 溶液数据

记录项目	滴定编号		
	Ⅰ	Ⅱ	Ⅲ
V_{HCl}/mL			
V_{NaOH}/mL			
V_{NaOH}（平均值）/mL			
3 次之间 V_{NaOH} 最大绝对差值/mL			

【思考题】

（1）滴定管在装入标准溶液前为什么要用此溶液润洗？用于滴定的锥形瓶或烧杯是否需要干燥？要不要用标准溶液润洗？为什么？

（2）为什么不能用直接配制法配制 NaOH 标准溶液？

（3）配制 HCl 溶液及 NaOH 溶液所用水的体积，是否需要准确量取？

（4）用 HCl 溶液滴定 NaOH 标准溶液时是否可用酚酞作指示剂？

（5）在每次滴定完成后，为什么要将标准溶液加至滴定管零点，然后进行第二次滴定？

第二节　综合性实验

实验四　有机酸摩尔质量的测定

【实验目的】

（1）进一步熟悉递减称量法及滴定操作。

(2) 掌握有机酸的测定原理。

(3) 熟悉甲基橙和酚酞指示剂的使用和终点的变化。

【实验原理】

NaOH 溶液的标定以 $KHC_8H_4O_4$ 为基准物质，酚酞为指示剂，滴定终点时指示剂由无色变成微红色，保持 30 s 内不褪色。其化学反应方程式为：

$$KHC_8H_4O_4 + NaOH = KNaC_8H_4O_4 + H_2O$$

则：$c_{NaOH} = (m_{基} \times 1000)/(M_{基} \times V_{NaOH})$

有机弱酸和 NaOH 溶液的反应为：

$$nNaOH + H_nA = Na_nA + nH_2O$$

当有机酸的解离常数 $K \geq 10^{-7}$，且多元有机酸中的氢均能被准确滴定时，用酸碱滴定法可以测定有机酸的摩尔质量。测定时，n 值须已知（本实验中 $n=2$）。

试样是强碱弱酸盐，其滴定突跃在碱性范围内，可选用酚酞等指示剂。

$$M_{有机酸} = (m_{有机酸} \times 2 \times 1000)/(c_{NaOH平均} \times V_{NaOH} \times 10)$$

【实验仪器及试剂】

NaOH 固体（分析纯）；邻苯二甲酸氢钾（$KHC_8H_4O_4$）基准物质（在 100～125 ℃ 干燥 1 h 后，放入干燥器中备用，$M_{基} = 204.2$ g·mol^{-1}）；酚酞指示剂（2 g·L^{-1}）；有机酸试样。

【实验步骤】

1. 0.1 mol·L^{-1} NaOH 溶液的配制

在台秤上称取约 2 g 固体 NaOH 放入 250 mL 烧杯中，加入蒸馏水使之溶解后，转入带有橡皮塞的试剂瓶中，加水稀释至约 500 mL，盖上橡皮塞，充分摇匀。

2. 0.1 mol·L^{-1} NaOH 溶液的标定

采用递减称量法，用称量瓶称量 $KHC_8H_4O_4$ 基准物质，平行称 3 份，每份 0.4～0.6 g，分别置于 250 mL 锥形瓶中，加入 40～50 mL 水使之溶解后，加入 1 滴酚酞指示剂，用待标定的 NaOH 溶液滴定至呈现微红色，保持 30 s 内不褪色，即为终点。平行测定 3 份，求得 NaOH 溶液的准确浓度，其各次相对偏差应不超过 ±0.5%。

3. 有机酸摩尔质量的测定

用指定质量称量法准确称取 1 份有机酸试样（1.5000±0.0002）g 于 100 mL 干燥的烧杯中，加水溶解，定量转入 250 mL 容量瓶中，用水稀释至刻度，摇匀。用 25.00 mL 移液管平行移取 3 份，分别放入 250 mL 锥形瓶中，加 1 滴酚酞指示剂，用 NaOH 溶液滴定至由无色变为微红色，30 s 内不褪色，即为终点。计算有机酸摩尔质量 $M_{有机酸}$。

【数据记录及处理】

（1）请将 NaOH 溶液标定的相关数据记入表 3-2-1 中。

表 3-2-1　NaOH 溶液标定的数据

记录项目	编号		
	I	II	III
$m_{基}$/g			
V_{NaOH}/mL			

记录项目	编号		
	I	II	III
c_{NaOH}/(mol·L^{-1})			
c_{NaOH}(平均值)/(mol·L^{-1})			
相对偏差/%			
相对平均偏差/%			

（2）请将有机酸摩尔质量的测定数据记入表 3-2-2 中。

表 3-2-2　有机酸摩尔质量的测定数据

记录项目	编号		
	I	II	III
有机酸质量/g			
移取有机酸试液体积/mL			
V_{NaOH}/mL			
$M_{有机酸}$/(g·mol^{-1})			
$M_{有机酸}$(平均值)/(g·mol^{-1})			
相对偏差/%			
相对平均偏差/%			

【思考题】

（1）草酸、柠檬酸、酒石酸等多元有机酸能否用 NaOH 溶液分步滴定？

（2）$Na_2C_2O_4$ 能否作为酸碱滴定的基准物质？为什么？

（3）称取 0.4 g 邻苯二甲酸氢钾溶于 50 mL 水中，此时 pH 值为多少？

（4）NaOH 滴定有机酸时能否使用甲基橙作为指示剂？为什么？

实验五　混合碱的测定

【实验目的】

（1）掌握容量瓶的使用方法。

（2）了解双指示剂法测定碱液中 NaOH 和 Na_2CO_3 含量的原理。

【实验原理】

混合碱如 Na_2CO_3 与 NaOH 或 $NaHCO_3$ 与 Na_2CO_3 的混合物，可以在同一份试剂中选用两种不同的指示剂来测定，常称为"双指示剂法"。此法简便、快速，在生产实际中应用广泛。

在混合碱试液中加入酚酞指示剂，此时呈现红色。用盐酸标准溶液滴定溶液由红色恰变为无色时，试液中所含 NaOH 完全被中和，而所含 Na_2CO_3 被中和为 $NaHCO_3$，消耗盐酸体积为 V_1。再加入甲基橙指示剂（变色 pH 值范围为 3.1～4.4），继续用盐酸标准溶液滴定,使溶液由黄色转变为橙色即为终点,消耗盐酸溶液的体积为 V_2。

当 $V_1 > V_2$ 时,试样为 Na_2CO_3 与 NaOH 的混合物。中和 Na_2CO_3 所需 HCl 是由两次滴定加入的,两次用量应该相等。

当 $V_1 < V_2$ 时,试样为 Na_2CO_3 与 $NaHCO_3$ 的混合物,此时 V_1 为中和 Na_2CO_3 至 $NaHCO_3$ 时所消耗的 HCl 溶液体积,故 Na_2CO_3 所消耗 HCl 溶液体积为 $2V_1$,中和 $NaHCO_3$ 所用 HCl 的量应为 (V_2-V_1)。

【实验仪器及试剂】

无水 Na_2CO_3 基准物质;HCl 标准溶液(0.1 mol·L^{-1});混合碱试样;酚酞指示剂;甲基橙指示剂。

【实验步骤】

1. 0.1 mol·L^{-1} HCl 标准溶液的标定

采用递减称量法,准确称取三份已烘干的无水 Na_2CO_3 基准物质 0.11~0.16 g,置于 3 只 250 mL 锥形瓶中,加水约 30 mL,摇动使之溶解。以甲基橙为指示剂,以 0.1 mol·L^{-1} HCl 标准溶液滴定至溶液由黄色转变为橙色。记下 HCl 标准溶液的用量,计算出 HCl 标准溶液的浓度。

2. 混合碱的测定

准确称取试样约 2.0 g 于 100 mL 烧杯中,加水溶解后,定量转入 250 mL 容量瓶中,用水稀释至刻度,充分摇匀。平行移取试液 25.00 mL 3 份于 250 mL 锥瓶中,加酚酞或混合指示剂 1~2 滴,用 HCl 标准溶液滴定溶液由红色恰好褪至无色,记下所消耗 0.1 mol·L^{-1} HCl 标准溶液的体积 V_1。再加入甲基橙指示剂 1~2 滴,继续用 0.1 mol·L^{-1} HCl 标准溶液滴定溶液由黄色恰变为橙色,消耗 HCl 的体积记为 V_2。

【思考题】

(1) 采用双指示剂法在同一份溶液中测定,试判断下列五种情况下,混合碱中存在的成分是什么。

① $V_1=0$;② $V_2=0$;③ $V_1>V_2$;④ $V_1<V_2$;⑤ $V_1=V_2$。

(2) 无水 Na_2CO_3 保存不当,吸水 1%,用此基准物质标定盐酸溶液浓度时,其结果有何影响?用此基准物质标定的盐酸溶液测定试样,其影响如何?

(3) 测定混合碱时,若到达第一化学计量点前,由于滴定速度太快,摇动锥形瓶不均匀,致使滴入 HCl 局部过浓,$NaHCO_3$ 迅速转变为 H_2CO_3 后分解为 CO_2 而损失,那么对测定有何影响?

实验六 硫酸铵中含氮量的测定

【实验目的】

(1) 了解酸碱滴定的应用及弱酸强化的基本原理。

(2) 掌握甲醛法测定铵态氮的原理与操作方法。

【实验原理】

氮在自然界中的存在形式比较复杂,测定物质中氮含量时,可以用总氮、铵态氮、硝态氮、酰胺态氮等表示。

硫酸铵是常用的氮肥之一，由于铵盐中 NH_4^+ 的酸性很弱（$K_a=5.6\times10^{-10}$），不能用 NaOH 标准溶液直接滴定，而采用甲醛法进行测定。

甲醛与 NH_4^+ 作用生成质子化的六亚甲基四胺和 H^+，反应式为

$$4NH_4^+ + 6HCHO = (CH_2)_6N_4H^+ + 3H^+ + 6H_2O$$

生成的 $(CH_2)_6N_4H^+$ 的 K_a 为 7.1×10^{-6}，可以被 NaOH 溶液准确滴定，以酚酞为指示剂，滴定溶液呈现微红色即为终点，因而该反应称为弱酸的强化。由强化反应式可知，氮与 NaOH 的化学计量数之比为 1∶1。

若试样中含有游离酸，在加入甲醛之前，应先以甲基红为指示剂，用 NaOH 溶液预中和至溶液变为黄色（$pH \approx 6$）；然后加入甲醛，以酚酞为指示剂，用 NaOH 标准溶液滴定强化后的产物。

【实验仪器及试剂】

NaOH 溶液（$0.1\ mol\cdot L^{-1}$）；酚酞指示剂；$KHC_8H_4O_4$ 基准物质；铵盐试样。

甲醛溶液（1∶1）：将甲醛用少量浓 H_2SO_4 加热解聚制成。

【实验步骤】

1. $0.1\ mol\cdot L^{-1}$ NaOH 溶液的标定。

具体操作方法参照本章实验三。

2. 甲醛溶液的处理

甲醛中常含有微量酸，应采用下述方法事先中和。

取原装瓶中的甲醛上层清液于烧杯中，加水稀释 1 倍，加入 2～3 滴酚酞指示剂，用标准碱溶液滴定甲醛溶液至微红色。

3. $(NH_4)_2SO_4$ 试样中氮含量的测定

用递减称量法准确称取 $(NH_4)_2SO_4$ 试样 2～3 g 于小烧杯中，加入少量蒸馏水溶解，然后定量转移至 250 mL 容量瓶中，稀释至刻度，摇匀。

移取 25.00 mL 试液 3 份，分别置于 250 mL 锥形瓶中，加入 1 滴甲基红指示剂，用 $0.1\ mol\cdot L^{-1}$ NaOH 溶液中和至试液呈黄色。加入 10 mL 甲醛溶液（1∶1），再加 1～2 滴酚酞指示剂，充分摇匀，放置 1 min 后，用 $0.1\ mol\cdot L^{-1}$ NaOH 溶液滴定至溶液呈微红色，30 s 内不褪色即为终点。平行测定 3 份，计算试样中氮的含量。

【思考题】

(1) NH_4^+ 为 NH_3 的共轭酸，为什么不能直接用 NaOH 溶液滴定？

(2) 本法中加入甲醛的作用是什么？

(3) $(NH_4)_2SO_4$ 试液中含有磷酸根、铁、铝等离子，对测定结果有何影响？

(4) NH_4NO_3、NH_4Cl 或 NH_4HCO_3 中的含氮量能否用甲醛法测定？

实验七　蛋壳中碳酸钙含量的测定

【实验目的】

(1) 了解实际试样的处理方法，如研碎、过筛等。

(2) 掌握返滴定方法的原理。

【实验原理】

蛋壳的主要成分为 $CaCO_3$，将蛋壳研碎并加入已知浓度的过量 HCl 标准溶液，发生下列反应：

$$CaCO_3 + 2HCl = CaCl_2 + CO_2\uparrow + H_2O$$

其中，过量的 HCl 标准溶液用 NaOH 标准溶液返滴定。由加入 HCl 的物质的量与返滴定所消耗的 NaOH 的物质的量之差，求得试样中 $CaCO_3$ 的含量。蛋壳中含有少量 $MgCO_3$，以酸碱滴定法测得的 $CaCO_3$ 含量为近似值。

【实验仪器及试剂】

HCl 标准溶液（$0.1\ mol \cdot L^{-1}$）；NaOH 标准溶液（$0.1\ mol \cdot L^{-1}$）；甲基橙指示剂；蛋壳；等等。

【实验步骤】

将蛋壳去内膜并洗净，烘干后研碎，使其通过 80～100 目标准筛。准确称取 0.1 g 所制试样 3 份，分别置于 250 mL 锥形瓶中，用滴定管逐滴加入 $0.1\ mol \cdot L^{-1}$ HCl 标准溶液 40.00 mL，并放置 30 min。再加入甲基橙指示剂，以 $0.1\ mol \cdot L^{-1}$ NaOH 标准溶液返滴定其中的过量 HCl，至溶液由红色恰变为黄色即为终点。计算蛋壳试样中 $CaCO_3$ 的质量分数。

【思考题】

(1) 本实验能否使用酚酞指示剂？

(2) 为什么向试样中加入 HCl 溶液时要逐滴加入？加入 HCl 溶液后为什么要放置 30 min 再用 NaOH 返滴定？

(3) 研碎后的蛋壳试样为什么要通过标准筛？通过 80～100 目标准筛后试样粒度为多少？

实验八　水的总硬度测定

【实验目的】

(1) 学习配位滴定法的原理及其应用。

(2) 掌握配位滴定法中的直接滴定法。

(3) 掌握铬黑 T 指示剂的应用，了解金属指示剂的特点。

【实验原理】

一般含有钙、镁盐类的水称为硬水，水的硬度的测定可分为水的总硬度和钙镁硬度的测定两种，前者是测定 Ca、Mg 总量，后者是分别测定 Ca 和 Mg 的含量。

对于水的硬度，各国有不同的表示方法。德国硬度（°d）是每度相当于 1 L 水中含有 10 mg CaO；法国硬度（°f）是每度相当于 1 L 水中含 10 mg $CaCO_3$；英国硬度（°e）是每度相当于 0.7 L 升水中含 10 mg $CaCO_3$；美国硬度每度等于法国硬度的 1/10。

我国采用德国硬度单位制。

本实验中用 EDTA 配位滴定法测定水的总硬度。在 pH=10 的氨性缓冲溶液中，以铬黑 T（EBT）为指示剂，可用三乙醇胺和 Na_2S 掩蔽 Fe^{3+}、Al^{3+}、Cu^{2+}、Pb^{2+}、Zn^{2+} 等共存离子。为了提高滴定终点的敏锐性，氨性缓冲溶液中可加入一定量的 Mg-EDTA，由于

Mg-EBT 的稳定性大于 Ca-EBT 的稳定性，故使终点明显。计算水的总硬度可用下面公式：

$$水的总硬度 = c_{EDTA} V_{EDTA} M_{CaO} / V_{水样}$$

【实验仪器及试剂】

铬黑 T 指示剂；三乙醇胺（20%）；HCl（1∶1）；$CaCO_3$ 基准物质。

EDTA 溶液（$0.005\ mol \cdot L^{-1}$）：称取 1 g EDTA 钠盐，溶解后稀释至 500 mL，贮存于试剂瓶中。

氨性缓冲溶液（pH≈10）：称取 20 g NH_4Cl，溶解后，加 100 mL 浓氨水，加 Mg-EDTA 盐全部溶解，用水稀释至 1 L。

Mg-EDTA 盐溶液：称取 0.25 g $MgCl_2 \cdot 6H_2O$ 于 100 mL 烧杯中，加少量水溶解后转入 100 mL 容量瓶中，用水稀释至刻度；用干燥的移液管移取 50.00 mL 溶液，加 5 mL pH≈10 的氨性缓冲溶液、4~5 滴铬黑 T 指示剂，用 $0.1\ mol \cdot L^{-1}$ EDTA 溶液滴定至溶液由紫红色变为蓝色，即为终点；取此同量的 EDTA 溶液加入容量瓶剩余的镁溶液中，即成 Mg-EDTA 盐。

【实验步骤】

1. $0.005\ mol \cdot L^{-1}$ EDTA 的标定

准确称取 0.15~0.20 g $CaCO_3$ 基准物质于 100 mL 烧杯中，先用少量水润湿，盖上表面皿，缓慢滴加 HCl（1∶1），使之溶解。溶解后用蒸馏水吹洗表面皿，将溶液转入 250 mL 容量瓶中，用水稀释至刻度，摇匀。

用移液管移取 25.00 mL Ca^{2+} 溶液于 250 mL 锥形瓶中，加入 10 mL pH≈10 的氨性缓冲溶液和 3~4 滴铬黑 T 指示剂，用 EDTA 溶液滴定至溶液由紫红色变为蓝色，即为终点。根据滴定用去的 EDTA 体积和 $CaCO_3$ 质量，计算 EDTA 溶液的准确浓度。

在本实验中，为了使标定和测定的介质一致，宜在 pH≈10 的氨性缓冲溶液中对 EDTA 标定。

2. 水样分析

取 100 mL 自来水于 250 mL 锥形瓶中，加入 1~2 滴 HCl（1∶1）使试液酸化。加入 3 mL 三乙醇胺溶液、5 mL 氨性缓冲溶液、3~4 滴铬黑 T 指示剂，用 EDTA 溶液滴至由紫红色变为蓝色，即为终点。平行测定 3 份，计算水样的总硬度，以（°d）和 $mg \cdot L^{-1}$ 表示结果。

【思考题】

(1) 如果对硬度测定中的数据要求保留两位有效数字，应如何量取 100 mL 水样？

(2) 用 EDTA 配位滴定法测定水的硬度时，哪些离子的存在有干扰？如何消除？

(3) 已知水质分类是：0~4 °d 为很软的水；4~8 °d 为软水；8~16 °d 为中等硬水；16~30 °d 为硬水。本实验的结果属何种类型？

(4) 测定水的硬度时，介质中的 Mg-EDTA 盐的作用是什么？对测定有无影响？

实验九　混合试样中 Pb^{2+}、Bi^{3+} 含量的连续测定

【实验目的】

(1) 掌握用控制酸度法来进行多种金属离子连续滴定的配位滴定方法和原理。

(2) 熟悉二甲酚橙指示剂的应用。

【实验原理】

混合离子的滴定常采用控制酸度法、掩蔽法进行，可根据有关副反应系数论证它们分别滴定的可能性。

Pb^{2+}、Bi^{3+} 均能与 EDTA 形成稳定的 1∶1 配合物，$\lg K$ 值分别为 18.04 和 27.94。由于两者的 $\lg K$ 值相差很大，故可利用酸效应，控制不同的酸度，分别进行滴定。通常在 pH≈1 时滴定 Bi^{3+}，在 pH≈5~6 时滴定 Pb^{2+}。

在测定时，调节溶液的酸度 pH≈1，以二甲酚橙为指示剂，用 EDTA 标准溶液滴定 Bi^{3+}。此时，Bi^{3+} 与指示剂形成紫红色配合物（Pb^{2+} 在此条件下不形成紫红色配合物），然后用 EDTA 标准溶液滴定 Bi^{3+}，至溶液由紫红色变为亮黄色，即为滴定 Bi^{3+} 的终点。

在滴定 Bi^{3+} 后的溶液中，加入六亚甲基四胺溶液，调节溶液的 pH=5~6，此时 Pb^{2+} 与二甲酚橙形成紫红色配合物，溶液再呈现紫红色，然后用 EDTA 标准溶液继续滴定，至溶液由紫红色变为亮黄色时，即为滴定 Pb^{2+} 的终点。

【实验仪器及试剂】

ZnO 基准物；金属锌；EDTA 标准溶液（0.015 mol·L^{-1}）；二甲酚橙指示剂（0.2%）；六亚甲基四胺溶液（20%）；HCl（1∶1）；氨性缓冲溶液（pH≈10）。

Pb^{2+}-Bi^{3+} 混合液（含 Pb^{2+}、Bi^{3+} 各约为 0.1 mol·L^{-1}）；称 $Pb(NO_3)_2$ 333.21 g、$Bi(NO_3)_3$ 485.07 g，将它们加入含 1300 mL HNO_3 的烧杯中，在电炉上微热溶解后，稀释至 10 L。

【实验步骤】

1. EDTA 溶液的标定

(1) 以金属锌为基准

准确称取 0.20~0.25 g 金属锌，置于 100 mL 烧杯中，加入 5 mL HCl 溶液（1∶1），盖上表面皿，待完全溶解后，用水吹洗表面皿和烧杯壁，将溶液转入 100 mL 容量瓶中，用水稀释至刻度，摇匀。

用移液管移取 10.00 mL Zn^{2+} 标准溶液于 250 mL 锥形瓶中，加约 10 mL 蒸馏水，加入 1~2 滴二甲酚橙指示剂，滴加 20% 六亚甲基四胺溶液至溶液呈现稳定的紫红色后，再过量加入 5 mL，用 EDTA 溶液滴定至溶液由紫红色变为亮黄色，即为终点。平行测定 3 份，根据滴定时用去的 EDTA 体积和金属锌的质量，计算 EDTA 溶液的准确浓度。

(2) 以 ZnO 为基准

准确称取在 800 ℃ 灼烧至恒重的基准 ZnO 0.4 g，先用少量水润湿，加 10 mL HCl（1∶1），盖上表面皿，使其溶解。待溶解完全后，吹洗表面皿，将溶液转移至 250 mL 容量瓶中，用水稀释至刻度。

用移液管移取 25.00 mL Zn^{2+} 标准溶液于 250 mL 锥形瓶中，加 1 滴甲基红指示剂，滴加氨水至呈微黄色，再加 25 mL 蒸馏水、10 mL 氨性缓冲液，摇匀。加入 5 滴铬黑 T 指示剂，用 EDTA 溶液滴定至溶液由紫红色变为蓝色，即为终点。根据滴定用去的 EDTA 体积和 ZnO 质量，计算 EDTA 溶液的准确浓度。

2. Pb^{2+}-Bi^{3+} 混合液的测定

用移液管移取 25.00 mL pH≈1 的 Pb^{2+}-Bi^{3+} 混合液于 250 mL 容量瓶中，稀释至刻度，摇匀。取 25.00 mL 稀释后的混合液 3 份，分别注入 250 mL 锥形瓶中，加 1~2 滴 0.2% 二甲酚橙指示剂，用 EDTA 标准溶液滴定至溶液由紫红色变为亮黄色，即为 Bi^{3+} 的终点。根据消耗的 EDTA 体积，计算混合液中 Bi^{3+} 的含量（$g \cdot L^{-1}$）。

在滴定 Bi^{3+} 后的溶液中，补加 1 滴指示剂，滴加 20％六亚甲基四胺溶液，至呈现稳定的紫红色后，再过量加入 5 mL，此时溶液的 pH 值为 5～6，再用 EDTA 标准溶液滴定至溶液由紫红色变为亮黄色，即为终点。平行测定 3 份，根据滴定结果，计算混合液中 Pb^{2+} 的含量（$g \cdot L^{-1}$）。

【思考题】

(1) 滴定 Bi^{3+} 与 Pb^{2+} 时溶液的酸度控制在什么范围？如何控制？为什么？

(2) 本实验中，能否在同一份试液中先滴定 Pb^{2+} 再滴定 Bi^{3+}？

(3) 试分析本实验中，金属指示剂由滴定 Bi^{3+} 到调节 pH＝5～6，又到滴定 Pb^{2+} 后终点变色的过程和原因。

(4) 控制酸度时为何用 HNO_3，而不用 HCl 或 H_2SO_4？

(5) 本实验为什么不用氨或碱调节 pH＝5～6，而用六亚甲基四胺来调节溶液 pH 值？能否用 HAc-NaAc 缓冲溶液代替六亚甲基四胺？

实验十　铝合金中铝含量的测定

【实验目的】

(1) 了解返滴定的原理。

(2) 掌握置换滴定的原理和步骤。

(3) 尝试复杂试样的测定，提高分析问题、解决问题的能力。

【实验原理】

Al^{3+} 易水解，且易形成一系列多核羟基配合物，这些配合物与 EDTA 配位反应速度缓慢（在较高温度下煮沸则容易配位完全），故通常采用返滴定法和置换滴定法测定铝。

返滴定法：预先定量地加入过量的 EDTA 标准溶液，并在 pH 值约为 3.5 时煮沸几分钟，使 Al^{3+} 与 EDTA 配位反应完全，在 pH 值为 5～6 时，以二甲酚橙为指示剂，用 Zn^{2+} 标准溶液返滴定过量的 EDTA，从而得到铝的含量。

置换滴定法：在用 Zn^{2+} 返滴过量的 EDTA 后，加入过量的 NH_4F，加热至沸，AlY^- 与 F^- 发生置换反应，使得与 Al^{3+} 配位的 EDTA 全部释放，即

$$AlY^- + 6F^- + 2H^+ \Longrightarrow AlF_6^{3-} + H_2Y^{2-}$$

再用 Zn^{2+} 标准溶液滴定释放出来的 EDTA 而得到铝的含量。

若试样中含 Ti^{4+}、Zr^{4+}、Sn^{4+} 等，与 Al^{3+} 一样，也将发生置换反应，干扰 Al^{3+} 的测定。这时，需将上述干扰离子掩蔽，如用苦杏仁酸掩蔽 Ti^{4+} 等。

【实验仪器及试剂】

NaOH 溶液（200 $g \cdot L^{-1}$）；HCl 溶液 [（1∶1）和（1∶3）]；氨水（1∶1）；EDTA 标准溶液（0.02 $mol \cdot L^{-1}$）；二甲酚橙指示剂（2 $g \cdot L^{-1}$）；六亚甲基四胺（200 $g \cdot L^{-1}$）；Zn^{2+} 标准溶液（0.02 $mol \cdot L^{-1}$）；NH_4F 溶液（200 $g \cdot L^{-1}$，贮于塑料瓶中）；铝合金试样。

【实验步骤】

准确称取 0.10～0.11 g 铝合金，置于 50 mL 塑料烧杯中，加入 10 mL NaOH 溶液，在沸水浴中使其完全溶解，稍冷后加入 HCl（1∶1）溶液至有絮状沉淀产生，再多加 10 mL HCl 溶液（1∶1），定量转移试液于 250 mL 容量瓶中，稀释至刻度，摇匀。

移取上述试液 25.00 mL 于 250 mL 锥形瓶中，加入 30 mL EDTA 标准溶液、2 滴二甲酚橙指示剂，此时试液为黄色。用氨水调至溶液呈紫红色，再加 HCl 溶液（1∶3），使溶液呈现黄色。煮沸 3 min，冷却。加入 20 mL 六亚甲基四胺，此时溶液为黄色，如果溶液呈红色，继续滴加 HCl 溶液（1∶3）至溶液变黄色。在锥形瓶中滴加 Zn^{2+} 标准溶液，用以结合多余的 EDTA，当溶液由黄色恰变为紫红色时停止滴定。

然后，向上述溶液中加入 10 mL NH_4F 溶液，加热至微沸，流水冷却，再补加 2 滴二甲酚橙，此时溶液应为黄色，若为红色，应滴加 HCl 溶液（1∶3）使其变为黄色。再用 Zn^{2+} 标准溶液滴定，当溶液由黄色恰变为紫红色时即为终点，根据所消耗 Zn^{2+} 标准溶液的体积，计算铝的质量分数。

【思考题】

（1）铝的测定为什么一般不采用 EDTA 直接滴定法？

（2）试述返滴定和置换滴定各适用于哪些含铝的试样。

（3）对于复杂的铝合金试样，不用置换滴定，而用返滴定，所得结果是偏高还是偏低？

实验十一　试样中过氧化氢含量的测定

【实验目的】

（1）掌握 $KMnO_4$ 溶液的配制及标定。

（2）掌握 $KMnO_4$ 作为自身指示剂的特点。

（3）学习高锰酸钾法测定过氧化氢的原理与方法。

【实验原理】

工业产品过氧化氢俗名双氧水，在工业、生物、医药等方面应用很广泛，其含量可用高锰酸钾法进行测定。

$KMnO_4$ 是最常用的氧化剂之一。市售的 $KMnO_4$ 常含有少量杂质，如硫酸盐、氯化物及硝酸盐等，因此不能用精确称量的 $KMnO_4$ 来直接配制准确浓度的溶液。用 $KMnO_4$ 配制的溶液要在暗处放置数天，待 $KMnO_4$ 把还原性杂质充分氧化后再除去生成的二氧化锰沉淀，用草酸钠基准物质来标定其浓度。

H_2O_2 分子中有一个过氧键—O—O—，在酸性溶液中它是一个强氧化剂。但遇 $KMnO_4$，表现为还原剂。过氧化氢的含量可在稀硫酸溶液中，于室温条件下用高锰酸钾法测定，其反应式为

$$5H_2O_2 + 2MnO_4^- + 6H^+ \rightleftharpoons 2Mn^{2+} + 5O_2\uparrow + 8H_2O$$

开始时反应速度慢，滴入第一滴溶液不容易褪色，待 Mn^{2+} 生成后，由于 Mn^{2+} 的催化作用，加快了反应速度，故能顺利地滴定到呈现稳定的微红色（稍过量的滴定剂本身的紫红色），即为终点。根据 H_2O_2 的摩尔质量和 c_{KMnO_4} 以及滴定中消耗 $KMnO_4$ 的体积计算

H_2O_2 的含量。

如 H_2O_2 试样是工业产品，因其以少量乙酰苯胺等消耗 $KMnO_4$ 的有机物作稳定剂，用上述方法测定误差较大，遇此情况应采用碘量法等方法测定。利用 H_2O_2 和 KI 作用，析出 I_2，然后用 $S_2O_3^{2-}$ 溶液滴定。

【实验仪器及试剂】

H_2SO_4（1∶5）；$KMnO_4$ 溶液（0.02 mol·L^{-1}）；$MnSO_4$（1 mol·L^{-1}）。

H_2O_2（3%）：定量量取原装的 H_2O_2（30%），稀释 10 倍，贮存在棕色试剂瓶中。

$Na_2C_2O_4$ 基准物质：于 105 ℃干燥 2 h 后备用。

【实验步骤】

1. 0.02 mol·L^{-1} $KMnO_4$ 溶液的配制

称取稍多于理论量的 $KMnO_4$ 固体置于 500 mL 水中，盖上表面皿，加热至沸并保持微沸状态 1 h。冷却后，用微孔玻璃漏斗过滤，滤液贮存于棕色试剂瓶中。将溶液在室温条件下静置 2～3 天后过滤备用。

2. $KMnO_4$ 溶液的标定

准确称取 0.15～0.20 g $Na_2C_2O_4$ 基准物质 3 份，分别置于 250 mL 锥形瓶中，加入 60 mL 水使之溶解，加入 15 mL H_2SO_4（1∶5），在水浴上加热到 75～85 ℃，趁热用 $KMnO_4$ 溶液滴定。开始滴定时反应速度慢，待溶液中产生了 Mn^{2+} 后，滴定速度可加快，直到溶液呈现微红色并持续 30 s 内不褪色即为终点。根据所消耗的 $KMnO_4$ 的体积计算 $KMnO_4$ 的浓度。

3. H_2O_2 含量的测定

用吸量管吸取 10.00 mL 3% H_2O_2 置于 250 mL 容量瓶中，加水稀释至刻度，充分摇匀。用移液管移取 25.00 mL H_2O_2 溶液置于 250 mL 锥形瓶中，加 60 mL 水、30 mL H_2SO_4，用 0.02 mol·L^{-1} $KMnO_4$ 溶液滴定溶液至微红色，在 30 s 内不消失即为终点。根据 $KMnO_4$ 溶液的浓度和滴定过程中滴定剂消耗的体积，计算试样中 H_2O_2 的含量。

【思考题】

(1) 配制 $KMnO_4$ 溶液应注意些什么？

(2) 用 $Na_2C_2O_4$ 标定 $KMnO_4$ 溶液时，应注意哪些重要的反应条件？

(3) 用高锰酸钾法测定 H_2O_2 时，能否用 HNO_3、HCl 和 HAc 控制酸度？为什么？

(4) 配制 $KMnO_4$ 溶液时，过滤后的滤器上沾污的产物是什么？应选用什么物质清洗干净？

(5) H_2O_2 有什么重要性质？使用时应注意些什么？

实验十二　重铬酸钾法测定铁矿石中铁的含量

【实验目的】

(1) 掌握 $K_2Cr_2O_7$ 标准溶液的配制及使用。

(2) 学习矿石试样的酸溶法。

(3) 学习重铬酸钾法测定铁的原理。

【实验原理】

铁矿石的种类主要是磁铁矿（Fe_3O_4）、赤铁矿（Fe_2O_3）和菱铁矿（$FeCO_3$）等。试样用盐酸分解后，用 $SnCl_2$ 将 Fe^{3+} 还原为 Fe^{2+}，过量的 $SnCl_2$ 用 $HgCl_2$ 氧化除去，此时，溶液中有氯化亚汞白色丝状沉淀生成。然后在 $1\sim 2\ mol\cdot L^{-1}$ 硫-磷混酸介质中，以二苯胺磺酸钠为指示剂，用 $K_2Cr_2O_7$ 标准溶液滴定至溶液呈现紫红色，即为终点，主要反应式如下：

$$2FeCl_4^- + SnCl_4^{2-} + 2Cl^- \rightleftharpoons 2FeCl_4^{2-} + SnCl_6^{2-}$$

$$SnCl_4^{2-} + 2HgCl_2 \rightleftharpoons SnCl_6^{2-} + Hg_2Cl_2\downarrow$$
$$(白色)$$

$$6Fe^{2+} + Cr_2O_7^{2-} + 14H^+ \rightleftharpoons 6Fe^{3+} + 2Cr^{3+} + 7H_2O$$

滴定过程中不断有黄色的 Fe^{3+} 生成，干扰终点的观察，故加入磷酸，与 Fe^{3+} 生成稳定的无色配合物 $[Fe(HPO_4)_2]^-$，消除了 Fe^{3+} 的黄色影响。同时由于生成 $[Fe(HPO_4)_2]^-$ 配合物，降低了溶液中 Fe^{3+} 的浓度，从而降低 Fe^{3+}/Fe^{2+} 电极电位，使化学计量点的电位突跃增大，$Cr_2O_7^{2-}$ 与 Fe^{2+} 之间的反应更完全，二苯胺磺酸钠指示剂更好地在突跃范围内显色，减小了终点误差。

【实验仪器及试剂】

铁矿石试样；HCl（分析纯）；$HgCl_2$ 溶液（5%）；二苯胺磺酸钠指示剂水溶液（0.2%）。

$SnCl_2$ 溶液（10%）：称取 10 g $SnCl_2\cdot 2H_2O$ 溶于 40 mL 浓热 HCl 中，加水稀释至 100 mL。

硫-磷混酸：将 150 mL 浓 H_2SO_4 缓缓加入 700 mL 水中，冷却后加入 150 mL 浓 H_3PO_4 混匀。

$K_2Cr_2O_7$ 标准溶液（0.01667 $mol\cdot L^{-1}$）：将 $K_2Cr_2O_7$ 在 150~180 ℃电烘箱中干燥 2 h，稍冷却后装入广口（磨口）玻璃瓶中，放入干燥器中冷却至室温。采用指定质量称量法，在小烧杯中准确称取 1.2258 g $K_2Cr_2O_7$ 于小烧杯中，加水溶解，定量转入 250 mL 容量瓶中，加水稀释至刻度，充分摇匀。

【实验步骤】

准确称取 0.15~0.20 g 铁矿石试样 3 份，分别置于 250 mL 锥形瓶中，加几滴水使试样润湿并摇动使其散开，以免溶样时黏底。然后加入 10 mL 浓盐酸，盖上表面皿，在通风橱中低温加热试样，试样分解完全时，剩余残渣应为白色或几乎接近白色。试品分解完全后，放置备用。

取已经分解完全的试样 1 份，用少量的水吹洗表面皿和瓶内壁，加热至沸，马上滴加 10% $SnCl_2$ 溶液还原 Fe^{3+} 到黄色刚消失，再过量加 1~2 滴 $SnCl_2$。迅速用流水冷却至室温。立即加入 10 mL 5% $HgCl_2$ 摇匀，此时应有白色丝状的 Hg_2Cl_2（俗称甘汞）沉淀。放置 3~5 min，加水稀释至 100~150 mL，加入 15 mL 硫-磷混酸，滴加 5~6 滴二苯胺磺酸钠指示剂，立即用 $K_2Cr_2O_7$ 标准溶液滴定至溶液呈现稳定的紫红色，即为终点。平行测定 3 份，计算铁矿石中铁的含量（质量分数）。用 $SnCl_2$ 还原 Fe^{3+} 至 Fe^{2+} 时，应特别强调，预处理 1 份就立即滴定 1 份，而不能同时预处理几份，再一份一份地滴定。

【思考题】

(1) 为什么 $K_2Cr_2O_7$ 能直接称量并配制准确浓度的溶液？

(2) 用重铬酸钾法测定铁矿石中铁的质量分数的反应过程如何？指出测定过程中各步的注意事项。

(3) 重铬酸钾法测定铁矿石中铁时，滴定前为什么要加入 H_3PO_4？加入 H_3PO_4 后为什么要立即滴定？

(4) 测定铁矿石中铁的主要原理是什么？写出计算 Fe 和 Fe_2O_3 质量分数的计算式。

实验十三　碘量法测定铜含量

I　铜合金中铜的测定

【实验目的】

(1) 掌握 $Na_2S_2O_3$ 标准溶液的配制及标定。

(2) 了解间接碘量法测定铜的原理。

【实验原理】

铜合金中铜的测定，一般采用碘量法。在弱酸溶液中，Cu^{2+} 与过量的 KI 作用，生成 CuI 沉淀，同时析出 I_2，反应式如下：

$$2Cu^{2+} + 4I^- = 2CuI\downarrow + I_2$$

$$\text{或 } 2Cu^{2+} + 5I^- = 2CuI\downarrow + I_3^-$$

析出的 I_2 以淀粉为指示剂，用 $Na_2S_2O_3$ 标准溶液滴定：

$$I_2 + 2S_2O_3^{2-} = 2I^- + S_4O_6^{2-}$$

Cu^{2+} 与 I^- 之间的反应是可逆的，任何引起 Cu^{2+} 浓度减小（如形成配合物等）或引起 CuI 溶解度增加的因素均使反应不完全。加入过量 KI，可使 Cu^{2+} 的还原趋于完全，但是，CuI 沉淀强烈地吸附 I_3^-，又会使结果偏低。通常加入硫氰酸盐，将 CuI（$K_{sp}=1.1\times10^{-12}$）转化为溶解度更小的 CuSCN（$K_{sp}=4.8\times10^{-15}$），把吸附的碘释放出来，使反应更趋于完全。但 SCN^- 只能在临近终点时加入，否则有可能直接将 Cu^{2+} 还原为 Cu^+，致使计量关系发生变化。反应式如下：

$$CuI + SCN^- = CuSCN\downarrow + I^-$$

$$6Cu^{2+} + 7SCN^- + 4H_2O = 6CuSCN\downarrow + SO_4^{2-} + CN^- + 8H^+$$

溶液的 pH 值一般应控制在 3.0~4.0。酸度过低，Cu^{2+} 易水解，使反应不完全，结果偏低，而且反应速度慢，终点拖长；酸度过高，则 I^- 被空气中的氧氧化为 I_2（Cu^{2+} 催化此反应），使结果偏高。

Fe^{3+} 能氧化 I^-，对测定有干扰，但可加入 NH_4HF_2（即 $NH_4F \cdot HF$）掩蔽。NH_4HF_2 是一种很好的缓冲溶液，因 HF 的 $K_a=6.6\times10^{-4}$（$pK_a=3.18$），故能使溶液的 pH 值控制在 3.0~4.0。

【实验仪器及试剂】

$Na_2CO_3(s)$；纯铜（含量 99.9% 以上）；KIO_3 基准物质；铜合金试样；KI 溶液

（20%）；淀粉溶液（0.5%，1%）；NH_4SCN 溶液（10%）；H_2O_2（30%，原装）；$K_2Cr_2O_7$ 标准溶液（$c_{K_2Cr_2O_7}=0.01667\ mol\cdot L^{-1}$）；$H_2SO_4$（1 mol·L^{-1}，2 mol·L^{-1}）；NH_4HF_2 溶液（20%）；HCl(1:1)；HAc(1:1)；氨水（1:1）。

$Na_2S_2O_3$ 溶液（0.1 mol·L^{-1}）：称取 12.5 g $Na_2S_2O_3\cdot 5H_2O$ 于烧杯中，然后加入 100~200 mL 新煮沸经冷却的蒸馏水，溶解后，加入约 0.1 g Na_2CO_3，用新煮沸且冷却的蒸馏水稀释至 500 mL，贮存于棕色试剂瓶中，在暗处放置 3~5 天后标定。

【实验步骤】

1. $Na_2S_2O_3$ 溶液的标定

（1）用 $K_2Cr_2O_7$ 标准溶液标定

准确移取 25.00 mL $K_2Cr_2O_7$ 标准溶液于锥形瓶中，加入 10 mL 2 mol·L^{-1} H_2SO_4 溶液、20%KI 溶液 10 mL，摇匀放在暗处 5 min。待反应完全后，加入 80 mL 蒸馏水，用待标定的 $Na_2S_2O_3$ 溶液滴定至黄绿色，然后加入 5 mL 1%淀粉溶液，继续滴定至溶液呈现亮蓝色为终点。记下 $V_{Na_2S_2O_3}$，计算 $c_{Na_2S_2O_3}$。

（2）用纯铜标定

准确称取 0.2 g 左右纯铜，置于 250 mL 烧杯中，加入约 10 mL 盐酸（1:1）、2~3 mL 30%H_2O_2 溶样。加 H_2O_2 时要边滴加边摇动，尽量少加，只要能使金属铜分解完全即可。加热，使铜分解完全并将多余的 H_2O_2 分解赶尽，然后定量转入 250 mL 容量瓶中，加水稀释至刻度，摇匀。

准确移取 25.00 mL 纯铜溶液于 250 mL 锥形瓶中，滴加氨水（1:1）至溶液刚刚有沉淀生成。然后加入 8 mL HAc（1:1）、10 mL 20%NH_4HF_2 溶液、10 mL 20%KI 溶液，用 $Na_2S_2O_3$ 溶液滴定至呈淡黄色。再加入 3 mL 0.5%淀粉溶液，继续滴定至浅蓝色。加入 10 mL 10%NH_4SCN 溶液，继续滴定至溶液的蓝色消失即为终点。记下所消耗的 $Na_2S_2O_3$ 溶液的体积，计算 $Na_2S_2O_3$ 溶液的浓度。

（3）用 KIO_3 基准物质标定

$c_{KIO_3}=0.01667\ mol\cdot L^{-1}$：准确称取 0.8917 g KIO_3 于烧杯中，加水溶解后，定量转入 250 mL 容量瓶中，加水稀释至刻度，充分摇匀。

吸取 25.00 mL KIO_3 标准溶液 3 份，分别置于 500 mL 锥形瓶中，然后加入 20 mL 10%KI 溶液、5 mL 1 mol·L^{-1} H_2SO_4 溶液，加水稀释至约 200 mL，立即用待标定的 $Na_2S_2O_3$ 溶液滴定，当溶液滴定到由棕色转变为浅黄色时，加入 5 mL 1%淀粉溶液，继续滴定至溶液由蓝色变为无色，即为终点。

2. 铜合金中铜含量的测定

准确称取铜合金试样（含 80%~90%的铜）0.10~0.15 g，置于 250 mL 锥形瓶中，加入 10 mL HCl（1:1），滴加约 2 mL 30%H_2O_2，加热使试样溶解完全后，加热使 H_2O_2 分解赶尽，再煮沸 1~2 min，但不要使溶液蒸干。冷却后加约 60 mL 水，滴加氨水（1:1）直到溶液中刚刚有稳定的沉淀出现，加入 8 mL HAc（1:1）、10 mL 20% NH_4HF_2 缓冲溶液、10 mL 20%KI 溶液，用 0.1 mol·L^{-1} $Na_2S_2O_3$ 溶液滴定至浅黄色。然后加入 3 mL 0.5%淀粉溶液，继续滴定溶液至浅灰色（或浅蓝色）。加入 10 mL 10% NH_4SCN 溶液，继续滴定至溶液的蓝色消失，此时因有白色沉淀物存在，终点颜色呈现灰白色（或浅肉色）。根据滴定时所消耗的 $Na_2S_2O_3$ 以及试样质量 m 等，计算铜的含量。

【思考题】

(1) 碘量法测定铜时，为什么常要加入 NH_4HF_2？为什么临近终点时加入 NH_4SCN（或 KSCN）？

(2) 配制标定 $Na_2S_2O_3$ 溶液应注意哪些问题？

(3) 用纯铜标定 $Na_2S_2O_3$ 溶液时，如用 HCl 和 H_2O_2 分解铜，最后 H_2O_2 未分解尽，对标定 $Na_2S_2O_3$ 的浓度会有什么影响？

Ⅱ 胆矾（$CuSO_4 \cdot 5H_2O$）中铜的测定

【实验目的】

(1) 了解淀粉指示剂的作用原理。
(2) 了解碘量法测定铜的原理。

【实验原理】

胆矾中铜的含量可用碘量法测定。本方法常用于铜合金、矿石（铜矿）及农药等试样中铜的测定。

为了防止 I^- 的氧化（Cu^{2+} 催化此反应），反应不能在强酸性溶液中进行。由于 Cu^{2+} 的水解及 I_2 易被碱分解，反应也不能在碱性溶液中进行。一般控制反应在 pH 值为 3～4 的弱酸介质中进行。

【实验仪器及试剂】

H_2SO_4（2 mol·L^{-1}）；KI(20%)；KSCN(10%)；Na_2CO_3（s，分析纯）。

淀粉溶液（1%）：称取 1 g 马铃薯淀粉（山芋粉）于烧杯中，先加少量水润湿，然后加沸水约 100 mL，加热溶解呈透明溶液，冷却后取上层清液使用。

$CuSO_4 \cdot 5H_2O$ 样品：置广口瓶中备用。

$Na_2S_2O_3$ 标准溶液（0.10 mol·L^{-1}）：称取 12.5 g $Na_2S_2O_3 \cdot 5H_2O$，溶于刚煮沸并冷却后的 500 mL 水中，再加入约 0.1 g Na_2CO_3，将溶液保存在棕色瓶中，于暗处放置几天后进行标定。

$K_2Cr_2O_7$ 标准溶液（$c_{K_2Cr_2O_7}=0.01667$ mol·L^{-1}）：将 $K_2Cr_2O_7$ 在 150～180 ℃烘干 2 h 后于干燥器中放至室温保存；准确称取 1.225 8 g $K_2Cr_2O_7$ 于 100 mL 烧杯中，加水溶解后，定量移入 250 mL 容量瓶中，稀释至刻度，摇匀。

【实验步骤】

1. $Na_2S_2O_3$ 溶液的标定

准确移取 25.00 mL $K_2Cr_2O_7$ 标准溶液于锥形瓶中，加入 10 mL 2 mol·L^{-1} H_2SO_4 溶液、20%KI 溶液 10 mL，摇匀放在暗处 5 min，待反应完全后，加入 80 mL 蒸馏水，用待标定的 $Na_2S_2O_3$ 溶液滴定至黄绿色，然后加入 5 mL 1%淀粉溶液，继续滴定至溶液呈现亮蓝色为终点。记下 $V_{Na_2S_2O_3}$，计算 $c_{Na_2S_2O_3}$。

2. 胆矾中铜的测定

准确称取 0.5～0.6 g $CuSO_4 \cdot 5H_2O$ 样品 3 份，分别置于 250 mL 锥形瓶中，加 12 滴 2 mol·L^{-1} H_2SO_4，溶解，加 80 mL 水、5 mL 20%KI 溶液，用 $Na_2S_2O_3$ 标准溶液滴定至淡黄色，然后加入 5 mL 淀粉溶液继续滴定至溶液呈浅蓝色，再加入 10 mL 10%KSCN 溶

液,用 $Na_2S_2O_3$ 溶液滴定至蓝色刚好消失即为终点,此时溶液呈肉粉色。平行滴定 3 次,记下每次消耗的 $Na_2S_2O_3$ 溶液体积,计算试样中 Cu 的含量。

【思考题】

(1) 溶解胆矾试样时,为什么加 H_2SO_4 溶液?能否用 HCl 溶液?

(2) 碘量法测定铜时,为什么要在弱酸性介质中进行?

(3) 硫酸铜溶液中铜含量的测定为什么在溶液呈淡黄色时才能加入淀粉溶液?

实验十四 水样中化学需氧量的测定

【实验目的】

(1) 了解环境分析的重要性及水样的采集和保存方法。

(2) 了解水中化学需氧量(COD)与水体污染的关系。

(3) 掌握高锰酸钾法测定水中 COD 的原理。

【实验原理】

化学需氧量是指在一定条件下,用强氧化剂处理水样中还原性物质所消耗的氧化剂的量,换算成氧的含量(以 $mg \cdot L^{-1}$ 计)。化学需氧量反映水体受还原性物质(主要是有机物)污染的程度。测定时,向水样中加入 H_2SO_4 及一定量的 $KMnO_4$ 溶液,在沸水浴中加热,使水样中还原性物质氧化,剩余的 $KMnO_4$ 用过量的 $Na_2C_2O_4$ 还原,再以 $KMnO_4$ 标准溶液返滴定剩余的 $Na_2C_2O_4$。Cl^- 对此法有干扰,故本法仅适合地表水、地下水、饮用水和生活污水中 COD 的测定,含 Cl^- 高的工业废水则应采用重铬酸钾法测定。

测定的反应式为

$$4MnO_4^- + 5C + 12H^+ = 4Mn^{2+} + 5CO_2\uparrow + 6H_2O$$

$$2MnO_4^- + 5C_2O_4^{2-} + 16H^+ = 2Mn^{2+} + 10CO_2\uparrow + 8H_2O$$

测定结果计算式为

$$COD = \frac{\left[\frac{5}{4}c_{MnO_4^-}(V_1+V_2) - \frac{1}{2}(cV)_{C_2O_4^{2-}}\right] \times 32.00 \text{ g} \cdot mol^{-1} \times 1000}{V_{水样}}$$

式中,V_1 为第一次加入 $KMnO_4$ 溶液的体积;V_2 为第二次加入 $KMnO_4$ 溶液的体积。

【实验仪器及试剂】

$KMnO_4$ 溶液(0.02 $mol \cdot L^{-1}$);H_2SO_4 溶液(1:3)。

$KMnO_4$ 溶液(0.002 $mol \cdot L^{-1}$):吸取 25.00 mL 0.02 $mol \cdot L^{-1}$ $KMnO_4$ 标准溶液于 250 mL 容量瓶中,以新煮沸且冷却的蒸馏水稀释至刻度。

$Na_2C_2O_4$ 标准溶液(0.005 $mol \cdot L^{-1}$):将 $Na_2C_2O_4$ 于 100~105 ℃ 干燥 2 h,在干燥器中冷却至室温,准确称取 0.17 g 左右干燥试样,置于小烧杯中,加水溶解,并定量转移至 250 mL 容量瓶中,加水稀释至刻度。

水样:采集水样后,应加入 H_2SO_4 溶液使水样 pH<2,抑制微生物繁殖,必要时在 0~5 ℃ 保存,应在 48 h 内测定。

【实验步骤】

根据水质污染程度取水样 10～100 mL，由外观可初步判断取样量：洁净透明的水样取 100 mL；污染严重、混浊的水样取 10～30 mL，补蒸馏水至 100 mL。将水样置于 250 mL 锥形瓶中，加 10 mL H_2SO_4 后，准确加入 10 mL 0.002 mol·L^{-1} $KMnO_4$ 溶液，立即加热至沸，若此时红色褪去，说明水中有机物含量较多，应补加适量 $KMnO_4$ 溶液，直至试样溶液呈现稳定的红色。从冒第一个大泡开始计时，用小火准确煮沸 10 min，取下锥形瓶，趁热加入 10.00 mL 0.005 mol·L^{-1} $Na_2C_2O_4$ 标准溶液，摇匀，溶液由红色转为无色。用 0.002 mol·L^{-1} $KMnO_4$ 溶液滴定至稳定的淡红色为终点。平行测定 3 份，取平均值。

另取 100 mL 蒸馏水代替水样，同上操作，求得空白值，计算化学需氧量时将空白值减去。

【思考题】

(1) 水样的采集及保存应注意哪些事项？
(2) 水样加入 $KMnO_4$ 溶液煮沸后，若红色消失说明什么？应采取什么措施？
(3) 当水样中 Cl^- 含量高时，能否用该法测定？为什么？
(4) 测定水中 COD 的意义何在？有哪些方法测定 COD？

实验十五 直接碘量法测定水果中维生素 C 的含量

【实验目的】

(1) 掌握碘标准溶液的配制与标定方法。
(2) 了解直接碘量法测定维生素 C 的原理及操作过程。

【实验原理】

维生素 C 即 L-抗坏血酸，分子式为 $C_6H_8O_6$，因为其分子中的烯二醇基具有还原性，能被 I_2 定量氧化成二酮基而生成脱氢维生素 C：

$$\underset{\underset{OH\ OH}{|\ \ \ |}}{\overset{\overset{H\ OH}{|\ \ \ |}}{C-C=C-C-C-CH}}\overset{O}{\|} + I_2 \longrightarrow \underset{\underset{O\ \ O}{\|\ \ \|}}{\overset{\overset{H\ OH}{|\ \ \ |}}{C-C-C-C-C-CH}}\overset{O}{\|} + 2HI$$

维生素 C 的半反应为

$$C_6H_8O_6 \rightleftharpoons C_6H_6O_6 + 2H^+ + 2e^- \quad E^\ominus \approx +0.18\ V$$

由于维生素 C 还原性很强，极易被空气中的氧氧化，特别是在碱性介质中更易发生歧化反应，因此测定时加入乙酸使溶液呈弱酸性，以降低氧化速度，减少维生素 C 的损失。

【实验试剂及材料】

淀粉溶液（5 g·L^{-1}）；乙酸溶液（2 mol·L^{-1}）；$NaHCO_3$(s)。

I_2 溶液（c_{I_2} = 0.05 mol·L^{-1}）：称取 3.3 g I_2 和 5 g KI，置于研钵中，在通风橱中加入少量水研磨，待 I_2 全部溶解后，将溶液转入棕色试剂瓶中，加水稀释至 250 mL，充分摇匀，置于暗处保存。

I_2 标准溶液（c_{I_2} = 0.005 mol·L^{-1}）：将上述 I_2 溶液稀释 10 倍即可。

$Na_2S_2O_3$ 标准溶液（0.01 mol·L^{-1}）：将实验十三中的 0.1 mol·L^{-1} $Na_2S_2O_3$ 溶液稀释 10 倍即可。

果浆：取水果可食部分捣碎制成。

【实验步骤】

1. I_2 溶液的标定

吸取 25.00 mL $Na_2S_2O_3$ 标准溶液 3 份，分别置于 250 mL 锥形瓶中，加 50 mL 水、2 mL 淀粉溶液，用 I_2 溶液滴定至溶液呈稳定的蓝色，且 30 s 内不褪色即为终点。计算 I_2 溶液的浓度。

2. 水果中维生素 C 含量的测定

于 100 mL 小烧杯中准确称取新制得的果浆（橙、橘、番茄等的果浆）30～50 g，立即加入 10 mL 2 mol·L^{-1} 乙酸，定量转入 250 mL 锥形瓶中，加入 2 mL 淀粉溶液，立即用 I_2 标准溶液滴定至溶液呈现稳定的蓝色。计算果浆中维生素 C 的含量。

【思考题】

（1）果浆中加入乙酸的作用是什么？

（2）配制 I_2 溶液时加入 KI 的目的是什么？

实验十六　氯含量的测定

I　莫尔（Mohr）法

【实验目的】

（1）学习 $AgNO_3$ 标准溶液的配制和标定方法。

（2）掌握莫尔法进行沉淀滴定的原理、方法和实验操作。

【实验原理】

某些可溶性氯化物中氯含量的测定常采用莫尔法。在中性或弱碱性溶液中，以 K_2CrO_4 为指示剂，用 $AgNO_3$ 标准溶液进行滴定。因 AgCl 沉淀的溶解度比 Ag_2CrO_4 小，所以溶液中首先析出 AgCl 沉淀，当 AgCl 定量沉淀后，过量加 1 滴 $AgNO_3$ 溶液即与 CrO_4^{2-} 生成砖红色 Ag_2CrO_4 沉淀，指示达到终点。主要反应式如下：

$$Ag^+ + Cl^- \longrightarrow AgCl\downarrow（白色） \quad K_{sp}=1.8\times10^{-10}$$

$$2Ag^+ + CrO_4^{2-} \longrightarrow Ag_2CrO_4\downarrow（砖红色） \quad K_{sp}=2.0\times10^{-12}$$

滴定必须在中性或弱碱性溶液中进行，最适宜 pH 值范围为 6.5～10.5。如果有铵盐存在，溶液的 pH 值需控制在 6.5～7.2。

指示剂的用量对滴定有影响，一般以 5×10^{-3} mol·L^{-1} 为宜。凡是能与 Ag^+ 生成难溶性化合物或配合物的阴离子都干扰测定，如 PO_4^{3-}、AsO_4^{3-}、SO_3^{2-}、S^{2-}、CO_3^{2-}、$C_2O_4^{2-}$ 等，其中 H_2S 可加热煮沸除去，SO_3^{2-} 可氧化成 SO_4^{2-} 后不再干扰测定。大量 Cu^{2+}、Ni^{2+}、Co^{2+} 等有色离子将影响终点观察。凡是能与 CrO_4^{2-} 指示剂生成难溶化合物的阳离子也干扰测定，如 Ba^{2+}、Pb^{2+} 能与 CrO_4^{2-} 分别生成 $BaCrO_4$ 和 $PbCrO_4$ 沉淀。Ba^{2+} 的干扰

可加入过量的 Na_2SO_4 消除。

Al^{3+}、Fe^{3+}、Bi^{3+}、Sn^{4+} 等高价金属离子在中性或弱碱性溶液中易水解产生沉淀,会干扰测定。

【实验仪器及试剂】

K_2CrO_4 溶液(5%);NaCl 试样。

NaCl 基准试剂:在 500~600 ℃高温炉中灼烧半小时后,放置干燥器中冷却;也可将 NaCl 置于带盖的瓷坩埚中,加热,并不断搅拌,待爆炸声停止后,继续加热 15 min,将坩埚放入干燥器中冷却后使用。

$AgNO_3$ 标准溶液(0.1 mol·L^{-1}):称 8.5 g $AgNO_3$ 溶解于 500 mL 不含 Cl^- 的蒸馏水中,将溶液转入棕色试剂瓶中,置暗处保存,以防光照分解。

【实验步骤】

1. $AgNO_3$ 溶液的标定

准确称取 0.5~0.65 g NaCl 基准试剂于小烧杯中,溶解后转入 100 mL 容量瓶中,稀释至刻度,摇匀。

用移液管移取 25.00 mL NaCl 于 250 mL 锥形瓶中,加入 25 mL 水,用吸量管加入 1 mL 5% K_2CrO_4 溶液,在不断摇动下,用 $AgNO_3$ 溶液滴定至出现砖红色沉淀,即为终点。平行标定 3 份。根据所消耗 $AgNO_3$ 的体积和 NaCl 的质量,计算 $AgNO_3$ 的浓度。

2. 试样分析

准确称取 1.5 g NaCl 试样置于烧杯中,加水溶解后,转入 250 mL 容量瓶中,用水稀释至刻度,摇匀。

用移液管移取 25.00 mL 试液于 250 mL 锥形瓶中,加 25 mL 水,用 1 mL 吸量管加入 1 mL 5% K_2CrO_4 溶液,在不断摇动下,用 $AgNO_3$ 标准溶液滴定至溶液出现砖红色沉淀,即为终点。平行测定 3 份,计算试样中氯的含量。

实验完毕后,将 $AgNO_3$ 溶液的滴定管先用蒸馏水冲洗 2~3 次,再用自来水洗净,以免 AgCl 残留于管内。

【思考题】

(1) 莫尔法测氯时,为什么溶液的 pH 值须控制在 6.5~10.5?

(2) 以 K_2CrO_4 作指示剂时,指示剂浓度过大或过小对测定有何影响?

Ⅱ 佛尔哈德(Volhard)法

【实验目的】

(1) 学习 NH_4SCN 标准溶液的配制和标定。

(2) 掌握用佛尔哈德法测定氯化物中氯含量的原理与操作。

【实验原理】

在含 Cl^- 的酸性试液中,加入一定量且过量的 Ag^+ 标准溶液,定量生成 AgCl 沉淀后,过量 Ag^+ 以铁铵矾为指示剂,用 NH_4SCN 标准溶液回滴,由 $[Fe(SCN)]^{2+}$ 配离子的红色指示滴定终点。主要反应为

$$Ag^+ + Cl^- \rightleftharpoons AgCl\downarrow(白色) \quad K_{sp}=1.8\times10^{-10}$$

$$Ag^+ + SCN^- \rightleftharpoons AgSCN\downarrow(白色) \quad K_{sp}=1.0\times10^{-12}$$

$$Fe^{3+} + SCN^- = [Fe(SCN)]^{2+} (红色)$$

指示剂用量大小对滴定有影响，一般控制 Fe^{3+} 浓度 0.015 mol·L^{-1} 为宜。

滴定时，控制氢离子浓度为 $0.1\sim1$ mol·L^{-1}，剧烈摇动溶液，并加入硝基苯（有毒！）或石油醚保护 AgCl 沉淀，使其与溶液隔开，防止 AgCl 沉淀与 SCN^- 发生交换反应而消耗滴定剂。

能与 SCN^- 生成沉淀或配合物、能氧化 SCN^- 的物质均对测定有干扰。PO_4^{3-}、AsO_4^{3-}、CrO_4^{2-} 等，由于酸效应的作用而不影响测定。

佛尔哈德法常用于直接测定银合金和矿石中银的质量分数。

【实验仪器及试剂】

$AgNO_3$ 标准溶液（0.1 mol·L^{-1}）；铁铵矾指示剂标准（40%）；硝基苯；NaCl 试样。

NH_4SCN 标准溶液（0.1 mol·L^{-1}）：称取 3.8 g NH_4SCN（分析纯），用 500 mL 水溶解后转入试剂瓶中。

HNO_3（1:1）：若含有氮的氧化物而呈黄色时，应煮沸驱除氮化合物。

【实验步骤】

1. NH_4SCN 溶液的标定

用移液管移取 25.00 mL $AgNO_3$ 标准溶液于 250 mL 锥形瓶中，加入 5 mL HNO_3 (1:1)、1.0 mL 铁铵矾指示剂，然后用 NH_4SCN 溶液滴定。滴定时，剧烈振荡溶液，当滴至溶液颜色为淡红色稳定不变时，即为终点。平行标定 3 份。计算 NH_4SCN 溶液浓度。

2. 试样分析

准确称取约 2 g NaCl 试样于 50 mL 烧杯中，加水溶解后，转入 250 mL 容量瓶中，稀释至刻度，摇匀。用移液管移取 25.00 mL 试样溶液于 250 mL 锥形瓶中，加 25 mL 水、5 mL HNO_3（1:1），由滴定管加入 $AgNO_3$ 标准溶液至过量 5~10 mL（加入 $AgNO_3$ 溶液时，生成 AgCl 白色沉淀，接近计量点时，氯化银要凝聚，振荡溶液，再让其静置片刻，使沉淀沉降，然后加入几滴 $AgNO_3$ 到清液层，如不生成沉淀，说明 $AgNO_3$ 已过量，这时，再适当加至过量 5~10 mL $AgNO_3$ 即可）。然后，加入 2 mL 硝基苯，用橡皮塞塞住瓶口，剧烈振荡 30 s，使 AgCl 沉淀进入硝基苯层而与溶液隔开。再加入 1.0 mL 铁铵矾指示剂，用 NH_4SCN 标准溶液滴至出现淡红色且稳定不变时，即为终点。平行测定 3 份。计算 NaCl 试样中氯的含量。

【思考题】

(1) 佛尔哈德法测氯时，为什么要加入石油醚或硝基苯？当用此法测定 Br^-、I^- 时，还需加入石油醚或硝基苯吗？

(2) 试讨论酸度对佛尔哈德法测定卤素离子含量时的影响。

(3) 本实验为什么用 HNO_3 酸化？可否用 HCl 或 H_2SO_4？为什么？

实验十七　邻二氮菲分光光度法测定铁

【实验目的】

(1) 学习分光光度计的使用方法。

(2) 通过分光光度法测定铁的条件实验，学会如何选择光度分析的条件。

(3) 掌握邻二氮菲分光光度法测定铁的原理和方法。

【实验原理】

邻二氮菲（phen）又称邻菲罗啉，是测定铁的一种良好试剂。在 pH=2～9 的溶液中，Fe^{2+} 与邻二氮菲生成稳定的橘红色配合物 $[Fe(phen)_3]^{2+}$，其 $\lg\beta_3=21.3$，摩尔吸光系数 $\varepsilon_{508}=1.1\times10^4 \text{ L}\cdot\text{mol}^{-1}\cdot\text{cm}^{-1}$。当铁为三价状态时，可用盐酸羟胺还原：

$$2Fe^{3+}+2NH_2OH\cdot HCl = 2Fe^{2+}+N_2\uparrow+4H^++2H_2O+2Cl^-$$

测定时，控制溶液的酸度在 pH=5 左右较好。酸度高，反应进行较慢；酸度太低，则 Fe^{2+} 水解，影响显色。

Cu^{2+}、Co^{2+}、Ni^{2+}、Cd^{2+}、Hg^{2+}、Mn^{2+}、Zn^{2+} 等也能与邻二氮菲生成稳定配合物，在少量情况下，不影响 Fe^{2+} 的测定，量大时可用 EDTA 掩蔽或预先分离。

分光光度法的实验条件，如测量波长、溶液酸度、显色剂用量、显色时间、温度、溶剂以及共存离子干扰及其消除等，都是通过实验来确定的。本实验在测定试样中铁含量之前，先做部分条件实验，以便初学者掌握确定实验条件的方法。

【实验仪器及试剂】

分光光度计等。

邻二氮菲水溶液（0.15%）；NaAc（1 mol·L⁻）；NaOH（0.1 mol·L⁻¹）；HCl（6 mol·L⁻¹）。

铁标准溶液（100 μg·mL⁻¹）：准确称取 0.8634 g $NH_4Fe(SO_4)_2\cdot12H_2O$（分析纯）于 200 mL 烧杯中，加入 20 mL 6 mol·L⁻¹ HCl 和少量水，溶解后转移至 1 L 容量瓶中，稀释至刻度，摇匀。

盐酸羟胺水溶液（10%）：用时配制。

【实验步骤】

1. 调节仪器

按照仪器说明书调节仪器，设定参数，备用。

2. 实验条件的选择

(1) 吸收曲线的测绘

用吸量管吸取 0.0 mL、1.0 mL 铁标准溶液分别注入 2 个 50 mL 容量瓶（或比色管）中，各加入 1 mL 盐酸羟胺溶液、2 mL 邻二氮菲、5 mL NaAc，用水稀释至刻度，摇匀。放置 10 min 后，用 1 cm 比色皿，以试剂空白（即 0.0 mL 铁标准溶液）为参比溶液，在 440～560 nm 之间，每隔 10 nm 测一次吸光度，在最大吸收峰附近，每隔 2 nm 测定一次吸光度。以波长 λ 为横坐标，吸光度 A 为纵坐标，绘制 A 与 λ 关系的吸收曲线。从吸收曲线上选择测定铁的适宜波长，一般选用最大吸收波长 λ_{max}。

(2) 溶液酸度的选择

取 7 个编好号的 50 mL 容量瓶（或比色管），分别加入 1 mL 铁标准溶液、1 mL 盐酸羟胺、2 mL 邻二氮菲，摇匀。然后，用滴定管分别加入 0.0 mL、2.0 mL、5.0 mL、10.0 mL、15.0 mL、20.0 mL、30.0 mL、0.10 mol·L⁻¹ NaOH 溶液，用水稀释至刻度，摇匀，放置 10 min。用 1 cm 比色皿，以蒸馏水为参比溶液，在选择的波长下测定各溶液的吸光度。同时，用 pH 计测量各溶液的 pH 值。以 pH 值为横坐标，吸光度 A 为纵坐标，绘制 A 与 pH 值关系的酸度影响曲线，得出测定铁的适宜酸度范围。

(3) 显色剂用量的选择

取 7 个编好号的 50 mL 容量瓶（或比色管），各加入 1 mL 铁标准溶液、1 mL 盐酸羟胺，摇匀。再分别加入 0.10 mL、0.30 mL、0.50 mL、0.80 mL、1.0 mL、2.0 mL、4.0 mL 邻二氮菲和 5 mL NaAc 溶液，以水稀释至刻度，摇匀，放置 10 min。用 1 cm 比色皿，以蒸馏水为参比溶液，在选择的波长下测定各溶液的吸光度。以所取邻二氮菲溶液体积 V 为横坐标，吸光度 A 为纵坐标，绘制 A 与 V 关系的显色剂用量影响曲线，得出测定铁时显色剂的最适宜用量。

(4) 显色时间

在一个 50 mL 容量瓶（或比色管）中，加入 1 mL 铁标准溶液、1 mL 盐酸羟胺溶液，摇匀。再加入 2 mL 邻二氮菲、5 mL NaAc，以水稀释至刻度，摇匀。立刻用 1 cm 比色皿，以蒸馏水为参比溶液，在选择的波长下测量吸光度。然后依次测量放置 5 min、10 min、30 min、60 min、120 min……后的吸光度。以时间 t 为横坐标，吸光度 A 为纵坐标，绘制 A 与 t 的显色时间影响曲线，得出铁与邻二氮菲显色反应完全所需要的适宜时间。

3. 铁含量的测定

(1) 标准曲线的制作

用移液管吸取 10 mL 100 $\mu g \cdot mL^{-1}$ 铁标准溶液于 100 mL 容量瓶中，加入 2 mL HCl，用水稀释至刻度，摇匀。此液为每毫升含 Fe^{3+} 10 μg。

在 6 个编好号的 50 mL 容量瓶（或比色管）中，用吸量管分别加入 0.0 mL、2.0 mL、4.0 mL、6.0 mL、8.0 mL、10.0 mL 10 $\mu g \cdot mL^{-1}$ 铁标准溶液，分别加入 1 mL 盐酸羟胺、2 mL 邻二氮菲、5 mL NaAc 溶液，每加入一种试剂后都要摇匀。然后，用水稀释至刻度，摇匀后放置 10 min。用 1 cm 比色皿，以试剂为空白（即 0.0 mL 铁标准溶液），在所选择的波长下，测量各溶液的吸光度。以含铁量为横坐标，吸光度 A 为纵坐标，绘制标准曲线。

由绘制的标准曲线，重新查出相应铁浓度的吸光度，计算 Fe^{2+}-phen 配合物的摩尔吸光系数 ε。

(2) 试样中铁含量的测定

准确吸取 2 mL 试液于 50 mL 容量瓶（或比色管）中，按标准曲线的制作步骤，加入各种试剂，测量吸光度。从标准曲线上查出和计算试样中铁的含量（$\mu g \cdot mL^{-1}$）。

(3) 数据处理说明

使用电脑绘制各种条件实验曲线、标准曲线以及计算试样中物质的含量。

【数据记录及处理】

(1) 吸收曲线的测绘数据见表 3-2-3（根据记录数据绘制吸收曲线，记录 λ_{max} 值）。

表 3-2-3　不同波长下的吸光度数据

波长/nm	440	450	460	470	480	490	500	510	520	530	540	550	560
吸光度													
波长/nm													
吸光度													

注：第二行为在最大吸收波长附近，每隔 2 nm 测定一次吸光度（前后各测 5 个数据）。

(2) 溶液酸度的选择数据见表 3-2-4（根据数据绘制溶液酸度影响曲线，记录 $pH_{最佳}$ 值）。

表 3-2-4　不同 pH 下的吸光度数据

NaOH 用量/mL	0.0	2.0	5.0	10.0	15.0	20.0	30.0
pH							
吸光度							

（3）显色剂用量的选择数据见表 3-2-5（根据数据绘制显色剂用量曲线，记录 $V_{最佳}$ 值）。

表 3-2-5　不同显色剂用量下的吸光度数据

显色剂用量/mL	0.10	0.30	0.50	0.80	1.00	2.00	4.00
吸光度							

（4）显色时间的选择数据见表 3-2-6（根据数据绘制显色时间影响曲线，记录 $t_{最佳}$ 值）。

表 3-2-6　不同显色时间下的吸光度数据

显色时间/min	5	10	30	60	120
吸光度					

（5）铁含量的测定数据见表 3-2-7（根据数据绘制标准曲线并查出铁浓度）。

表 3-2-7　不同铁标准溶液浓度下的吸光度数据

铁标准溶液浓度/($\mu g \cdot mL^{-1}$)	0.0	0.4	0.8	1.2	1.6	2.0
吸光度						

【思考题】

（1）本实验各项测定中，量取体积用什么器皿？为什么？
（2）吸收曲线和标准曲线的测绘有何意义？
（3）邻二氮菲分光光度法测铁的适宜条件是什么？
（4）制作标准曲线和进行其他条件实验时，加入试剂的顺序能否任意改变？为什么？

实验十八　钢铁中镍含量的测定

【实验目的】

（1）了解重量法的原理。
（2）熟悉沉淀和过滤过程的操作。

【实验原理】

丁二酮肟是二元弱酸 H_2D，其分子式为 $C_4H_8O_2N_2$，摩尔质量为 $116.2\ g\cdot mol^{-1}$。只有 HD^- 状态才能在氨性溶液中与 Ni^{2+} 发生沉淀反应。经过滤、洗涤、在 120 ℃ 下烘干至恒重，称得丁二酮肟镍沉淀的质量 $m_{Ni(HD)_2}$。

本法沉淀介质为 pH＝8～9 的氨性溶液。酸度大，生成 H_2D，使沉淀溶解度增大；酸度小，由于生成 D^{2-}，同样将增加沉淀的溶解度。氨浓度太高，会生成 Ni^{2+} 的氨配合物。

丁二酮肟是一种高选择性的有机沉淀剂，它只与 Ni^{2+}、Pd^{2+}、Fe^{2+} 生成沉淀。Co^{2+}、Cu^{2+} 与其生成水溶性配合物，不仅会消耗 H_2D，而且会引起共沉淀现象。若 Co^{2+}、Cu^{2+} 含量高时，最好进行二次沉淀或预先分离。

由于 Fe^{3+}、Al^{3+}、Cr^{3+}、Ti^{4+} 等在氨性溶液中生成氢氧化物沉淀，干扰测定，故在溶液加氨水前，需加入柠檬酸或酒石酸等配位剂，使其生成水溶性的配合物。

【实验仪器及试剂】

G4 微孔玻璃坩埚（2个）等。

钢铁试样。混合酸：$HCl + HNO_3 + H_2O$（3∶1∶2）；酒石酸或柠檬酸溶液（50%）；丁二酮肟乙醇溶液（1%）；氨水（1∶1）；HCl（1∶1）；HNO_3（2 mol·L^{-1}）；$AgNO_3$（0.1 mol·L^{-1}）；钢铁试样。

氨-氯化铵洗涤液：每 100 mL 水中加 1 mL 氨水和 1 g NH_4Cl。

【实验步骤】

准确称取试样 2 份，分别置于 500 mL 烧杯中，加入 20~40 mL 混合酸，盖上表面皿，低温加热溶解后，煮沸除去氮的氧化物，加入 5~10 mL 50%酒石酸溶液（每克试样加入 10 mL），然后，在不断搅动下，滴加氨水（1∶1）至溶液 pH=8~9，此时溶液转变为蓝绿色。如有不溶物，应将沉淀过滤，并用热的氨-氯化铵洗涤液洗涤沉淀数次（洗涤液与滤液合并）。滤液用 HCl（1∶1）酸化，用热水稀释至约 300 mL，加热至 70~80 ℃，在不断搅动下，加入 1%丁二酮肟乙醇溶液沉淀 Ni^{2+}（每毫克 Ni^{2+} 约需 1 mL 1%丁二酮肟乙醇溶液），最后再多加 20~30 mL，但所加试剂的总量不要超过试液体积的 1/3，以免增大沉淀的溶解度。在不断搅拌下，滴加氨水（1∶1），使溶液的 pH 值为 8~9。在 60~70 ℃下保温 30~40 min。取下，稍冷后，用已恒重的 G4 微孔玻璃坩埚进行减压过滤，用微氨性的 50%酒石酸溶液洗涤烧杯和沉淀 8~10 次，再用温热水洗涤沉淀至无 Cl^- 为止（检查 Cl^- 时，可将滤液以稀 HNO_3 酸化，用 $AgNO_3$ 检查）。将具有沉淀的微孔玻璃坩埚在 130~150 ℃烘箱中烘 1 h，冷却，称重，再烘干，称重，直至恒重为止。根据丁二酮肟镍的质量，计算试样中镍的含量。

实验完毕后，坩埚用稀 HCl 洗涤干净。

【思考题】

(1) 溶解试样时加入 HNO_3 起什么作用？

(2) 为了得到纯丁二酮肟镍沉淀，应选择和控制好哪些条件？

(3) 本法测定 Ni 含量时，也可将 $Ni(HD)_2$ 沉淀灼烧至恒重。试比较两种方法的优缺点。

实验十九　$BaCl_2·2H_2O$ 中钡含量的测定

【实验目的】

(1) 了解晶形沉淀的生成原理和沉淀条件。

(2) 练习沉淀的生成、过滤、洗涤和灼烧的操作技术。

【实验原理】

称取一定量 $BaCl_2·2H_2O$，用水溶解，加稀 HCl 酸化，加热至微沸，在不断搅动下，慢慢地加入稀、热的 H_2SO_4，Ba^{2+} 与 SO_4^{2-} 反应，形成晶形沉淀。沉淀经陈化、过滤、洗涤、烘干、炭化、灰化、灼烧后，以 $BaSO_4$ 形式称重，可求出 $BaCl_2$ 中 Ba 的含量。

$BaSO_4$ 溶解度很小（$K_{sp}=1.1\times10^{-10}$），在 25 ℃时 100 mL 溶液溶解 0.25 mg，当过量沉淀剂存在时，溶解度更小，一般可以忽略不计。用 $BaSO_4$ 重量法测定 Ba^{2+} 时，一般用稀 H_2SO_4 作沉淀剂。为了使 $BaSO_4$ 沉淀完全，H_2SO_4 必须过量。由于 H_2SO_4 在高温下可挥发除去，故沉淀带下的 H_2SO_4 不致引起误差，因此沉淀剂可过量 50%～100%。如果用 $BaSO_4$ 重量法测定 SO_4^{2-} 时，沉淀剂 $BaCl_2$ 只允许过量 20%～30%，因为 $BaCl_2$ 灼烧时不易挥发除去。

在进行沉淀时，必须注意创造和控制有利于形成较大颗粒晶体的条件，如在搅拌条件下将沉淀剂的稀溶液加入试样溶液、采用陈化步骤等。

$PbSO_4$、$SrSO_4$ 的溶解度均较小，Pb^{2+}、Sr^{2+} 对钡的测定有干扰。NO_3^-、ClO_3^-、Cl^- 等阴离子和 K^+、Na^+、Ca^{2+}、Fe^{3+} 等阳离子，均可以引起共沉淀现象，故应严格掌握沉淀条件，减少共沉淀现象，以获得纯净的 $BaSO_4$ 晶形沉淀。

【实验仪器及试剂】

瓷坩埚（25 mL，2～3 个）；定量滤纸（慢速或中速）；沉淀帚（1 把）；玻璃漏斗（2 个）；等等。

H_2SO_4（1 mol·L^{-1}，0.1 mol·L^{-1}）；HCl（2 mol·L^{-1}）；HNO_3（2 mol·L^{-1}）；$AgNO_3$（0.1 mol·L^{-1}）；$BaCl_2\cdot2H_2O$（分析纯）。

【实验步骤】

1. 称样及沉淀的制备

准确称取 2 份 0.4～0.6 g $BaCl_2\cdot2H_2O$ 试样，分别置于 250 mL 烧杯中，加入约 100 mL 水、3 mL 2 mol·L^{-1} HCl，搅拌溶解，加热至近沸。

另取 4 mL 1 mol·L^{-1} H_2SO_4 2 份于 2 个 100 mL 烧杯中，加水 30 mL，加热至近沸，趁热将 2 份 H_2SO_4 溶液分别用小滴管逐滴加入到 2 份热的钡盐溶液中，并用玻璃棒不断搅拌，直至 2 份 H_2SO_4 溶液加完为止。待 $BaSO_4$ 沉淀下沉后，于上层清液中加入 1～2 滴 0.1 mol·L^{-1} H_2SO_4 溶液，仔细观察沉淀是否完全。沉淀完全后，盖上表面皿（切勿将玻璃棒拿出杯外），放置过夜陈化；也可将沉淀放在水浴或沙浴上，保温 40 min，陈化。

2. 沉淀的过滤和洗涤

按前述操作，用慢速或中速滤纸倾析法过滤。用稀 H_2SO_4（用 1 mL 1 mol·L^{-1} H_2SO_4 和 100 mL 水配成）洗涤沉淀 3～4 次，每次约 10 mL。然后，将沉淀定量转移到滤纸上，用沉淀帚由上到下擦拭烧杯内壁，并用折叠滤纸时撕下的小片滤纸擦拭杯壁，并将此小片滤纸放于漏斗中，再用稀 H_2SO_4 洗涤 4～6 次，直至洗涤液中不含 Cl^- 为止（检查方法：用试管收集 2 mL 滤液，加 1 滴 2 mol·L^{-1} HNO_3 酸化，加入 2 滴 $AgNO_3$，若无白色混浊产生，表示 Cl^- 已洗净）。

3. 空坩埚的恒重

将 2 个洁净的瓷坩埚放在（800±20）℃的马弗炉中灼烧至恒重（恒重是指两次灼烧后称量质量之差不大于 0.4 mg）。第一次灼烧 40 min，第二次后每次只灼烧 20 min。灼烧也可在煤气灯上进行。

4. 沉淀的灼烧和恒重

将折叠好的沉淀滤纸包置于已恒重的瓷坩埚中，经烘干、炭化、灰化后，在 (800±20)℃ 马弗炉中灼烧至恒重。计算 $BaCl_2·2H_2O$ 中钡的含量。

【思考题】

(1) 为什么要在稀 HCl 介质中沉淀 $BaSO_4$？HCl 加入太多有何影响？

(2) 为什么要在热溶液中沉淀 $BaSO_4$，在冷却后过滤？

(3) 沉淀完毕后，为什么要将沉淀与母液一起保温放置一段时间后才进行过滤？

(4) 用倾析法过滤有什么优点？

(5) 什么叫恒重？怎样才能把灼烧后的沉淀称准？

实验二十 水泥熟料中 SiO_2、Fe_2O_3、Al_2O_3、CaO 和 MgO 含量的测定

【实验目的】

(1) 了解重量法测定水泥熟料中 SiO_2 含量的原理和方法。

(2) 进一步掌握配位滴定法的原理，特别是通过控制试液的酸度、温度及选择适当的掩蔽剂和指示剂等，在铁、铝、钙、镁共存时直接分别测定它们的方法。

(3) 掌握配位滴定的几种测定方法——直接滴定法、返滴法和差减法，以及这几种测定法中的计算方法。

(4) 掌握水浴加热、沉淀、过滤、洗涤、灰化、灼烧等操作技术。

【实验原理】

水泥熟料主要由硅酸盐组成，它是由水泥生料经 1400 ℃ 以上的高温煅烧而成的。通过熟料分析，可以检验熟料质量和烧成情况的好坏；根据分析结果，可及时调整原料的配比以控制生产。

普通硅酸盐水泥熟料的主要化学成分及其控制范围，大致如表 3-2-8 所示。

同时，对几种成分限制如下：

$$w_{MgO} < 4.5\%, w_{SO_3} < 3.0\%$$

表 3-2-8 普通硅酸盐水泥熟料的主要化学成分及其控制范围

化学成分	含量范围(质量分数)/%	一般控制范围(质量分数)/%
SiO_2	18~24	20~24
Fe_2O_3	2.0~5.5	3~5
Al_2O_3	4.0~9.5	5~7
CaO	60~68	63~68

水泥熟料中碱性氧化物占 60% 以上，其主要成分为硅酸三钙（$3CaO·SiO_2$[❶]）、硅酸二

[❶] 这里的化学式 $3CaO·SiO_2$ 指的是 3 分子 CaO 与 1 分子 SiO_2。其他化学式如 $2CaO·SiO_2$ 含义相同。

钙（$2CaO \cdot SiO_2$）、铝酸三钙（$3CaO \cdot Al_2O_3$）和铁铝酸四钙（$4CaO \cdot Al_2O_3 \cdot Fe_2O_3$）等化合物，易为酸所分解。当这些化合物与盐酸作用时，生成硅酸和可溶性的氯化物：

$$2CaO \cdot SiO_2 + 4HCl \Longrightarrow 2CaCl_2 + H_2SiO_3 + H_2O$$
$$3CaO \cdot SiO_2 + 6HCl \Longrightarrow 3CaCl_2 + H_2SiO_3 + 2H_2O$$
$$3CaO \cdot Al_2O_3 + 12HCl \Longrightarrow 3CaCl_2 + 2AlCl_3 + 6H_2O$$
$$4CaO \cdot Al_2O_3 \cdot Fe_2O_3 + 20HCl \Longrightarrow 4CaCl_2 + 2AlCl_3 + 2FeCl_3 + 10H_2O$$

硅酸是一种很弱的无机酸，在水溶液中绝大部分以溶胶状态存在，其化学式应以 $H_2SiO_3 \cdot nH_2O$ 表示。在用浓酸和加热蒸干等方法处理后，能使绝大部分硅酸水溶胶脱水成水凝胶析出，因此可以利用沉淀分离的方法把硅酸与水泥中的铁、铝、钙、镁等其他组分分开。本实验中以重量法测定 SiO_2 的含量，以 EDTA 配位滴定法测定 Fe_2O_3、Al_2O_3、CaO 和 MgO 的含量。

在水泥经酸分解后的溶液中，采用加热蒸发近干和加固体氯化铵两种措施，使水溶性胶状硅酸尽可能全部脱水析出。蒸干脱水是在溶液温度处于 100～110 ℃下进行的。由于 HCl 的蒸发，硅酸中所含的水分大部分被带走，硅酸水溶胶即成为水凝胶析出。由于溶液中的 Fe^{3+}、Al^{3+} 等在温度超过 110 ℃时易水解生成难溶性的碱式盐而混在硅酸水凝胶中，使 SiO_2 的结果偏高，Fe_2O_3、Al_2O_3 等的结果偏低，故加热蒸干宜采用水浴以严格控制温度。

加入固体 NH_4Cl 后，由于 NH_4Cl 的水解，夺取了硅酸中的水分，从而加速了脱水过程，促使含水二氧化硅由溶于水的水溶胶变为不溶于水的水凝胶。反应式如下：

$$NH_4Cl + H_2O \Longrightarrow NH_3 \cdot H_2O + HCl$$

含水硅酸的组成不定，故沉淀经过滤、洗涤、烘干后，还需经 950～1000 ℃高温灼烧成固定成分 SiO_2，然后称量，根据沉淀的质量计算 SiO_2 的质量分数。

灼烧时，硅酸水凝胶不仅失去吸附水，并进一步失去结合水，脱水过程的变化如下：

$$H_2SiO_3 \cdot nH_2O \xrightarrow{110\ ℃} H_2SiO_3 \xrightarrow{950\sim 1000\ ℃} SiO_2$$

灼烧所得的 SiO_2 沉淀是雪白而又疏松的粉末。如所得沉淀呈灰色、黄色或红棕色，说明沉淀不纯。在要求比较高的测定中，应用氢氟酸-硫酸处理后重新灼烧、称量，扣除混入杂质量。

水泥中的铁、铝、钙、镁等组分以 Fe^{3+}、Al^{3+}、Ca^{2+}、Mg^{2+} 等形式存在于过滤 SiO_2 沉淀后的滤液中，它们都与 EDTA 形成稳定的配离子，但这些配离子的稳定性有较显著的差别，因此只要控制适当的酸度，就可用 EDTA 分别滴定它们。

（1）铁的测定

一般以磺基水杨酸或其钠盐为指示剂，在溶液酸度为 pH = 1.5～2，温度为 60～70 ℃条件下进行。滴定反应式如下。

滴定反应：

$$Fe^{3+} + H_2Y^{2-} \Longrightarrow FeY^- + 2H^+$$
（亮黄色）

指示剂显色反应：

$$Fe^{3+} + HIn^- \Longrightarrow FeIn^+ + H^+$$
（无色）　（紫红色）

终点时：

$$FeIn^+ + H_2Y^{2-} \Longrightarrow FeY^- + HIn^- + H^+$$
（紫红色） （亮黄色）

终点时由紫红色变为亮黄色。

用 EDTA 滴定铁的关键在于准确控制溶液 pH 值和掌握适宜的温度。实验表明，溶液的酸度控制得不恰当对测定铁的结果影响很大。在 pH<1.5 时，结果偏低；pH>3 时，Fe^{3+} 开始形成红棕色氢氧化物，往往无滴定终点，共存的 Ti^{4+} 和 Al^{3+} 的影响也显著增加。滴定时溶液的温度以 60～70 ℃ 为宜，当温度高于 75 ℃ 并有 Al^{3+} 存在时，Al^{3+} 亦可能与 EDTA 配合，使 Fe_2O_3 的测定结果偏高，而 Al_2O_3 的结果偏低；当温度低于 50 ℃ 时，则反应速度缓慢，不易得出准确的终点。

（2）铝的测定

以 PAN 为指示剂的铜盐返滴法是普遍采用的一种测定铝的方法。

因为 Al^{3+} 与 EDTA 的配位作用进行得较慢，不宜采用直接滴定法，所以一般先加入过量的 EDTA 溶液，并加热煮沸，使 Al^{3+} 与 EDTA 充分反应，然后用 $CuSO_4$ 标准溶液返滴过量的 EDTA。

Al-EDTA 配合物是无色的，PAN 指示剂在 pH 值为 4.3 的条件下是黄色的，所以滴定开始前溶液呈黄色。随着 $CuSO_4$ 标准溶液的加入，Cu^{2+} 不断与过量的 EDTA 生成蓝色的 Cu-EDTA，溶液逐渐由黄色变为绿色。在过量的 EDTA 与 Cu^{2+} 完全反应后，继续加入 $CuSO_4$，过量的 Cu^{2+} 即与 PAN 配合生成深红色配合物，由于蓝色的 Cu-EDTA 的存在，所以终点呈紫色。滴定过程中的反应如下：

滴定反应：
$$Al^{3+} + H_2Y^{2-} \Longrightarrow AlY^- + 2H^+$$

用铜盐返滴过量 EDTA：
$$H_2Y^{2-} + Cu^{2+} \Longrightarrow CuY^{2-} + 2H^+$$
（蓝色）

终点时变色反应：
$$Cu^{2+} + PAN \longrightarrow Cu\text{-}PAN$$
（黄色） （深红色）

这里需要注意的是，溶液中存在三种有色物质，而它们的浓度又在不断变化，溶液的颜色取决于三种有色物质的相对浓度，因此终点颜色的变化比较复杂。

终点是否敏锐，关键是 Cu-EDTA 配合物浓度的大小。终点时，Cu-EDTA 的量等于加入的过量 EDTA 的量。一般来说，在 100 mL 溶液中加入的 EDTA 标准溶液（浓度约为 0.015 mol·L^{-1}）以过量 10 mL 为宜。在这种情况下，实际观察到的终点颜色为紫红色。

【实验仪器及试剂】

盐酸（1:1，3:97，浓）；硝酸（1:1，浓）；氨水（1:1）；$AgNO_3$ 溶液（0.5%）；NaOH 溶液（100 g·L^{-1}）；NH_4Cl(s)；三乙醇胺（1:1）；NH_3-NH_4Cl 缓冲溶液（pH=10）；EDTA 标准溶液（0.015 mol·L^{-1}）；$CuSO_4$ 标准溶液（0.015 mol·L^{-1}）；酒石酸钾钠溶液（100 g·L^{-1}）；HAc-NaAc 缓冲溶液（pH=4.3）；溴甲酚绿指示剂（0.05%）；磺基水杨酸指示剂（100 g·L^{-1}）；PAN 指示剂（0.2%）；酸性铬蓝 K-萘酚绿 B 固体混合指示剂（简称 K-B 指示剂）；固体钙指示剂。

【实验步骤】

1. 0.015 mol·L^{-1} EDTA 标准溶液的标定

具体操作方法请参考相关实验。

2. SiO$_2$ 的测定

准确称取试样 0.5 g 左右,置于干燥的 50 mL 烧杯(或 100~150 mL 瓷蒸发皿)中,加 2 g 固体氯化铵,用平头玻璃棒混合均匀。盖上表面皿,沿杯口滴加 3 mL 浓盐酸和 1 滴浓硝酸❶,仔细搅匀,使试样充分分解。

将烧杯置于沸水浴上,杯上放一玻璃三脚架,再盖上表面皿,蒸发至近干(需 10~15 min)取下,加 10 mL 热的稀盐酸(3:97),搅拌,使可溶性盐类溶解,以中速定量滤纸过滤,用沉淀帚以热的稀盐酸❷(3:97)擦洗玻璃棒及烧杯,并洗涤沉淀至洗涤液中不含 Cl$^-$ 为止。

滤液及洗涤液保存在 250 mL 容量瓶中,并用水稀释至刻度,摇匀,供测定 Fe^{3+}、Al^{3+}、Ca^{2+}、Mg^{2+} 等之用。

将沉淀和滤纸移至已称至恒重的瓷坩埚中,先在电炉上低温烘干,再升高温度使滤纸充分灰化❸。然后在 950~1000 ℃ 的高温炉内灼烧 30 min。取出,稍冷,再置于干燥器中,冷却至室温(需 15~40 min),称量。如此反复灼烧,直至恒重。

3. Fe^{3+} 的测定

准确吸取 50 mL 分离 SiO$_2$ 后的滤液❹,置于 400 mL 烧杯中,加 2 滴❺ 0.05% 溴甲酚绿指示剂(溴甲酚绿指示剂在 pH 值小于 3.8 时呈黄色,大于 5.4 时呈绿色),此时溶液呈黄色。逐滴滴加氨水(1:1),使之呈绿色。然后用 HCl(1:1)溶液调节溶液酸度至呈黄色后再过量 3 滴,此时溶液酸度约为 2。加热至约 70 ℃❻取下,加 10 滴 100 g·L^{-1} 磺基水杨酸指示剂,以 0.015 mol·L^{-1} EDTA 标准溶液滴定。

滴定开始时溶液呈紫红色,此时滴定速度宜稍快些,当溶液开始呈淡紫红色时,滴定速度放慢,一定要每加 1 滴,摇匀,并观察实验现象,然后再加 1 滴,必要时加热❼,直至滴到溶液变为亮黄色,即为终点。

4. Al^{3+} 的测定

在滴定铁含量后的溶液中,加入约 20 mL❽ 0.015 mol·L^{-1} EDTA 标准溶液,记下读数,然后用水稀释至 200 mL,用玻璃棒搅匀。然后再加入 15 mL pH=4.3 的 HAc-NaAc 缓冲溶液❾,以精密 pH 试纸检查。煮沸 1~2 min,取下,冷至 90 ℃ 左右,加入 4 滴 0.2%

---

❶ 加入浓硝酸的目的是使铁全部以三价状态存在。

❷ 此处以热的稀盐酸溶解残渣是为了防止 Fe^{3+} 和 Al^{3+} 水解成氢氧化物沉淀而混在硅酸中,以及防止硅酸胶溶。

❸ 也可以放在电炉上干燥后,直接送入高温炉灰化,高温炉的温度由低温(例如 100 ℃ 或 200 ℃)渐渐升高。

❹ 分离 SiO$_2$ 后的滤液要节约使用(例如清洗移液管时,取用少量此溶液,最好用干燥的移液管),尽可能多保留一些溶液,以便必要时以进行重复滴定。

❺ 溴甲酚绿不宜多加,如加多了,黄色的底色深,在铁的滴定中,对准确观察终点的颜色变化有影响。

❻ 注意防止剧沸,否则 Fe^{3+} 会水解形成氢氧化铁,使实验失败。

❼ Fe^{3+} 与 EDTA 的配合反应进行较慢,故最好加热以加速反应。滴定慢,溶液温度降得低,不利于反应,但是如果滴得快,来不及反应,又容易滴过终点,较好的办法是开始时滴定稍快(注意也不能很快),至化学计量点附近时放慢。

❽ 根据试样中 Al$_2$O$_3$ 的大致含量进行粗略计算。此处加入 20 mL EDTA 标准溶液,约过量 10 mL。

❾ Al^{3+} 在 pH 值为 4.3 的溶液中会产生沉淀,因此必须先加 EDTA 标准溶液,再加 HAc-NaAc 缓冲溶液,并加热。这样在溶液的 pH 值达 4.3 之前,大部分 Al^{3+} 已生成 Al-EDTA 配合物,以免水解而形成沉淀。

PAN 指示剂，以 0.015 mol·L^{-1} CuSO$_4$ 标准溶液滴定。

开始时溶液呈黄色，随着 CuSO$_4$ 标准溶液的加入，颜色逐渐变绿并加深，直至再加入 1 滴突然变为紫色，即为终点。在变为紫色之前，曾有由蓝绿色变灰绿色的过程。在灰绿色溶液中再加 1 滴 CuSO$_4$ 溶液，即为紫色。

5. Ca^{2+} 的测定

准确吸取分离 SiO$_2$ 后的滤液 25 mL 置于 250 mL 锥形瓶中，加水稀释至约 50 mL，加 4 mL 三乙醇胺溶液（1∶1），摇匀后再加 5 mL 100 g·L^{-1} NaOH 溶液，再摇匀，加入约 0.01 g 固体钙指示剂（用药匙小头取约 1 勺），此时溶液呈酒红色。然后以 0.015 mol·L^{-1} EDTA 标准溶液滴定至溶液呈蓝色，即为终点。

6. Mg^{2+} 的测定

准确吸取分离 SiO$_2$ 后的滤液 25 mL 置于 250 mL 锥形瓶中，加水稀释至约 50 mL，加 1 mL 100 g·L^{-1} 酒石酸钾钠溶液，加 4 mL 三乙醇胺溶液（1∶1），摇匀后，加入 5 mL pH 为 10 的 NH$_3$-NH$_4$Cl 缓冲溶液，再摇匀，然后加入适量酸性铬蓝 K-萘酚绿 B 指示剂，以 0.015 mol·L^{-1} EDTA 标准溶液滴定至溶液呈蓝色，即为终点。根据此结果计算所得的为钙、镁含量之和，由此减去钙量即为镁量。

【实验注意事项】

根据我国国家标准《水泥化学分析方法》（GB/T 176—1996）中规定，同一人员或同一实验室对上述测定项目的允许差范围如下：

测定项目含量低于 2% 时，允许差为 0.1%；

测定项目含量高于 2% 时，允许差为 0.2%。

即同一人员分别进行 2 次测定，所得结果的绝对偏差值应在此范围内。如不超出此范围，取其平均值作为分析结果；如超出此范围，则应进行第三次测定，所得结果与前 2 次或其中任一次之差值符合此规定的范围时，取符合规定的结果（有几次就取几次）的平均值❶。否则，应查找原因，并再次进行测定。

除了对每一测定项目的平行实验应考虑是否超出允许差范围外，还应把这几项的测定结果累加起来，看其总和是多少。一般来说，这 5 项是水泥熟料的主要成分，其总和应是相当高的，但不可能是 100%，因为水泥熟料中还可能有 MnO、TiO、K$_2$O、Na$_2$O、SO$_3$ 和酸不溶物等，如果总和超过 100%，这是不合理的，应查找原因。

【思考题】

(1) 本实验测定 SiO$_2$ 含量的方法原理是什么？

(2) 试样分解后加热蒸发的目的是什么？操作中应注意什么？

(3) 洗涤沉淀的操作中应注意什么？怎样提高洗涤的效果？

(4) 在 Fe^{3+}、Al^{3+}、Ca^{2+}、Mg^{2+} 等共存的溶液中，以 EDTA 分别滴定 Fe^{2+}、Al^{3+}、Ca^{2+} 等以及 Ca^{2+}、Mg^{2+} 的含量之和时，是怎样消除其他共存离子的干扰的？

(5) 在滴定上述各种离子时，溶液酸度应分别控制在什么范围？怎样控制？

(6) 滴定 Fe^{3+}、Al^{3+} 时，各应控制什么样的温度范围？为什么？

(7) 在测定 SiO$_2$、Fe^{3+} 及 Al^{3+} 时，操作中应注意些什么？

---

❶ 从数理统计观点出发，严格地说，从仅有的 3 个数据中选取 2 个相近的而舍去那个相差远的，是不合适的。

(8) 测定 Fe^{3+} 时，如 pH<1，对 Fe^{3+} 和 Al^{3+} 的测定有什么影响？若 pH>4，又各有什么影响？

(9) 测定 Al^{3+} 时，如 pH<4，对 Al^{3+} 的测定结果有什么影响？

(10) 测定 Ca^{2+}、Mg^{2+} 含量时，如 pH>10，对测定结果有什么影响？

(11) 在 Al^{3+} 的测定中，为什么要注意 EDTA 的加入量？以加入多少为宜？

(12) 在 Ca^{2+} 的测定中，为什么要先加入三乙醇胺而后加入 NaOH 溶液？

第三节　设计性实验

为了提高学生的学习积极性，培养创新精神，提高理论联系实际的能力和分析问题、解决问题的能力，在实验课的中、后期，应安排若干个设计性实验。在确定实验选题后，要求学生运用已学习过的理论知识和实验技能，通过查阅有关的参考资料，拟订实验方案并进行实验。在拟订实验方案的过程中，应注意以下几点。

① 根据测定试样的性质，选定简单、经济和实用的实验方案。

② 根据测试样品的组成和大致含量，选定所用试剂并确定相关的浓度和用量。滴定时所使用的标准溶液的最高浓度：HCl（$0.2\ mol \cdot L^{-1}$）、NaOH（$0.2\ mol \cdot L^{-1}$）、Cu^{2+}（$0.02\ mol \cdot L^{-1}$）、Zn^{2+}（$0.02\ mol \cdot L^{-1}$）、EDTA（$0.02\ mol \cdot L^{-1}$）、$AgNO_3$（$0.02\ mol \cdot L^{-1}$）、$Na_2S_2O_3$（$0.15\ mol \cdot L^{-1}$）。

③ 考虑试样中共存组成对测定的影响，以确定试样是否需要预处理及处理的方法。

综合考虑上述问题后，拟订实验方案，包括以下内容。

① 分析方法原理，包括试样预处理和消除干扰的方法原理，以及实验结果的计算公式。

② 所需的仪器设备、试剂的规格和浓度。

③ 实验步骤，包括需要进行的实验和条件及方法。

④ 注意事项。

⑤ 参考文献。

拟订好的实验方案应交指导教师评阅后，方可进行实验。

在实验结束后，提交实验报告。实验报告的内容除包括实验方案中的5条外，还需增加以下2条内容：①实验原始数据、实验现象、实验数据处理和实验结果；②对实验现象的讨论和对设计方案的实验结果的评价。

设计实验完成后，教师应及时组织学生进行交流和总结，使学生的研究性学习得以升华。

实验二十一　酸碱滴定方案设计

【实验目的】

(1) 培养查阅有关文献的能力。

(2) 运用所学知识和参考资料设计分析实验，对实际试样写出实验方案。

(3) 在教师指导下对各种混合酸碱系统的组成含量进行分析测定，培养分析问题、解决问题的能力。

(4) 提前 1 周进行待测混合酸碱系统选题，根据题目查阅资料，自拟分析方案，待教师审阅后，进行实验工作，写出实验报告。

【提示】

在设计混合酸碱组分测定方法时，主要应考虑下面几个问题。

① 有几种测定方法？选择最优方案。

② 所设计方法的原理，包括准确和分步（分别）滴定的判别、滴定剂选择、计量点 pH 值计算、指示剂的选择及分析结果的计算公式。

③ 所需试剂的用量、浓度、配制方法。

④ 实验步骤，包括标定、测定及其他实验步骤。

⑤ 数据记录（最好列成表格形式）。

⑥ 讨论，包括注意事项、误差分析、心得体会等。

强酸和弱酸混合物分步滴定原理与混合物（如本章实验五碱液中 NaOH 及 Na_2CO_3 含量的测定）的分析类同，可根据滴定曲线上每个化学计量点附近的 pH 值的突跃范围，选择不同变色范围的指示剂，确定各组分的滴定终点。再由标准溶液的浓度和所消耗的体积求出混合物中各组分的含量。

(1) $HCl\text{-}NH_4Cl$

用甲基红为指示剂，以 NaOH 标准溶液滴定 HCl 溶液至 NaCl。用甲醛法强化 NH_4^+，酚酞为指示剂，以 NaOH 标准溶液滴定。

(2) $NaHCO_3\text{-}Na_2CO_3$

混合碱中加酚酞指示剂，用 HCl 标准溶液滴定至无色，设消耗 HCl 溶液的体积为 V_1，再以甲基橙为指示剂用 HCl 标准溶液滴定至橙色，设消耗 HCl 溶液的体积为 V_2，根据 V_1 及 V_2 的大小，可判别混合碱的组成并计算各组分含量。

(3) $NaOH\text{-}Na_3PO_4$

以百里酚酞为指示剂，用 HCl 标准溶液将 NaOH 滴定至 NaCl，PO_4^{3-} 滴定至 HPO_4^{2-}。以甲基橙为指示剂，用 HCl 标准溶液将 HPO_4^{2-} 滴定至 $H_2PO_4^-$。

(4) $NaH_2PO_4\text{-}Na_2HPO_4$

以酚酞或百里酚酞为指示剂，用 NaOH 标准溶液滴定 $H_2PO_4^-$ 至 HPO_4^{2-}。

以甲基橙或溴酚蓝为指示剂，用 HCl 标准溶液滴定 HPO_4^{2-} 至 $H_2PO_4^-$，可以分取 2 份分别滴定，也可以在同一份溶液中连续滴定。

(5) $HCl\text{-}H_3BO_3$

与 $HCl\text{-}NH_4Cl$ 系统类同，但 H_3BO_3 的强化要用甘油或甘露醇。

(6) $NH_3\text{-}NH_4Cl$

以甲基红为指示剂，用 HCl 标准溶液滴定 NH_3 至 NH_4^+。用甲醛法将 NH_4^+ 强化后以 NaOH 标准溶液滴定。

(7) $H_3BO_3\text{-}Na_2B_4O_7$

以甲基红为指示剂，用 HCl 标准溶液滴定 $Na_2B_4O_7$ 至 H_3BO_3，加入甘油或甘露醇强

化 H_3BO_3 后，用 NaOH 滴定总量，差减法求出原试液中 H_3BO_3 的含量。

(8) $HAc-H_2SO_4$

首先测定酸的总量，然后加入 $BaCl_2$ 将 H_2SO_4 沉淀析出，过滤，洗涤后，用配位滴定法测定 SO_4^{2-} 的量。

(9) $HCl-H_3PO_4$

以茜素红为指示剂，用 NaOH 标准溶液滴定 HCl 溶液至 NaCl、H_3PO_4 至 $H_2PO_4^-$，再以酚酞为指示剂滴定 $H_2PO_4^-$ 至 HPO_4^{2-}。

(10) H_2SO_4-HCl

先滴定酸的总量，然后以沉淀滴定法测定其中 Cl^- 含量，用差减法求出 H_2SO_4 的量。

(11) HAc-NaAc

以酚酞为指示剂，用 NaOH 标准溶液滴定 HAc 至 NaAc，在浓盐介质系统中滴定 NaAc 的含量。

(12) $NH_3-H_3BO_3$

它们的混合物会生成 NH_4^+ 与 $H_2BO_3^-$，以甲醛法测定 NH_4^+，用甘露醇法测定 H_3BO_3 的量。

实验二十二　配位滴定方案设计

【实验目的】

(1) 培养在配位滴定实验中解决实际问题的能力。通过分析方案的设计、实践，加深对理论课程的理解，掌握返滴定、置换滴定等技巧；掌握分离、掩蔽等理论和实验知识。

(2) 培养阅读参考资料的能力，提高设计水平和独立完成实验报告的能力。

【选题参考】

(1) $Bi^{3+}-Fe^{3+}$ 混合液中 Bi^{3+} 和 Fe^{3+} 含量的测定

提示：EDTA 与这两种离子所形成的配合物的稳定度相当，不能用控制酸度的方法对它们进行分别测定。用适当的还原剂掩蔽 Fe^{3+} 后，即可测定 Bi^{3+} 的含量。

(2) 胃舒平药片（复方氢氧化铝片）中铝和镁含量的测定

提示：胃舒平药片，又名复方氢氧化铝片，其中的有效成分主要为氢氧化铝和三硅酸镁，《中国药典》要求按 $Al(OH)_3$ 和 MgO 计算，并且规定每片药片中 $Al(OH)_3$ 应为 0.177~0.219 g，MgO 应为 0.020~0.027 g。

(3) EDTA 含量的测定

提示：EDTA 作为一种常用的试剂，在生产过程及成品检验中，必须对它的含量进行测定。自行查阅有关文献，并拟订分析测定方案。

(4) 黄铜中铜和锌含量的测定

提示：可参考关于铜和锌测定的参考文献，并拟订分析测定方案。

实验二十三　氧化还原滴定方案设计

【实验目的】

(1) 巩固理论课中学过的重要氧化还原反应的知识。

(2) 了解滴定前的预先氧化还原处理过程。

(3) 对较复杂的氧化还原系统的组分测定能设计出可行的方案。

【选题参考】

(1) HCOOH 与 HOAc 混合溶液中组分含量的测定

提示：以酚酞为指示剂，用 NaOH 溶液滴定总酸量，在强碱性介质中向试样溶液中加入过量 $KMnO_4$ 标准溶液，此时甲酸被氧化为 CO_2，MnO_4^- 被还原为 MnO_4^{2-} 并被歧化为 MnO_4^- 及 MnO_2。加酸，加入过量的 KI 还原过量的 MnO_4^- 及歧化生成的 MnO_4^-、MnO_2 至 Mn^{2+}，并析出 I_2，再以 $Na_2S_2O_3$ 标准溶液滴定。

(2) 葡萄糖注射液中葡萄糖含量的测定

提示：I_2 在 NaOH 溶液中生成次碘酸钠，它可将葡萄糖定量地转化为葡萄糖酸，过量的次碘酸钠被歧化为 $NaIO_3$ 和 NaI，酸化后 $NaIO_3$ 与 NaI 作用析出 I_2，以 $Na_2S_2O_3$ 标准溶液滴定 I_2，可以计算出葡萄糖的质量分数。

(3) 含有 Mn 和 V 的混合试样的组分含量测定

提示：试样分解后，将 Mn 和 V 预处理为 Mn^{2+} 和 VO^{2+}，以 $KMnO_4$ 溶液滴定，加入 $H_4P_2O_7$，使 Mn^{3+} 形成稳定的焦磷酸盐配合物，继续用 $KMnO_4$ 溶液滴定生成的 Mn^{2+} 及原有的 Mn^{2+} 至 Mn^{3+}。根据 $KMnO_4$ 消耗的体积计算 Mn、V 的质量分数。

(4) H_2SO_4-$H_2C_2O_4$ 混合液中各组分浓度测定

提示：以 NaOH 滴定 H_2SO_4 及 $H_2C_2O_4$ 总酸量，以酚酞为指示剂。用高锰酸钾法测定 $H_2C_2O_4$ 的质量分数。用总酸浓度减去 $H_2C_2O_4$ 的含量后，可以求得 H_2SO_4 的含量。

(5) 含 Cr_2O_3 和 MnO 矿石中 Cr 及 Mn 的测定

提示：以 Na_2O_2 为熔融试样，得到 MnO_4^{2-} 及 CrO_4^{2-}，煮沸除去过氧化物，酸化溶液，MnO_4^{2-} 歧化为 MnO_4^- 和 MnO_2。过滤除去 MnO_2，滤液中加入过量 Fe^{2+} 标准溶液，还原 CrO_4^{2-} 及 MnO_4^-，过量部分的 Fe^{2+} 用 $KMnO_4$ 滴定。

(6) PbO-PbO_2 混合物中各组分浓度测定

提示：加入过量的 $H_2C_2O_4$ 标准溶液使 PbO_2 还原为 Pb^{2+}，用氨水中和溶液，Pb^{2+} 定量沉淀为 PbC_2O_4，过滤。滤液酸化，以 $KMnO_4$ 标准溶液滴定，沉淀用酸溶解后再以 $KMnO_4$ 滴定。

(7) 胱氨酸纯度的测定

提示：$KBrO_3$-KBr 在酸性介质中反应产生 Br_2，胱氨酸在强酸性介质中被 Br_2 氧化，剩余的 Br_2 用 KI 还原，析出的 I_2 用 $Na_2S_2O_3$ 标准溶液滴定。

(8) Na_2S 与 Sb_2S_5 混合物中各组分浓度测定

提示：试样溶解后，预处理使 Sb(Ⅴ) 全部还原为 SbO_3^{3-}，在 $NaHCO_3$ 介质中以 I_2 标准溶液滴定至终点。另取 1 份试样溶于酸,并将 H_2S 收集于 I_2 标准溶液中,过量的 I_2 溶液用 $Na_2S_2O_3$ 返滴定。

(9) As_2O_3 与 As_2O_5 混合物中各组分浓度测定

提示:将试样处理为 AsO_3^{3-} 与 AsO_4^{3-} 的混合溶液,调节溶液为弱碱性,以淀粉为指示剂,用 I_2 标准溶液滴定 AsO_3^{3-} 至溶液变蓝色即为终点。再将该溶液用 HCl 溶液调节至酸性,并加入过量 KI 溶液,AsO_4^{3-} 将 I^- 氧化至 I_2,用 $Na_2S_2O_3$ 滴定析出的 I_2 直至终点。

实验二十四 石灰石中钙含量的测定

【实验目的】

引导学生开阔思路,利用已学的理论,采用不同的分析方法解决同一个问题。

【提示】

(1) 石灰石的主要成分是碳酸钙和碳酸镁,其中还含有少量其他形式的碳酸盐、硅酸盐、磷酸盐和硫化铁。如果矿样中硅酸盐含量较高,样品需要高温熔融。

(2) Ca^{2+} 既不具有氧化还原性,也不具备酸碱性,最常用的测定方法是配位滴定法,但共存的铁、镁等离子会产生干扰。此外,以 CaC_2O_4 的形式沉淀 Ca^{2+} 与溶液中的其他离子分离,然后用间接氧化还原滴定法也可测定 Ca^{2+} 含量。

实验二十五 漂白精中有效氯和总钙量的测定

【提示】

漂白精是用氯气与消石灰反应制得的,主要成分为次氯酸钙、氢氧化钙,分子式可写为 $3Ca(ClO)_2 \cdot 2Ca(OH)_2$。其中有效氯和固体总钙量是影响产品质量的两个关键指标。

漂白精中有效氯是指次氯酸盐酸化时放出的氯气:

$$Ca(ClO)_2 + 4HCl \longrightarrow CaCl_2 + 2Cl_2 \uparrow + 2H_2O$$

漂白精的漂白能力是以有效氯为指标(以有效氯的质量分数表示)。在酸性溶液中,次氯酸盐转化为次氯酸后与碘化钾反应析出一定量的碘,用 $Na_2S_2O_3$ 标准溶液滴定即可测定漂白精中有效氯的含量。

漂白精中总钙量的测定可以用钙指示剂以 EDAT 配位滴定法测定。由于漂白精中的次氯酸盐能使钙指示剂褪色,干扰测定,因此应考虑在配位滴定前用一定的还原剂除去次氯酸盐。

实验二十六 黄连素片中盐酸小檗碱的测定

【提示】

黄连素片的主要成分为盐酸小檗碱($C_{20}H_{18}ClNO_4 \cdot 2H_2O$,$M_r = 407.85$),它具有还

原性，能和 $K_2Cr_2O_7$ 定量反应，反应的计量关系为 $n_{K_2Cr_2O_7} : n_{盐酸小檗碱} = 1 : 2$。因此可用过量的 $K_2Cr_2O_7$ 标准溶液与之反应，余下的 $K_2Cr_2O_7$ 标准溶液再用间接碘量法滴定。根据盐酸小檗碱溶于热水的特点，取若干黄连素片（糖衣片剥去糖衣），研细，准确称取本品粉末（同时另取本品粉末，100 ℃干燥，测定干燥失重），置于烧杯中，加沸水使之溶解，放冷，定容，过滤，滤液即为氧化还原滴定的试液。

实验二十七　Fe_2O_3 与 Al_2O_3 混合物的测定

【提示】

　　混合物以酸溶解后，Fe^{3+} 还原为 Fe^{2+}，用 $K_2Cr_2O_7$ 标准溶液滴定。向试液中加入过量 EDTA 标准溶液，在 pH 值为 3～4 时煮沸以配合 Al^{3+}，冷却后加入六亚甲基四胺缓冲溶液，以二甲酚橙为指示剂，用 Zn^{2+} 标准溶液滴定过量的 EDTA。也可以在 pH 值为 1 时，用磺基水杨酸为指示剂，以 EDTA 滴定 Fe^{3+}，然后用上述方法测定 Al^{3+}。

实验二十八　铅精矿中铅的测定

【提示】

　　试样用氯酸钾饱和的浓硝酸分解，在硫酸介质中铅形成硫酸铅沉淀，通过过滤与共存元素分离。硫酸铅用乙酸-乙酸钠缓冲溶液溶解，以二甲酚橙为指示剂，在 pH 值为 5～6 时用 EDTA 标准溶液滴定，由消耗的 EDTA 标准溶液体积计算矿样中铅的质量分数。

读一读　

练一练　

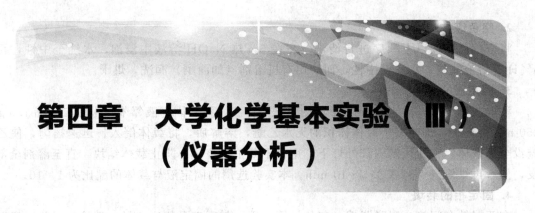

第四章 大学化学基本实验（Ⅲ）（仪器分析）

第一节 基础性实验

实验一 气相色谱填充柱的制备

【实验目的】

(1) 学习固定液的涂渍方法。

(2) 学习色谱柱的装填技术。

(3) 掌握色谱柱的老化处理方法。

【实验原理】

色谱柱是气相色谱仪的关键部件之一。在气相色谱分析中，某多组分混合物能否完全分离，主要取决于色谱柱柱效的高低和选择性的好坏。对于气-液填充色谱来说，这些性能又直接与固定液选择是否适当、固定液涂渍是否均匀和固定相在柱内填充的情况有关，因而色谱柱制备必须得当。

色谱柱的制备包括材料的准备、固定液的涂渍、固定相的装填和色谱柱的老化处理。由于在涂渍过程中溶剂不能完全除去，而残存的溶剂将严重影响柱子的分离作用，因而必须经老化过程彻底除去残存溶剂。

【实验仪器及试剂】

气相色谱仪（Agilent 6890）；红外灯；筛子（0.175～0.246 mm，60～80 目）；真空泵；小漏斗；烧杯；不锈钢色谱柱管（2 m）；等等。

邻苯二甲酸二壬酯（DNP，色谱纯）；6201 载体（0.175～0.246 mm，60～80 目）；无水乙醚（分析纯）；氢氧化钠（分析纯）；盐酸（分析纯）；丙酮。

【实验步骤】

1. 载体的预处理

取 6201 载体适量，于 105 ℃烘箱内烘干 4～6 h，以除去吸附的水分。

2. 空色谱柱的预处理

将空色谱柱按以下顺序进行清洗：先在5%热 NaOH 溶液中浸泡，水洗至中性，再用5%HCl 溶液清洗，水洗至中性，而后用有机溶剂（如丙酮）润洗，烘干。

3. 固定液的涂渍

称取载体10 g，置于50 mL量筒内，记下体积。称取固定液邻苯二甲酸二壬酯1.0 g于250 mL烧杯中，加略多于载体体积的无水乙醚，溶解后，将载体倒入，迅速摇匀，使乙醚淹没全部载体。在通风橱内红外灯下，用手不断拍打烧杯，防止载体结块，直至溶剂全部挥发，然后再烘烤（<80 ℃）5~10 min。本实验选用的固定液与载体的配比为1∶10。

4. 固定相的装填

在两层纱布间垫一层脱脂棉，包住柱管一端，与真空泵相连，另一端接一漏斗。启动真空泵，边抽气边从漏斗上缓缓加入已涂渍好的载体，并用小木棒轻轻敲打色谱柱，使装填紧密均匀，直至载体不再下降。取下色谱柱，切断电源。在色谱柱两端去掉少许固定相，塞上玻璃棉，两端套上螺帽，标明进气方向，填充完毕。

5. 色谱柱的老化处理

① 把填充好的色谱柱的进气口与色谱仪上载气口相连接，色谱柱的出气口直接连通大气，不要接检测器，以免检测器受杂质污染。

② 开启载气（小流量15 mL·min^{-1}），调节柱箱温度于110 ℃（老化温度应在高于使用温度25 ℃但低于最高使用温度范围内），进行老化处理4~8 h，然后接上检测器，开启记录仪电源，若记录的基线平直，说明老化处理完毕，即可用于测定。

【实验注意事项】

（1）涂渍时不能用玻璃棒搅拌，也不能用烘箱或在高温下烘烤。

（2）装填过程中不能猛敲猛打，避免载体破碎。

（3）所选溶剂应能完全溶解固定液，不可出现悬浮或分层现象，同时溶剂用量应能完全浸润载体。

（4）使用乙醚或其他有毒溶剂时，应在通风橱内操作。

【思考题】

（1）涂渍固定液应注意哪些问题？

（2）通过本实验，你认为要装填好一个均匀、紧密的色谱柱，在操作上应注意哪些问题？

（3）如果固定液未溶解完全就加入载体，将有什么影响？

（4）色谱柱为什么需进行老化处理？如何进行？

实验二　苯系混合物的定性分析

【实验目的】

（1）了解气相色谱仪的基本结构，掌握气相色谱分离的基本原理。

（2）学习利用保留值进行色谱对照的定性方法。

（3）学习气相色谱仪和色谱工作站的基本操作。

【实验原理】

气相色谱分离原理是基于试样中各组分在气相和固定相间有不同的分配系数。在一定的固定相与操作条件下,各种物质都有各自确定的保留值,因此,可以根据保留值进行定性分析。

纯物质对照法是指将试样中各个色谱峰的保留时间与各相应的标准品在同一条件下所得的保留时间进行比较,进而确定各色谱峰所对应物质的方法。该法是气相色谱分析中最常用的一种定性方法,简便快捷,但保留时间受色谱操作条件的影响较大。

【实验仪器及试剂】

气相色谱仪（FID）；色谱工作站；氮气钢瓶；氢气钢瓶；空气钢瓶（或气体发生器）；色谱柱；微量进样器（10 μL）；等等。

苯（色谱纯）；甲苯（色谱纯）；乙苯（色谱纯）；乙醇（色谱纯）。

【实验条件】

色谱柱：HP-1 弹性石英毛细管色谱柱（25 m×0.32 mm，0.25 μm）；柱温：110 ℃；检测温度：150 ℃；气化温度：150 ℃；载气：氮气（1.1 mL·min^{-1}），空气（300 mL·min^{-1}），氢气（30 mL·min^{-1}）；进样量：1 μL；分流比：50∶1。

【实验步骤】

(1) 标准溶液配制。在 3 只 10 mL 具塞锥形瓶中,按 1∶50（体积比）的比例分别配制苯、甲苯、乙苯的乙醇溶液,摇匀备用。

(2) 试样溶液配制。按 1∶50（体积比）的比例配制未知试样的乙醇溶液,摇匀备用。

(3) 开启氮气钢瓶、氢气钢瓶、空气钢瓶（或气体发生器）,打开气相色谱仪主机电源,启动计算机,待仪器自检完毕打开色谱工作站软件,联机。根据上述实验条件进行设置,待仪器升温到预定温度并点火完毕,此时仪器指示灯由红变绿,即可进样。

(4) 分别吸取以上各种标准溶液 1 μL,依次进样,打印谱图并标明相应的标准品名称。

(5) 吸取 1 μL 未知试样溶液进样,打印色谱图并做相应标注。

【数据记录及处理】

(1) 记录实验条件。

(2) 请将纯物质对照定性的相关实验数据及结果记入表 4-1-1 中。

表 4-1-1　纯物质对照定性

未知试样中各峰 t_R/min	峰1	峰2	峰3
纯物质 t_R/min	苯	甲苯	乙苯
定性结论 组分名称	峰1	峰2	峰3

【思考题】

(1) 为什么可以利用色谱峰的保留值进行色谱定性分析？

(2) 本实验是否需要准确进样？

实验三　对羟基苯甲酸酯类混合物的反相高效液相色谱分析

【实验目的】

(1) 学习高效液相色谱保留值定性和峰面积归一化法定量分析。

(2) 了解高效液相色谱仪基本结构和工作原理。

(3) 掌握高效液相色谱分析操作，熟悉工作站软件操作。

【实验原理】

对羟基苯甲酸酯类混合物中含有对羟基苯甲酸甲酯、对羟基苯甲酸乙酯、对羟基苯甲酸丙酯和对羟基苯甲酸丁酯，它们都是强极性化合物，可采用反相液相色谱进行分析，选用非极性的 C-18 烷基键合相作固定相，甲醇的水溶液作流动相。

由于在一定的实验条件下，酯类各组分的保留值保持恒定，因此在同样条件下，将测得的未知物的各组分保留时间，与已知纯酯类各组分的保留时间进行对照，即可确定未知物中各组分存在与否。这种利用纯物质对照进行定性的方法，适用于来源已知，且组分简单的混合物。

本实验采用峰面积归一化法定量，计算公式：

$$c_i = \frac{f_i A_i}{\sum_{i=1}^{n} f_i A_i}$$

式中，c_i 为样品中 i 组分的含量，%；f_i 为 i 组分的相对校正因子；A_i 为样品溶液中 i 组分的峰面积。

由于对羟基苯甲酸酯类混合物属同系物，具有相同的生色团和助色团，因此它们在紫外检测器上具有相同的相对校正因子，故上式可简化为：

$$c_i = \frac{A_i}{\sum_{i=1}^{n} A_i}$$

【实验仪器及试剂】

高效液相色谱仪（紫外检测器）；微量进样器（100 μL）；超声波发生器；溶剂过滤器及过滤膜；六通阀（20 μL 定量环）；等等。

对羟基苯甲酸甲酯（色谱纯）；对羟基苯甲酸乙酯（色谱纯）；对羟基苯甲酸丙酯（色谱纯）；对羟基苯甲酸丁酯（色谱纯）；甲醇（色谱纯）；甲醇（光谱纯）；纯水（或二次水）。

标准溶液：分别配制浓度均为 1 mg·mL^{-1} 的 4 种酯类化合物的甲醇溶液，摇匀备用。

【实验条件】

色谱柱：Eclipse XDB-C8 柱（4.6 m×150 mm，5 μm）；流动相：甲醇+水（体积比 70∶30），流量 1 mL·min^{-1}；测定波长：254 nm；进样量：20 μL。

【实验步骤】

(1) 将实验所用的流动相用 0.45 μm 滤膜减压过滤并超声脱气 5 min。

(2) 按仪器操作规程开机，使仪器处于工作状态，此时，若工作站上的色谱流出曲线为

1条平直的基线,即可进样。

(3) 依次分别吸取 60 μL 4 种标准溶液及未知试液进样,记录各色谱图。

(4) 实验完成后,用纯甲醇 (0.5 mL·min^{-1}) 冲洗色谱柱 30 min。按操作规程关机。

【数据记录及处理】

1. 记录实验条件

请记录色谱柱与固定相的规格、流动相及其流量、检测器及其灵敏度以及进样量。

2. 定性分析结果

请将定性分析的相关数据记入表 4-1-2 中。

表 4-1-2 定性分析结果

未知试样中各峰 t_R/min	峰1	峰2	峰3	峰4
纯物质 t_R/min	对羟基苯甲酸甲酯	对羟基苯甲酸乙酯	对羟基苯甲酸丙酯	对羟基苯甲酸丁酯
定性结论 组分名称	峰1	峰2	峰3	峰4

3. 峰面积归一化法定量分析结果

请将峰面积归一法定量分析的相关数据记入表 4-1-3 中。

表 4-1-3 峰面积归一法定量分析结果

项目	对羟基苯甲酸甲酯	对羟基苯甲酸乙酯	对羟基苯甲酸丙酯	对羟基苯甲酸丁酯
峰面积 A_i				
质量分数/%				

【思考题】

(1) 高效液相色谱分析采用峰面积归一化法定量有何优缺点?本实验为什么可以不用相对校正因子?

(2) 在高效液相色谱中,为什么可利用保留值定性?这种定性方法你认为可靠吗?

(3) 本实验为什么采用反相液相色谱?

(4) 高效液相色谱分析中流动相为何要脱气?不脱气对实验有何影响?

实验四 用薄膜法制样测定聚乙烯和聚苯乙烯膜的红外吸收光谱

【实验目的】

(1) 了解傅里叶红外光谱仪的基本结构和工作原理。

(2) 学习红外光谱仪及其工作站的使用方法。

(3) 学习解析红外吸收光谱图。

【实验原理】

物质分子中的各种不同基团，在有选择地吸收不同频率的红外辐射后，发生振动能级之间的跃迁，形成各自独特的红外吸收光谱。由于基团的振动频率和吸收强度与组成基团的原子量、化学键类型及分子的几何构型等有关，因此，根据红外吸收光谱的峰位、峰强、峰形和峰的数目，可以判断物质中可能存在的某些官能团，进而推断未知物的结构。

红外吸收光谱定性分析，一般采用两种方法：一种是用已知标准物对照；另一种是标准谱图查对法。常用标准谱图集为萨德勒（Sadtler）标准光谱图集。

一般图谱的解析大致步骤如下。

① 先从特征频率区入手，找出化合物所含主要官能团。

② 对指纹区进行分析，进一步找出官能团存在的依据。对指纹区谱带位置、强度和形状仔细分析，确定化合物可能的结构。

③ 对照标准谱图，配合其他鉴定手段，进一步验证。

本实验采用薄膜法制样，用傅里叶红外光谱仪分别扫描聚乙烯和聚苯乙烯膜的红外吸收光谱图，比较光谱图并确定特征吸收峰的归属。

【实验仪器及材料】

傅里叶红外光谱仪等。

聚乙烯膜和聚苯乙烯膜。

【实验步骤】

（1）打开红外光谱仪主机开关，使仪器预热。

（2）待仪器准备好后，以空气为背景，在 $4000 \sim 600 \text{ cm}^{-1}$ 波数范围，分别扫描聚乙烯膜和聚苯乙烯膜试样卡片，得到聚乙烯膜和聚苯乙烯膜的红外吸收光谱图。

【数据记录及处理】

（1）记录实验条件。

（2）在聚乙烯和聚苯乙烯红外吸收光谱图上，根据吸收带的位置、强度和形状，确定各特征吸收峰的归属，并指出各特征吸收峰属于何种基团的什么形式的振动。

【思考题】

（1）化合物的红外吸收光谱是怎样产生的？

（2）化合物的红外吸收光谱能提供哪些信息？

（3）如何对红外吸收光谱图进行解析？

（4）能否仅凭红外吸收光谱判断未知物是何种物质？为什么？

实验五　用溴化钾压片法制样测定苯甲酸红外吸收光谱

【实验目的】

（1）进一步了解傅里叶红外光谱仪的结构、工作原理及使用方法。

（2）熟悉有机物官能团的特征频率，进一步掌握红外吸收光谱定性分析的方法。

（3）掌握用压片法制作固体试样晶片的方法。

【实验原理】

当一定频率的红外光照射分子时，如果分子中某个基团的振动频率和它一样，两者就会产生共振，此时光的能量通过分子偶极矩的变化而传递给分子，这个基团就吸收一定频率的红外光，产生振动跃迁；如果红外光的振动频率和分子中各基团的振动频率不符合，该部分红外光就不会被吸收。若用连续改变频率的红外光照射某试样，由于该试样对不同频率的红外光吸收程度不同，可得到该试样的红外吸收光谱。

在化合物分子中，具有相同化学键的原子基团，其基本振动频率（简称基频峰）基本上出现在同一频率区域内，但由于不同化合物分子所处的化学环境有所不同，基频峰频率会发生一定移动。因此根据各种原子基团基频峰的频率及其位移规律，就可应用红外吸收光谱来确定有机化合物分子中存在的原子基团及其在分子结构中的相对位置。

由苯甲酸分子结构可知，分子中各原子基团的基频峰的频率在 $4000\sim650\ cm^{-1}$ 范围内（见表 4-1-4）。

表 4-1-4　苯甲酸分子中各原子基团的基频峰的频率

原子基团的基本振动形式	基频峰的频率/cm^{-1}
$\upsilon_{=C-H}$（Ar 上）	3077,3012
$\upsilon_{C=C}$（Ar 上）	1600,1582,1495,1450
δ_{C-H}（苯环单取代,5H）	715,690
υ_{O-H}（形成氢键二聚体）	3000～2500（多重峰）
δ_{O-H}	935
$\upsilon_{C=O}$	1700 附近
υ_{C-O}（羧基上）	1250

本实验用溴化钾晶体稀释苯甲酸标样，研磨均匀后，压制成晶片，以溴化钾晶片作背景，扫描得扣除背景后的苯甲酸红外吸收光谱图。

【实验仪器及试剂】

傅里叶红外光谱仪；压片机；玛瑙研钵；红外灯；等等。

苯甲酸（优级纯）；溴化钾（优级纯）。

【实验步骤】

(1) 打开红外光谱仪主机开关，使仪器预热。

(2) 苯甲酸及纯溴化钾晶片的制作。取约 1 mg 苯甲酸与 150 mg 干燥的溴化钾置于洁净的玛瑙研钵中，充分研磨后，在压片机上压成透明薄片。用同样的方法制作纯溴化钾片。

(3) 晶片扫描。以溴化钾晶片为背景，在 $4000\sim600\ cm^{-1}$ 波数范围，扫描苯甲酸晶片，得到苯甲酸红外吸收光谱图。

【实验注意事项】

(1) 样品浓度和厚度要适当。

(2) 在样品的研磨、制作晶片以及放置的过程中要特别注意干燥。

(3) 制得的晶片，必须无裂痕，局部无发白现象，如同玻璃般完全透明，否则应重新制作。

【数据记录及处理】

(1) 记录实验条件。

(2) 谱图分析。在苯甲酸红外吸收光谱图上，根据吸收带的位置、强度和形状，确定各特征吸收峰的归属，并指出各特征吸收峰属于何种基团的什么形式的振动。

【思考题】

(1) 进行红外吸收光谱分析时，对固体试样的制片有何要求？

(2) 如何进行红外吸收光谱的定性分析？

(3) 在实验室中进行红外吸收光谱分析时，为什么要使温度和相对湿度维持一定的指标？

实验六　红外吸收光谱法鉴定邻苯二甲酸氢钾和正丁醇

【实验目的】

(1) 进一步了解傅里叶红外光谱仪的结构、工作原理及其使用方法。

(2) 熟悉有机物官能团的特征频率，掌握常规样品的制样方法。

【实验原理】

当一束连续变化的红外光照射样品时，其中一部分被吸收，吸收的这部分光能转变为分子的振动能量和转动能量，另一部分光透过样品。若将透过的光用单色器色散，可以得到一带暗条的谱带。若以波长或波数为横坐标，以透过率 $T(\%)$ 为纵坐标，把这一谱带记录下来，就得到该样品的红外吸收光谱图。通过红外吸收光谱可以判定各种有机物的官能团，结合标准红外吸收光谱图还可鉴定有机物的结构。

【实验仪器及试剂】

傅里叶红外光谱仪；油压机；压片模具；玛瑙研钵；溴化钾窗片；样品架；液体池；脱脂棉；等等。

KBr（分析纯）；无水乙醇；丙酮；四氯化碳（优级纯）；邻苯二甲酸氢钾（优级纯）；正丁醇（优级纯）。

【实验步骤】

1. 正丁醇的红外吸收光谱图

取 1～2 滴正丁醇样品滴到 2 个溴化钾窗片之间，形成一层薄的液膜，注意不要有气泡。用夹具轻轻夹住后，在 4000～600 cm^{-1} 波数范围，测定红外吸收光谱图。如果样品吸收很强，需用四氯化碳配成浓度较低的溶液再滴入液体池中测定。

2. 邻苯二甲酸氢钾的红外吸收光谱图

取约 1 mg 的邻苯二甲酸氢钾与 150 mg 干燥的溴化钾在玛瑙研钵中充分研磨，混匀后压片。采用纯溴化钾片为背景，扫描邻苯二甲酸氢钾晶片，得到邻苯二甲酸氢钾红外吸收光谱图。

【数据记录及处理】

(1) 记录实验条件。

(2) 谱图对照。

在萨德勒（Sadtler）标准光谱图库中查得邻苯二甲酸氢钾和正丁醇的标准红外吸收光谱图，并将实验结果与标准谱图进行对照。

(3) 谱图解析。

在正丁醇和邻苯二甲酸氢钾的红外吸收光谱图上，根据吸收带的位置、强度和形状，确定各特征吸收峰的归属，并指出各特征吸收峰属于何种基团的什么形式的振动。

【思考题】
(1) 如何用红外吸收光谱法确定化合物中存在的基团及其在分子中的相对位置？
(2) 特征吸收峰的数目、位置、形状和强度取决于哪些因素？
(3) 用压片法制样时有哪些注意事项？

第二节 综合性实验

实验七 用归一化法定量分析苯系混合物中各组分的含量

【实验目的】
(1) 熟悉气相色谱仪的基本结构，进一步掌握气相色谱操作技术。
(2) 掌握气相色谱的基本原理和峰面积归一化法定量分析方法。
(3) 学习峰面积归一化法定量的实验原理及测定方法。

【实验原理】

色谱法是一种分离技术，一个混合样品经气化后被载气带入色谱柱，样品中各组分由于各自的性质不同，在柱内与固定相的作用力大小不同，导致在柱内的运行速度不同，使混合物中的各组分先后离开色谱柱而得到分离。利用色谱图中各峰的峰面积可以进行定量分析。运用峰面积归一化法定量，要求试样中的各个组分都能出峰，计算式为：

$$c_i = \frac{f_i A_i}{\sum_{i=1}^{n} f_i A_i}$$

式中，c_i 为样品中 i 组分的含量，%；f_i 为 i 组分的相对校正因子；A_i 为样品溶液中 i 组分的峰面积。

为了计算 i 组分含量，需先测定 i 组分的相对校正因子 f_i。取各待测组分的标准品适量配制标准溶液，然后取适量注入色谱仪，记录色谱图，按如下公式计算 f_i：

$$f_i = \frac{f'_i}{f'_s} = \frac{\dfrac{m_i}{A_i}}{\dfrac{m_s}{A_s}} = \left(\frac{m_i}{m_s}\right) \bigg/ \left(\frac{A_i}{A_s}\right)$$

式中，m_s 为标准溶液中 s 组分（参比物质）的质量，mg；A_s 为标准溶液中 s 组分（参比物质）的峰面积；m_i 为标准溶液中 i 组分的质量，mg；A_i 为标准溶液中 i 组分的峰面积。峰面积归一化法定量的优点是计算简便，定量结果与进样量无关，且操作条件不需严格控制，是常用的一种色谱定量方法。

【实验仪器及试剂】

气相色谱仪（FID）；色谱工作站；氮气钢瓶；氢气钢瓶；空气钢瓶（或气体发生器）；色谱柱；微量进样器（10 μL）；等等。

苯（色谱纯）；甲苯（色谱纯）；乙苯（色谱纯）；乙醇（色谱纯）。

【实验条件】

色谱柱：HP-1 弹性石英毛细管色谱柱（25 m×0.32 mm，0.25 μm）；柱温：110 ℃；检测温度：150 ℃；气化温度：150 ℃；载气：氮气（流量为 1.1 mL·min^{-1}），空气（300 mL·min^{-1}），氢气（30 mL·min^{-1}）；进样量：1 μL；分流比：50∶1。

【实验步骤】

1. 标准溶液的配制

称取苯 0.2 g（称准至小数点后第 3 位，下同）、甲苯 0.2～0.3 g、乙苯 0.3 g 于 10 mL 具塞锥形瓶中，加 5 mL 乙醇，摇匀备用。

2. 进样

开启氮气钢瓶、氢气钢瓶、空气钢瓶（或气体发生器），打开气相色谱仪主机电源，启动计算机，待仪器自检完毕打开色谱工作站软件，联机。根据上述实验条件进行设置，待仪器升温到预定温度并点火完毕，此时仪器指示灯由红变绿，即可进样。

3. 相对校正因子测定

吸取 1 μL 标准溶液进样，得到各组分的色谱图，各组分出峰顺序为乙醇、苯、甲苯、乙苯。

4. 样品测定

吸取样品溶液 1 μL 进样，得到色谱图，记下各组分峰面积。

【数据记录及处理】

（1）记录实验条件。

（2）以苯为参比物质，计算其他各组分与苯的质量比，填入表 4-2-1 中。

（3）以苯为参比物质，计算其他各组分与苯的峰面积比，填入表 4-2-1 中。

（4）计算各组分相对校正因子。

（5）用峰面积归一化法计算苯系物中苯、甲苯、乙苯的质量分数。

表 4-2-1　以苯为参比物质的相关数据

项目	苯	甲苯	乙苯
m/g			
A_i			
m_i/m_s	—		
A_i/A_s	—		
f_i	1.000		
$c_i/\%$			

【思考题】

（1）峰面积归一化法定量有何特点？使用该方法应具备什么条件？

(2) 你认为要做好本实验应注意哪些问题？

实验八　苯系混合物中各组分含量的气相色谱分析——内标法定量

【实验目的】
(1) 掌握气相色谱分析的原理。
(2) 进一步熟悉气相色谱分析的操作技术。
(3) 学会运用内标法进行定量分析的方法和计算。

【实验原理】
在色谱分析中，当要求准确测定试样中某个或某几个组分时，可用内标法定量分析。所谓内标法，就是将一定量的纯物质作为内标物，加入到准确称取的试样中，根据被测物和内标物的质量及其峰面积比，求出某组分的质量分数。所加内标物质应符合下列条件。

① 应是试样中不存在的纯物质。
② 内标物质的色谱峰，应位于被测组分色谱峰的附近，与被测组分色谱峰完全分离且峰形相似。
③ 加入的量应与被测组分含量接近。

设试样质量为 m_{sam}，内标物质量为 m_s，待测组分质量为 m_i，待测组分及内标物色谱峰面积分别为 A_i、A_s，则内标法计算式：

$$c_i = \frac{m_i}{m_{sam}}$$

$$c_i = \frac{m_s}{m_{sam}} \times \frac{f_i A_i}{f_s A_s}$$

若以内标物质作标准，则设 $f_s = 1$，可按下式计算被测组分的含量，即

$$c_i = \frac{m_s}{m_{sam}} \times \frac{f_i A_i}{A_s}$$

内标法定量结果准确，进样量及操作条件不需严格控制。本实验选用甲苯作内标物质，测定混合样中苯及乙苯的含量。

【实验仪器及试剂】
气相色谱仪（FID）；色谱工作站；氮气钢瓶；氢气钢瓶；空气钢瓶（或气体发生器）；色谱柱；微量进样器（10 μL）；等等。
苯（色谱纯）；甲苯（色谱纯）；乙苯（色谱纯）；乙醇（色谱纯）。

【实验条件】
色谱柱：HP-1 弹性石英毛细管色谱柱（25 m×0.32 mm，0.25 μm）；柱温：110 ℃；检测温度：150 ℃；气化温度：150 ℃；载气：氮气（流量为 1.1 mL·min^{-1}），空气（300 mL·min^{-1}），氢气（30 mL·min^{-1}）；进样量：1 μL；分流比：50∶1。

【实验步骤】
1. 选取适当的内标物
通过比较同一条件下待选内标与样品中各组分的保留时间以及峰形，选择合适的内

标物。

2. 内标物溶液的配制及相对校正因子的测定

(1) 内标物溶液的配制

取 1 只干净具塞锥形瓶，准确称出其质量，然后依次注入 1 mL 待测组分（苯及乙苯）的标准物，称出其准确质量，2 次质量之差即为被测组分的质量 m_i。用同样的方法，再注入内标物（甲苯）1 mL，称出其准确质量，与上次称重之差即为内标物的质量 m_s。

(2) 相对校正因子的测定

将上述配好的内标物溶液混合均匀，然后取 1 μL 进样，并测定各峰峰面积（A_i 及 A_s），计算出 f_i。

3. 样品溶液的制备及测定

(1) 样品溶液的制备

用上述方法准确称取 1 mL 含苯及乙苯的混合物样品，记录其质量 m_{sam}，然后注入 1 mL 甲苯作内标物，并称出其质量 m_s。

(2) 样品的测定

将上述配好的样品溶液混合均匀后，取 1 μL 进样，并测定苯、乙苯及内标物甲苯的峰面积（A_i 及 A_s）。

【数据记录及处理】

(1) 记录实验条件。

(2) 根据上述实验所得的数据，参考本章实验三自行设计表格计算样品中苯及乙苯的质量分数，并与理论值比较，计算相对误差。

【思考题】

(1) 内标法定量有何优点？它对内标物质有何要求？

(2) 实验中是否要严格控制进样量？实验条件若有所变化是否会影响测定结果？为什么？

(3) 用内标法计算为什么要用相对校正因子？它的物理意义是什么？

实验九　气相色谱法测定白酒中乙酸乙酯

【实验目的】

(1) 掌握白酒中乙酸乙酯的气相色谱测定法。

(2) 进一步掌握内标法在气相色谱中的应用。

【实验原理】

不同组分在气、液两相中具有不同的分配系数，经多次分配达到完全分离。本实验在氢火焰中电离进行检测，采用内标法进行定量分析。

【实验仪器及试剂】

气相色谱仪（FID）；色谱工作站；氮气钢瓶；氢气钢瓶；空气钢瓶（或气体发生器）；色谱柱；微量进样器（10 μL）；等等。

乙酸乙酯（色谱纯）：作标样用，2% 溶液（用 60% 乙醇配制）。

乙酸正丁酯（色谱纯）：在邻苯二甲酸二壬酯-吐温混合柱上分析时作内标用，2%溶液（用60%乙醇配制）。

乙酸正戊酯（色谱纯）：在聚乙二醇柱上分析时作内标用，2%溶液（用60%乙醇配制）。

载体：ChromosorbW（AW）或白色载体102（酸洗，硅烷化），80～100目。

固定液：20% DNP（邻苯二甲酸二壬酯）+7% 吐温 80；10% PEG 1500（聚乙二醇1500）或 PEG-20M。

【实验步骤】

1. 色谱柱与色谱条件

采用邻苯二甲酸二壬酯-吐温混合柱或聚乙二醇（PEG）柱，柱长不应短于 2 m。载气、氢气、空气的流量及柱温等色谱条件随仪器而异，应通过实验选择最佳操作条件，以使乙酸乙酯及内标峰与酒样中其他组分峰完全分离。

2. 标样值的测定

吸取 1.00 mL 2%的乙酸乙酯溶液，移入 50 mL 容量瓶中，然后加入 1.00 mL 2%的内标液，用 60%乙醇稀释至刻度。上述溶液中乙酸乙酯及内标的浓度均为 0.04%（体积分数）。待色谱仪基线稳定后，用微量进样器进样，进样量随仪器的灵敏度而定。记录乙酸乙酯峰的保留时间及其峰面积。用其峰面积与内标峰面积之比，计算出乙酸乙酯的相对校正因子 f 值。

3. 样品的测定

吸取 10.0 mL 酒样，移入 0.20 mL 2%的内标液，混匀后，在与标准值测定相同的条件下进样，根据保留时间确定乙酸乙酯峰的位置，并测定乙酸乙酯峰面积与内标峰面积，求出峰面积之比，计算出酒样中乙酸乙酯的含量。

【数据记录及处理】

(1) 记录实验条件。

(2) 根据上述实验所得的数据，计算出酒样中乙酸乙酯的相对校正因子 f 值以及含量。

【思考题】

(1) 影响气相色谱分离效果的因素有哪些？

(2) 涂渍固定液时，如果溶剂量太小或太大，分别对色谱柱性能有何影响？

(3) 涂渍固定液时，为使载体和固定液混合均匀，可否进行剧烈搅拌？为什么？

实验十　稠环芳烃的高效液相色谱法分析及柱效评价

【实验目的】

(1) 学习高效液相色谱柱柱效的测定方法。

(2) 了解高效液相色谱仪基本结构和工作原理，以及掌握其操作技能。

(3) 学会用外标法定量分析。

【实验原理】

稠环芳烃可采用反相液相色谱进行分析，选用非极性的 C-8 或 C-18 烷基键合相作固定相、甲醇的水溶液作流动相进行分离，以紫外检测器进行检测，得到色谱图，利用保留值进行定性分析，利用峰面积或峰高进行定量分析。

本实验采用纯物质对照法定性，外标法定量。外标法是根据试样和标样中组分的色谱峰面积（或峰高）A_i 和 A_s 及标样中的含量 X_s，直接计算出试样中组分的含量 X_i，由于是在相同实验条件下对同一组分进行检测，故不需要考虑校正因子，即

$$X_i = \frac{X_s A_i}{A_s}$$

色谱柱柱效的高低直接影响到色谱分离的好坏。评价柱效的参数有理论塔板数 n、理论塔板高度 H，分离度 R 为总分离效能指标。

理论塔板数 n：

$$n = 16\left(\frac{t_R}{Y}\right)^2 = 5.54\left(\frac{t_R}{Y_{\frac{1}{2}}}\right)^2$$

理论塔板高度 H：

$$H = \frac{L}{n}$$

分离度 R：

$$R = \frac{t_{R_1} - t_{R_2}}{\frac{1}{2}(Y_1 + Y_2)}$$

式中，t_R 为保留时间；Y 为峰底宽；$Y_{\frac{1}{2}}$ 为半峰宽；L 为柱长。

通常认为，理论塔板数越大或理论塔板高度越小，柱效能越高。分离度 R 越大，分离效果越好，但 R 值过大将大大增加分析时间。根据计算，当 $R=1$ 时，相邻两峰的分离可达 98% 左右，$R=1.5$ 时两峰分离达 99.7%，可视为完全分离。因而，通常将 $R \geq 1.5$ 作为分离完全的标准。

【实验仪器及试剂】

高效液相色谱仪（紫外检测器）；微量进样器（100 μL）；超声波发生器；溶剂过滤器及过滤膜；六通阀（20 μL 定量环）；等等。

苯（色谱纯）；萘（色谱纯）；联苯（色谱纯）；甲醇（色谱纯）；纯水（或二次水）。

标准使用液：配制含苯、萘、联苯各约 1 mg·mL^{-1} 混合标准溶液，混匀备用。

标准流动相溶液：分别配制苯、萘、联苯单组分浓度约 1 mg·mL^{-1} 的流动相溶液。

【实验条件】

色谱柱：Eclipse XDB-C8 柱（4.6 m×150 mm，5 μm）；流动相：甲醇＋水（体积比 85∶15），流量 1 mL·min^{-1}；测定波长：254 nm；进样量：20 μL。

【实验步骤】

（1）将实验所用的流动相用 0.45 μm 滤膜减压过滤并超声脱气 5 min。

（2）按仪器操作规程开机，使仪器处于工作状态，此时，若工作站上的色谱流出曲线为一平直的基线，即可进样。

（3）分别吸取苯、萘、联苯单组分标准溶液 60 μL，用六通阀进样，记录色谱峰的保留时间。

（4）吸取苯、萘、联苯标准使用液 60 μL，用六通阀进样，记录色谱峰的峰面积。

（5）取未知试样 60 μL，用六通阀进样，由色谱峰的保留时间进行定性分析，以色谱峰

的面积进行外标法定量。

(6) 实验完成后，用纯甲醇（0.5 mL·min^{-1}）冲洗色谱柱 30 min。按操作规程关机。

【数据记录及处理】

1. 记录实验条件

请记录色谱柱与固定相的规格、流动相及其流量、检测器及其灵敏度、进样量。

2. 定性分析结果

请将定性分析的相关数据记入表 4-2-2 中。

表 4-2-2 定性分析结果

未知试样中各峰 t_R/min	峰 1	峰 2	峰 3
纯物质 t_R/min	苯	萘	联苯
定性结论 组分名称	峰 1	峰 2	峰 3

3. 柱效测定结果

请将标准溶液柱效测定的相关数据记入表 4-2-3 中。

表 4-2-3 柱效测定结果

组分名称	t_R/min	A_i	Y 或 $Y_{\frac{1}{2}}$	n	H/mm	R
苯						—
萘						
联苯						

4. 外标法分析结果

请将标准溶液和未知试样溶液的色谱分析的相关数据记入表 4-2-4 中。

表 4-2-4 外标法分析结果

组分名称	m/mg		A		质量分数/%
	标准品	未知样	标准品	未知样	
苯					
萘					
联苯					

本实验也可利用步骤（3）的结果，以苯为参比物质，求出其他二组分的相对校正因子，进而以峰面积归一化法进行定量分析。

【思考题】

(1) 由本实验计算所得的各组分理论塔板数说明什么？

(2) 外标法为什么可以不测校正因子？

(3) 紫外检测器是否适用于检测所有的有机物？为什么？

实验十一　奶制品中防腐剂山梨酸和苯甲酸的测定

【实验目的】

(1) 进一步熟悉高效液相色谱仪的基本结构及色谱分离原理。

(2) 了解高效液相色谱在食品分析中的应用。

【实验原理】

食品防腐剂可以抑制食品中微生物的繁殖或杀灭食品中的微生物，苯甲酸及其钠盐、山梨酸及其钾盐是常用的食品防腐剂，但如果添加过量，会破坏食品营养成分，甚至对人体造成伤害。本实验用高效液相色谱外标曲线法测定奶制品中的山梨酸和苯甲酸含量。

奶制品中山梨酸、苯甲酸的提取可通过如下方式进行：向奶制品中加入氢氧化钠碱化后，进行超声、加热，实现苯甲酸和山梨酸的分解，再用沉淀剂亚铁氰化钾溶液和乙酸锌使奶制品中蛋白质沉淀，目标物溶解在上层清液中。样品中加入亚铁氰化钾溶液和乙酸锌溶液，既净化样品，又能提取目标物。

【实验仪器及试剂】

高效液相色谱仪（紫外检测器）；微量进样器（100 μL）；超声波发生器；溶剂过滤器及过滤膜；六通阀（20 μL 定量环）；容量瓶（10 mL，10 个）；等等。

液态奶饮料或固态奶制品；甲醇（色谱纯）；氢氧化钠溶液（0.1 mol·L^{-1}）；稀氨水（1:1）。

亚铁氰化钾溶液（0.25 mol·L^{-1}）：称取 106.0 g 亚铁氰化钾，加水溶解并定容到 1000 mL 制成。

乙酸锌溶液：称取 219.0 g 二水合乙酸锌，加水溶解后，再加入 32 mL 冰醋酸，用水定容到 1000 mL 制成。

磷酸盐缓冲溶液：称取 2.5 g 磷酸二氢钾和 2.5 g 磷酸氢二钾，加 600~700 mL 水溶解，用磷酸调至 pH=6.5，并加水定容至 1000 mL 制成。

标准贮备液：分别称取苯甲酸、山梨酸各 0.1 g，用甲醇溶解，定容至 100 mL，此溶液浓度为 1 mg·mL^{-1}。

混合标准工作液：量取苯甲酸和山梨酸标准贮备液 10 mL，加入到 50 mL 容量瓶中，用水定容至刻度，所得溶液质量浓度为 0.2 mg·mL^{-1}。

【实验条件】

色谱柱：Eclipse XDB-C8 柱（4.6 m×150 mm，5 μm）；流动相：磷酸盐缓冲溶液+甲醇（体积比 90:10），流量 0.3 mL·min^{-1}；测定波长：227 nm；进样量：20 μL。

【实验步骤】

1. 山梨酸、苯甲酸的提取

称取 20.0 g 液态奶饮料（或 5.0 g 固态奶制品）样品于 100 mL 烧杯中，加入约 20 mL 水，摇匀使其溶解后，超声 10 min。然后加 25 mL 0.1 mol·L^{-1} 氢氧化钠溶液于上述试液中，混匀，超声 20 min。取出再放到（70±5）℃水浴中加热 10 min，冷却至室温后加入 10 mL 亚铁氰化钾溶液和 10 mL 乙酸锌溶液，用力摇匀，静置 30 min，使其沉淀。加入

10 mL 甲醇混匀,定量转移至 100 mL 容量瓶,并用水稀释至刻度,混匀后放置 1 h,用 0.45 μm 滤膜过滤上清液,待用。

2. 混合标准溶液系列的配制

分别准确移取苯甲酸、山梨酸标准混合溶液 0.00 mL、1.00 mL、2.00 mL、3.00 mL、4.00 mL、5.00 mL 于 6 个 10.00 mL 的容量瓶中,用水稀释至刻度,摇匀,所得标准溶液质量浓度分别为 0 mg·mL^{-1}、0.02 mg·mL^{-1}、0.04 mg·mL^{-1}、0.06 mg·mL^{-1}、0.08 mg·mL^{-1}、0.1 mg·mL^{-1}。

3. 流动相处理

将实验使用的流动相用 0.45 μm 水相滤膜进行减压过滤和超声脱气处理。

4. 开机

按仪器操作规程开机,使仪器处于工作状态,此时,若工作站上的色谱流出曲线为一平直的基线,即可进样。

5. 定性分析

分别进苯甲酸和山梨酸标准溶液各 10 μL,以确定各个峰的保留时间。

6. 标准曲线测定

分别吸取 60 μL 苯甲酸和山梨酸混合标准溶液系列进样,用此结果建立定量分析表。

7. 样品分析

取样品 60 μL 进样,记录保留时间及峰面积。

8. 关机

实验完成后,分别用纯水及纯甲醇(0.5 mL·min^{-1})冲洗色谱柱各 30 min。按操作规程关机。

【数据记录及处理】

(1) 记录实验条件。
(2) 定性分析。
(3) 外标曲线法定量分析。

自行绘制表格,并记录试液量(mL 或 g)、定容体积(mL),在曲线上查得山梨酸的含量、苯甲酸的含量,计算牛奶制品中山梨酸的含量及苯甲酸的含量。

【思考题】

(1) 为什么在样品的处理过程中要加入亚铁氰化钾、乙酸锌溶液?
(2) 如何提取奶制品中的苯甲酸和山梨酸?
(3) 流动相脱气有哪些方法?

实验十二 离子色谱法测定火电厂用水中 SO_4^{2-} 和 NO_3^- 的含量

【实验目的】

(1) 学习离子色谱分析的实验原理及操作方法。
(2) 掌握离子色谱的定性和定量分析方法。

【实验原理】

离子色谱法利用离子交换的原理，连续对多种阴离子进行定性和定量分析。水样注入碳酸盐-碳酸氢盐溶液，并流经系列的离子交换树脂，基于待测阴离子对低容量强碱性阴离子树脂（分离柱）的相对亲和力不同，而彼此分开。被分离的阴离子在流经强酸性阳离子树脂（抑制柱）时，被转换为高电导率的酸型，碳酸盐-碳酸氢盐则转变成弱电导率的碳酸（清除背景电导率）。用电导率检测器测量被转变为相应酸型的阴离子，与标准进行比较，根据保留时间进行定性分析，根据峰高或峰面积进行定量分析。

由于离子色谱法具有高效、高速、高灵敏度和选择性好等特点，因此，广泛应用于环境监测、化工、生化、食品、能源等领域中的无机阴、阳离子和有机物的分析。本实验用离子色谱法测定火电厂用水中 SO_4^{2-} 和 NO_3^- 的含量。

【实验仪器及试剂】

离子色谱仪（具阴离子分离柱、连续自循环再生抑制器和抑制型电导检测器）；溶剂过滤器及过滤膜；进样器；微量进样器（100 μL）；电导率检测器；等等。

K_2SO_4（优级纯）；KNO_3（优级纯）；Na_2CO_3（优级纯）；$NaHCO_3$（优级纯）。

纯水：经 0.45 μm 微孔滤膜过滤的去离子水，其电导率小于 5 μS·cm^{-1}。

NO_3^- 标准贮备液：称 1.3703 g 硝酸钠（干燥器中干燥 24 h）溶于水，移入 1000 mL 容量瓶中，用水稀释定容至标线，混匀。转移至聚乙烯瓶中，于 4 ℃ 以下冷藏，此溶液每毫升含 1.00 mg 硝酸根。

SO_4^{2-} 标准贮备液：称 1.8142 g 硫酸钾（105 ℃ 烘 2 h）溶于水，移入 1000 mL 容量瓶中，用水稀释定容至标线，混匀，转移至聚乙烯瓶中，于 4 ℃ 以下冷藏，此溶液每毫升含 1.00 mg 硫酸根。

混合标准使用液：可根据被测样品的浓度范围配制混合标准使用液，取 30.00 mL NO_3^- 标准贮备液、50.00 mL SO_4^{2-} 于 1000 mL 容量瓶中，用水稀释定容至标线，混匀，此溶液 NO_3^-、SO_4^{2-} 浓度分别为 30 mg·L^{-1}、50 mg·L^{-1}。

洗脱贮备液（$NaHCO_3$-Na_2CO_3）：分别称取在 105 ℃ 下烘干 2 h 并保存在干燥器内的 $NaHCO_3$ 26.04 g 和 Na_2CO_3 25.44 g，用水溶解，并转移至 1000 mL 容量瓶中，用水稀释至刻度，摇匀，该洗脱贮备液中 $NaHCO_3$ 的浓度为 0.31 mol·L^{-1}，Na_2CO_3 浓度为 0.24 mol·L^{-1}。

洗脱工作液（洗脱液）：吸取上述洗脱贮备液 10.00 mL 于 1000 mL 容量瓶中，用水稀释至刻度，摇匀，用 0.45 μm 的微孔滤膜过滤，即得 0.0031 mol·L^{-1} $NaHCO_3$-0.0024 mol·L^{-1} Na_2CO_3 洗脱液，备用。

【实验条件】

洗脱液（$NaHCO_3$-Na_2CO_3）：流量为 2.5 mL·min^{-1}；电导检测器；进样量：100 μL。

【实验步骤】

1. 标准溶液系列配制

分别取 2.00 mL、5.00 mL、10.00 mL、25.00 mL、50.00 mL 混合标准使用液于 100 mL 容量瓶中，用水稀释定容至标线，摇匀。

2. 水样制备

样品采集后均经 0.45 μm 微孔滤膜过滤，保存于聚乙烯瓶中，置于冰箱中。

3. 标准工作液制备

吸取 SO_4^{2-} 和 NO_3^- 标准贮备液各 0.50 mL 于 2 个 50 mL 容量瓶中,加水稀释定容至刻度,摇匀,即得 SO_4^{2-} 和 NO_3^- 标准工作液。

4. 进样

根据实验条件,按照仪器说明书操作步骤将仪器调节至可进样状态,待仪器液路和电路系统达到平衡,若基线呈一直线,即可进样。

5. 定性分析

分别吸取 100 μL 各阴离子标准工作液进样,记录色谱图。

6. 定量分析

分别吸取 100 μL 上述标准溶液系列依次进样,制作标准曲线;按同样实验条件,吸取制作好的水样 100 μL 进样,计算待测离子含量。

【数据记录及处理】

(1) 记录实验条件。

(2) 请将定性分析的相关数据记入表 4-2-5 中。

表 4-2-5 定性分析结果

	峰 1	峰 2
未知试样中各峰 t_R/min		
纯物质 t_R/min	NO_3^-	SO_4^{2-}
定性结论 组分名称	峰 1	峰 2

(3) 请将定量分析的相关数据记入表 4-2-6 中。

表 4-2-6 定量分析结果

						样品
浓度/(mg·mL^{-1})						
峰面积 A						

由测得的各组分 A 作 A-c 的标准曲线。利用该曲线计算样品中各组分含量。

【实验注意事项】

(1) 样品需经一次性水系微孔(孔径 0.45 μm)滤膜过滤,用以除去样品中的颗粒物以防沾污柱子。

(2) 洗脱液配制后,使用期限一般不超过 1 周,谨防长菌。

(3) 整个系统不要进气泡,否则会影响分离效果。

【思考题】

(1) 简述离子色谱法的分离原理。

(2) 电导检测器为什么可用作离子色谱分析的检测器?

(3) 简述抑制器的作用。

实验十三　高效液相色谱法测定水样中苯酚类化合物

【实验目的】

(1) 掌握高效液相色谱仪的基本原理和使用方法。

(2) 掌握反相液相色谱法分离苯酚类化合物的实验条件。

(3) 对水中苯酚类化合物进行定性和定量分析。

【实验原理】

高效液相色谱法具有分离效率高、分析速度快、检测灵敏度高和应用范围广的特点，特别适合分离与分析高沸点、热不稳定、分子量比较大的物质，可应用于医药、环境、食品、生命科学、石油以及化学工业等方面的分析。

本实验采用反相高效液相色谱外标法测定水样中苯酚类化合物的含量。

【实验仪器及试剂】

高效液相色谱仪（紫外检测器）；微量进样器（100 μL）；超声波发生器；溶剂过滤器及过滤膜；等等。

邻苯二酚（分析纯）；对苯二酚（分析纯）；间苯二酚（分析纯）；去离子水（或二次蒸馏水）；甲醇（色谱纯）；未知试液。

定性标准溶液：邻苯二酚、对苯二酚、间苯二酚含量均为 100 $\mu g \cdot mL^{-1}$ 的单一成分标准水溶液。

定量标准溶液：准确称取邻苯二酚、对苯二酚、间苯二酚各适量，置于 50 mL 容量瓶中，用二次蒸馏水定容，得到质量浓度分别约为 100 $\mu g \cdot mL^{-1}$ 的混合标准溶液。

【实验条件】

色谱柱：Eclipse XDB-C8 柱（4.6 m×150 mm，5 μm）；流动相：甲醇水溶液（甲醇与水的体积比为 20∶80），流量为 0.6～1.0 $mL \cdot min^{-1}$；检测波长：270 nm；进样量：20 μL。

【实验步骤】

(1) 将实验所用的流动相用 0.45 μm 滤膜减压过滤并超声脱气 5 min。

(2) 按仪器操作规程开机，使仪器处于工作状态，此时，若工作站上的色谱流出曲线为一平直的基线，即可进样。

(3) 依次分别吸取 60 μL 3 种定性标准溶液进样，记录保留时间。

(4) 吸取 60 μL 混合标准溶液及未知试液进样，记录保留时间及峰面积。

(5) 实验完成后，用纯甲醇（0.5 $mL \cdot min^{-1}$）冲洗色谱柱 30 min。按操作规程关机。

【数据记录及处理】

(1) 记录实验条件。

(2) 根据上述实验所得的数据，自行设计表格确定水样中各组分的归属及质量分数。

【思考题】

(1) 说明反相液相色谱法的特点、应用范围。

(2) 说明以外标法进行色谱定量分析的优点和缺点。
(3) 如何保护液相色谱柱？
(4) 说明苯酚类化合物的洗脱顺序。

实验十四　离子选择性电极法测定水中微量的 F^-

【实验目的】

(1) 学习电位分析法的基本原理。
(2) 学会用离子选择性电极法测定微量 F^- 的方法。

【实验原理】

氟离子选择性电极是以氟化镧单晶膜为敏感膜的电位指示电极，对 F^- 有良好的选择性。以氟电极作指示电极，饱和甘汞电极为参比电极，浸入试液组成工作电池，工作电池的电动势为：

$$E = k' - 0.059 \text{Vlg} \alpha_{F^-} \quad (25\ ℃)$$

此时测定的是溶液中的离子活度，但通常要求测定的是浓度，而不是活度，故必须控制试液的离子强度（加入总离子强度调节缓冲溶液），保持被测试液的离子强度一定，使工作电池电动势与 F^- 浓度的对数呈线性关系：

$$E = k - 0.059 \text{Vlg} c_{F^-}$$

本实验采用标准曲线法测定 F^- 浓度，即配制成不同浓度的 F^- 标准溶液，测定工作电池的电动势，并在同样条件下测得试液的 E_x，由 $E\text{-lg}c_{F^-}$ 曲线查得未知试液中的 F^- 浓度。

用氟离子选择性电极测量 F^- 时，最适宜的 pH 值范围为 5~6；电极的检测下限在 $10^{-7}\ \text{mol} \cdot \text{L}^{-1}$ 左右。

【实验仪器及试剂】

PHSJ-3F 型酸度计；氟离子选择性电极；饱和甘汞电极；电磁搅拌器；容量瓶（1000 mL，100 mL）；吸量管。

F^- 标准溶液（$0.100\ \text{mol} \cdot \text{L}^{-1}$）。

总离子强度调节缓冲溶液（TISAB）：于 1000 mL 烧杯中加入 500 mL 水和 57 mL 冰醋酸、58 g NaCl、12 g 柠檬酸钠（$Na_3C_6H_5O_7 \cdot 2H_2O$），搅拌至溶解；将烧杯置于冷水中，在 pH 计的监测下，缓慢滴加 6 $\text{mol} \cdot \text{L}^{-1}$ NaOH 溶液，至溶液的 pH=5.0~5.5，冷却至室温，转入 1000 mL 容量瓶中，用水稀释至刻度，摇匀。转入洗净、干燥的试剂瓶中。

F^- 试液：浓度为 $10^{-1} \sim 10^{-2}\ \text{mol} \cdot \text{L}^{-1}$。

【实验步骤】

1. 标准溶液系列的配制

准确吸取 10.00 mL 0.100 $\text{mol} \cdot \text{L}^{-1}$ F^- 标准溶液置于 100 mL 容量瓶中，加入 10.0 mL TISAB，用水稀释至刻度，摇匀，得 pF=2.00 的溶液。用逐级稀释法配成 pF 为 3、4、5、

6 的标准溶液系列。

2. 启动仪器

将氟离子选择性电极和饱和甘汞电极与酸度计相连,开启仪器,预热。

3. 清洗电极

用去离子水清洗电极,至读数大于 340 mV。

4. 标准曲线绘制

将配制的标准溶液系列转入 50 mL 塑料小烧杯中,放入搅拌子以及洗净的电极,开动搅拌,至读数稳定,读取电位值。按顺序由低到高浓度依次测量,无须清洗。

5. 测电位值

吸取 10.00 mL F^- 试液,置于 100 mL 容量瓶中,加入 10.0 mL TISAB,用水稀释至刻度,摇匀。按标准溶液的测定步骤,测定其电位值 E_x。

【数据记录及处理】

(1) 记录实验条件。

(2) 请将标准曲线法测定的相关数据记入表 4-2-7 中。

表 4-2-7 标准曲线法测定结果

项目	1	2	3	4	5	6
pF	2.00	3.00	4.00	5.00	6.00	水样
E/mV						

(3) 以 E 为纵坐标,pF 值为横坐标,绘制 E-pF 标准曲线。

(4) 在标准曲线上找出与 E_x 值相应的 pF_x 值,求得原始试液中 F^- 的含量,以 $g \cdot L^{-1}$ 表示。

【思考题】

(1) 本实验测定的是 F^- 的活度还是浓度?为什么?

(2) 测定 F^- 时,加入的 TISAB 由哪些成分组成?各起什么作用?

(3) 测定 F^- 时,为什么要控制酸度?pH 值过高或过低有何影响?

(4) 测定标准溶液系列时,为什么按从稀到浓的顺序进行?

实验十五 循环伏安法测定铁氰化钾

【实验目的】

(1) 了解化合物产生电化学信号的基本原理。

(2) 掌握三电极体系的基本原理和使用方法。

(3) 学会测定化合物的循环伏安图。

【实验原理】

循环伏安法是将三角波电位加在工作电极上(图 4-2-1),从而得到相应的电流电位曲线的一种分析方法。

电流电位曲线,即循环伏安图(图 4-2-2)包括两个部分,其中一个半波电位向阴极方向扫描,使活性物质在电极上还原得到电子,产生还原波形;另一半波电位向阳极方向扫描,使电极上还原产物又失去电子发生氧化,产生氧化波形。一次三角波扫描,即完成一个还原和氧化过程的循环,故称此法为循环伏安法。重要参数有阳极峰电流 I_{pa}、阴极峰电流 I_{pc}、阳极峰电位 E_{pa} 和阴极峰电位 E_{pc}。对于循环伏安法可逆波形,经 Randles-Sevcik 方程理论推导,I_p 与被测物质浓度之间的关系式如下:

$$I_p = 2.69 \times 10^5 (n^{3/2} D^{1/2} v^{1/2} Ac)$$

式中,I_p 为波峰电流;n 为半反应电子转移数;D 为扩散系数,$cm^2 \cdot s^{-1}$;v 为电压扫描速率,$V \cdot s^{-1}$;A 为电极的面积,cm^2;c 为被测物质的浓度,$mol \cdot mL^{-1}$。

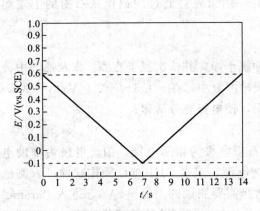

图 4-2-1 循环伏安法的典型激发信号

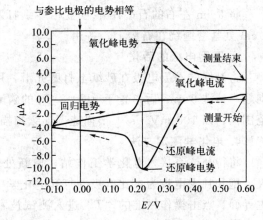

图 4-2-2 循环伏安图

从 I_p 的表达式看,I_p 与 $v^{1/2}$ 和 c 都呈线性关系。

对可逆电极过程,有:

$$\Delta E_p = E_{pa} - E_{pc} = \frac{1}{n} \times 59 \text{ mV} \text{ (25 ℃)}$$

E_{pa} 与 E_{pc} 之差一般为 $\frac{58}{n}$ mV。

$$\frac{I_{pa}}{I_{pc}} \approx 1 \text{ (与扫描度无关)}$$

标准电极电势为:

$$E_0 = \frac{E_{pa} + E_{pc}}{2}$$

$[Fe(CN)_6]^{3-}$ 与 $[Fe(CN)_6]^{4-}$ 氧化还原电对的标准电极电位为:

$$[Fe(CN)_6]^{3-} + e^- \rightleftharpoons [Fe(CN)_6]^{4-}$$

$$E_0 = 0.36 \text{ V (vs. NHE)}$$

电极电位与电极表面活度的 Nernst 方程为

$$E = E^{\ominus \prime} + RT \lg(c_{ox}/c_{Red})/F$$

【实验仪器及试剂】

CHI660C 型电化学工作站;三电极系统:石墨电极为工作电极,饱和甘汞电极为参比电极，铂电极为辅助电极；分析天平；数控超声波清洗器；1.00 mL、2.00 mL、3.00 mL、4.00 mL、5.00 mL 移液管各 1 支；50 mL 容量瓶 5 只；零号金相砂纸；等等。

0.1000 mol·L^{-1} K$_3$[Fe(CN)$_6$]/K$_4$[Fe(CN)$_6$] 溶液；1.00 mol·L^{-1} NaCl 溶液；磷酸盐缓冲溶液（pH=2.20）。

【实验步骤】

1. 铁氰化钾标准溶液的配制

用移液管分别移取 K$_3$[Fe(CN)$_6$]/K$_4$[Fe(CN)$_6$] 溶液（0.1000 mol·L^{-1}）1.00 mL、2.00 mL、3.00 mL、4.00 mL、5.00 mL 于 50 mL 容量瓶中，用 NaCl 溶液（1.00 mol·L^{-1}）稀释至刻度，摇匀后备用。

2. 石墨电极的制作

将 5 cm 左右的石墨用零号金相砂纸打磨光亮，用预先打磨过的铜丝从石墨的上端约 2 cm 处紧密缠绕在石墨上，备用。

3. 石墨电极的活化

将制好的石墨电极在砂纸上打磨光滑，用水冲洗干净，并依次置于乙醇、水及乙醇中分别超声清洗 5 min 后，置于 pH=2.20 的磷酸盐缓冲溶液中，在 $-1.5\sim+2.0$ V (vs. SCE) 范围内，以 100 mV·s^{-1} 扫描速率连续扫描 30 圈，使电极充分活化。

4. 电化学测定方法

将待测体系接入电化学工作站，以新处理的石墨电极为指示电极，铂丝电极为辅助电极，饱和甘汞电极为参比电极。打开电化学工作站电源，双击 CHI660C 操作软件进入测试主界面。点击操作栏上的"T"进入测试技术，选择需要测试的项目（CV），进入 Parameters 界面设置参数（表 4-2-8），点击工具栏上的开始按钮，即可开始循环伏安测试。测试完成后，将文件保存为". txt"等格式。

表 4-2-8 Parameters 界面的设置参数

Init E/V	0.8	Segment	2
High E/V	0.8	Smpl Interval/V	0.001
Low E/V	-0.2	Quiet Time/s	2
Scan Rate/(V·s^{-1})	0.02	Sensitivity/(A·V^{-1})	5×10^{-5}

（1）考察溶液浓度对峰电流的影响

在电解池中分别加入含有 1.00、2.00、3.00、4.00 mL 的 K$_3$[Fe(CN)$_6$]/K$_4$[Fe(CN)$_6$] 的 NaCl 溶液，以 100 mV·s^{-1} 扫描，分别记录循环伏安图。记录 E_{pa}、i_{pa}、E_{pc} 与 i_{pc}。

（2）考察扫描速率对峰电流的影响

在电解池中放入含有 5.00 mL K$_3$[Fe(CN)$_6$]/K$_4$[Fe(CN)$_6$] 的 NaCl 溶液，以 50、100、150、200 mV·s^{-1}，在 -0.2 至 $+0.8$ V 电位范围内扫描，分别记录循环伏安图。记录 i_{pa} 与 i_{pc}。

【实验记录及处理】

将实验相关数据填入表 4-2-9、表 4-2-10。

表 4-2-9　溶液浓度对峰电流的影响数据

项目	$c_{铁氰化钾}/(\text{mmol}\cdot\text{L}^{-1})$			
	2.00	4.00	6.00	8.00
E_{pa}/mV				
E_{pc}/mV				
$\Delta E_p/\text{mV}$				
I_{pa}/mA				
I_{pc}/mA				
I_{pa}/I_{pc}				

分别作 I_{pa}-$c_{铁氰化钾}$ 关系图和 I_{pc}-$c_{铁氰化钾}$ 关系图。

根据 Randles-Sevcik 方程计算石墨电极的有效面积 $A=$ _____ cm^2（$D=1.0\times 10^{-5}$ cm$^2\cdot$s^{-1}）。

问题：（1）电极反应峰电流 I_p 是否满足 Randles-Savcik 方程？

（2）电极表面反应是否可逆？

表 4-2-10　扫描速率 v 对峰电流的影响数据

项目	$v/(\text{mV}\cdot\text{s}^{-1})$			
	50	100	150	200
I_{pa}/mA				
I_{pc}/mA				

作 $v^{1/2}$-$c_{铁氰化钾}$ 关系图。

问题：电极表面反应是扩散控制还是表面控制过程？

【思考题】

（1）电化学工作站颜色不同的电线与三电极体系如何连接？

（2）在循环伏安图中如何确认哪个是氧化峰，哪个是还原峰？

（3）从循环伏安图中可以测定哪些参数？如何从这些参数中判断电极反应的可逆程度？

实验十六　自来水中钙、镁含量的测定

【实验目的】

（1）了解原子吸收分光光度计的基本结构及使用方法。

（2）掌握原子吸收分光光度法的实验原理。

（3）学习应用标准曲线法测定自来水中钙、镁的含量。

【实验原理】

原子吸收分光光度法是基于物质所产生的基态原子蒸气对待测元素的特征谱线的吸收作用进行定量分析的一种方法。在一定的实验条件下，吸光度与组分浓度成正比：

$$A = kc$$

上式是原子吸收分光光度法的定量基础。标准曲线法和标准加入法是两种常用的定量方法。标准曲线法常用于未知试液中共存的基体成分较为简单的情况。如果溶液中共存基体成分比较复杂，则应在标准溶液中加入相同类型和浓度的基体成分，以消除或减少基体效应带来的干扰，即标准加入法测量。

标准曲线法的标准曲线有时会发生向上或向下弯曲的现象，比如，在待测元素浓度较高时，标准曲线向浓度坐标轴弯曲。另外，火焰中各种干扰效应等也可能导致曲线弯曲。总之，要获得线性好的标准曲线，必须选择适当的实验条件，并严格实行。

【实验仪器及试剂】

原子吸收分光光度计；钙、镁空心阴极灯；空气压缩机；乙炔钢瓶；通风设备；等等。

钙标准贮备液（1000 $\mu g \cdot mL^{-1}$）；钙标准使用液（40 $\mu g \cdot mL^{-1}$）；镁标准贮备液（1000 $\mu g \cdot mL^{-1}$）；镁标准使用液（4 $\mu g \cdot mL^{-1}$）。

【实验条件】

本实验条件包括吸收线波长（nm）、空心阴极灯电流（mA）、狭缝宽度（mm）、燃烧器高度（mm）、乙炔流量（$L \cdot min^{-1}$）、空气流量（$L \cdot min^{-1}$）以及燃助比，将由原子吸收分光光度计系统智能推荐。

【实验步骤】

1. 配制标准溶液系列

（1）钙标准溶液系列。

准确吸取 1.00 mL、2.00 mL、3.00 mL、4.00 mL、5.00 mL 钙标准使用液，分别置于 5 个 50 mL 容量瓶中，用水稀释至刻度，摇匀备用。该标准溶液系列钙的浓度分别为 0.80 $\mu g \cdot mL^{-1}$、1.60 $\mu g \cdot mL^{-1}$、2.40 $\mu g \cdot mL^{-1}$、3.20 $\mu g \cdot mL^{-1}$、4.00 $\mu g \cdot mL^{-1}$。

（2）镁标准溶液系列。

准确吸取 1.00 mL、2.00 mL、3.00 mL、4.00 mL、5.00 mL 镁标准使用液，分别置于 5 个 50 mL 容量瓶中，用水稀释至刻度，摇匀备用。该标准溶液系列镁的浓度分别为 0.08 $\mu g \cdot mL^{-1}$、0.16 $\mu g \cdot mL^{-1}$、0.24 $\mu g \cdot mL^{-1}$、0.32 $\mu g \cdot mL^{-1}$、0.40 $\mu g \cdot mL^{-1}$。

2. 自来水样制备

准确吸取 2.00 mL 自来水置于 50 mL 容量瓶中，用水稀释至刻度，摇匀。

3. 钙、镁测定

① 根据实验条件，按原子吸收分光光度计操作规程开机并设置实验条件，待基线平直，即可进样。测定各标准溶液系列的吸光度。

② 在相同的实验条件下，分别测定自来水样的吸光度。

【数据记录及处理】

（1）记录实验条件。

将仪器型号、吸收线波长（nm）、空心阴极灯电流（mA）、狭缝宽度（mm）、燃烧器高度（mm）、乙炔流量（$L \cdot min^{-1}$）、空气流量（$L \cdot min^{-1}$）以及燃助比记入表 4-2-11。

表 4-2-11　实验条件

实验条件	钙	镁
吸收线波长 λ/nm		
空心阴极灯电流 I/mA		
狭缝宽度 d/mm		
燃烧器高度 h/mm		
乙炔流量 Q/(L·min^{-1})		
空气流量 Q/(L·min^{-1})		

(2) 测定钙、镁标准溶液系列的吸光度，打印标准曲线。

(3) 根据自来水样溶液的吸光度，计算原始自来水中钙、镁含量。

【思考题】

(1) 标准曲线法的特点及适用范围是什么？

(2) 原子吸收分光光度法对光源有何要求？为什么？

(3) 如何选择最佳的实验条件？

实验十七　火焰原子吸收法测定钙片中钙含量

【实验目的】

(1) 进一步了解原子吸收分光光度计的主要结构及工作原理。

(2) 掌握原子吸收分光光度计的操作方法及原子吸收分析方法。

(3) 学会标准曲线法和标准加入法。

【实验原理】

溶液中的钙离子在火焰温度下转变为基态钙原子蒸气，当钙空心阴极灯发射出波长为 422.7 nm 的钙特征谱线通过基态钙原子蒸气时，被基态钙原子吸收。在恒定的测试条件下，其吸光度与溶液中钙浓度成正比。

【实验仪器及试剂】

原子吸收分光光度计（附钙空心阴极灯）；乙炔、空气压缩机；容量瓶（50 mL, 100 mL）；移液管；烧杯（50 mL）；等等。

硝酸（1:1）。

钙标准贮备液（1000 μg·mL^{-1}）：准确称取光谱纯氧化钙（其量按所需浓度和体积计算）于烧杯中，加入硝酸 20 mL，低温加热溶解完全，转入 1000 mL 容量瓶，用去离子水稀释至刻度，摇匀。

钙标准溶液（50 μg·mL^{-1}）：将钙标准贮备液用去离子水稀释 20 倍制得。

干扰抑制剂锶溶液（5 mg·mL^{-1}）：称取六水合氯化锶 15.2 g 溶于 1000 mL 去离子水中。

样品溶液：取一片钙片放入 50 mL 烧杯中，加少许去离子水润湿，用玻璃棒小心捣碎，加入 1:1 硝酸 10 mL，低温加热溶解，加少量去离子水稀释，冷至室温，过滤。滤液收集于 500 mL 容量瓶中，分别用去离子水洗烧杯、滤纸各 3~4 次，洗涤液并入滤液，用去离子水稀释至刻度，摇匀。

样品空白溶液：将 1∶1 硝酸 10 mL 加入 500 mL 容量瓶中，用去离子水稀释至刻度，配制样品空白溶液。

【实验步骤】

1. 仪器工作条件的选择

移取 4.0 mL 50 $\mu g \cdot mL^{-1}$ 的钙标准溶液于 100 mL 容量瓶中，加入 4 mL 5 $mg \cdot mL^{-1}$ 锶溶液，用去离子水稀释至刻度，摇匀，用此含钙 2 $\mu g \cdot mL^{-1}$ 的溶液选择仪器的工作条件。

（1）燃气和助燃气流量比例的选择

固定空气流量为 6.5 $L \cdot min^{-1}$，改变乙炔流量分别为 1.2 $L \cdot min^{-1}$、1.4 $L \cdot min^{-1}$、1.6 $L \cdot min^{-1}$、1.8 $L \cdot min^{-1}$、2.0 $L \cdot min^{-1}$、2.2 $L \cdot min^{-1}$，以去离子水为参比调零，测定钙溶液的吸光度。从实验结果中选择出稳定性好且吸光度较大时的乙炔流量，作为测定的乙炔流量。

（2）燃烧器高度的选择

在选定的空气和乙炔流量条件下，改变燃烧器高度，以去离子水为参比，测定钙溶液的吸光度。从实验结果中选择出稳定性好且吸光度较大时的燃烧器高度，作为测定的燃烧器高度。

2. 线性范围的确定

在 6 个 50 mL 的容量瓶中，分别加入 50 $\mu g \cdot mL^{-1}$ 的钙标准溶液 0.0 mL、1.0 mL、2.0 mL、6.0 mL、8.0 mL、10.0 mL，加入 5 $mg \cdot mL^{-1}$ 锶溶液 1 mL 和 1∶1 硝酸 2.5 mL，在仪器工作条件下，以空白溶液（5 $mg \cdot mL^{-1}$ 锶溶液 1 mL 和 1∶1 硝酸 2.5 mL，以去离子水稀释至 50 mL）为参比调零，分别测其吸光度。在计算机上作出吸光度-钙浓度标准曲线，计算回归方程，并确定在选定条件下钙测定的线性范围。

3. 样品的测定

于 5 个 50 mL 容量瓶中，各加入样品溶液 1.0 mL（视钙含量高低，加入样品溶液量可在 1.0~5.0 mL 范围内适当调整），1∶1 硝酸 2.5 mL 和 5 $mg \cdot mL^{-1}$ 的锶溶液 1 mL，再分别加入 50 $\mu g \cdot mL^{-1}$ 的钙标准溶液 0.0 mL、1.0 mL、2.0 mL、6.0 mL、8.0 mL，用去离子水稀释至刻度，摇匀。在另一个 50 mL 容量瓶中，加入样品空白 1.0 mL、1∶1 硝酸 2.5 mL 和 5 $mg \cdot mL^{-1}$ 锶溶液 1 mL，用去离子水稀释至刻度，摇匀，作为测定空白溶液。在选定的实验条件下，以测定空白溶液为参比，测定各溶液的吸光度。

【数据记录及处理】

（1）请将标准曲线测定结果记入表 4-2-12 中。

（2）请将样品测定结果记入表 4-2-13 中。

（3）用标准曲线法计算样品溶液中的钙含量（μg），再根据样品溶液取样量及测定溶液体积，计算出每片钙片中钙含量（mg）。

（4）以吸光度为纵坐标、加入标准溶液量为横坐标，用标准加入法计算样品溶液中的钙含量（μg），再根据样品溶液取样量及测定溶液体积，计算出每片钙片中钙含量（mg）。

（5）比较标准加入法和标准曲线法的实验结果并分析它们的特点。

表 4-2-12　标准曲线测定结果

所加试液	编号					
	1	2	3	4	5	6
钙标准溶液(50 μg·mL^{-1})	0.0 mL	1.0 mL	2.0 mL	6.0 mL	8.0 mL	10.0 mL
锶溶液(5 mg·mL^{-1})	1.0 mL	1.0 mL	1.0 mL	1.0 mL	1.0 mL	1.0 mL
1∶1 硝酸	2.5 mL	2.5 mL	2.5 mL	2.5 mL	2.5 mL	2.5 mL
吸光度						

表 4-2-13　样品测定结果

所加试液	编号				
	1	2	3	4	5
钙样品溶液	1.0 mL	1.0 mL	1.0 mL	1.0 mL	1.0 mL
钙标准溶液	0.0 mL	1.0 mL	2.0 mL	6.0 mL	8.0 mL
锶溶液(5 mg·mL^{-1})	1.0 mL	1.0 mL	1.0 mL	1.0 mL	1.0 mL
1∶1 硝酸	2.5 mL	2.5 mL	2.5 mL	2.5 mL	2.5 mL
吸光度					

【思考题】

(1) 根据钙元素性质，解释燃气及助燃气流量选择实验的结果。

(2) 本实验中锶溶液的作用是什么？

(3) 什么是空白溶液？为什么在制作标准曲线时空白溶液和测定样品时的测定空白溶液不完全一样？

(4) 采用标准加入法时应注意什么？

(5) 使用原子吸收分光光度计进行火焰原子吸收分析时，应优化哪些参数？

实验十八　荧光分光光度法测定色氨酸的含量

【实验目的】

(1) 了解化合物产生荧光的基本原理。

(2) 掌握荧光分光光度计的基本原理和使用方法。

(3) 学会测定化合物的荧光激发光谱和发射光谱。

【实验原理】

当气态原子受到强特征辐射时，由基态跃迁到激发态，约在 10^{-8} s 后，再由激发态跃迁回到基态，发射出与吸收波长相同或不同的荧光。色氨酸是一种强荧光物质，其激发波长 $\lambda_{ex}=280.0$ nm，荧光发射波长 $\lambda_{em}=353.8$ nm，在稀溶液中荧光强度与浓度成正比关系：

$$FI = kc$$

式中，FI 为荧光强度；k 为常数；c 为标准溶液浓度。

【实验仪器及试剂】

F-7000 荧光分光光度计；移液管 1 mL 1 支；容量瓶 250 mL 1 只，50 mL 6 只；等等。色氨酸未知浓度样品（$c_{样品}$）。

色氨酸标样（0.1000 mg·mL^{-1}）：准确称取 0.2500 g 色氨酸标样，配制成 2500 mL 溶液，摇匀备用。

【实验步骤】

1. 标准溶液配制

分别移取色氨酸标样溶液（0.1000 mg·mL^{-1}）0.10 mL、0.20 mL、0.40 mL、0.60 mL、0.80 mL、1.00 mL 于 50 mL 容量瓶中，并用蒸馏水稀释至刻度，摇匀后，待测定各标准溶液的荧光强度。

2. 色氨酸未知浓度样品溶液配制

准确移取 0.20 mL 色氨酸未知浓度样品于 250 mL 容量瓶中，定容、摇匀后待测。

3. 荧光强度测定

（1）荧光分光光度计操作

开启 220 V 稳压电源至 220 V，打开主机电源开关，开启氙灯。

（2）色氨酸激发和发射光谱的绘制

① 设定纵坐标、灵敏度、扫描速率；

② 设定发射波长（EMISSION Wavelength）250.0 nm，激发波长范围 200～350 nm；

③ 将某一浓度的色氨酸标液置于试样池中，关闭试样池盖，扫描得到激发光谱曲线；

④ 设定激发波长（EXCITION Wavelength）280.0 nm（从激发光谱曲线中得到），发射波长范围（EMISSION Wavelength）300～500 nm；扫描得到发射光谱曲线。

（3）标准溶液及样品的测定

① 将 1 号标准溶液放入试样池中。

② 仪器开始扫描，得到 1 号标准溶液的激发光谱，并记录荧光强度 FI。

③ 依次扫描其余标准溶液和色氨酸未知浓度样品，分别得到它们的荧光光谱和荧光强度 FI。

④ 按各标液的荧光强度做出 FI-c 工作曲线。

【数据记录与处理】

（1）记录实验条件。

激发波长 $\lambda_{ex}=$ _____ nm；发射波长 $\lambda_{em}=$ _____ nm。

（2）实验数据计入表 4-2-14 表中。

表 4-2-14　色氨酸的荧光光谱数据

样品编号	样品浓度 c/(μg·mL^{-1})	荧光强度 FI
1	0.2	
2	0.4	
3	0.8	
4	1.2	
5	1.6	
6	2.0	
7	$c_{样品}$	

(3) FI-c 工作曲线的绘制。
(4) 色氨酸样品中色氨酸含量计算（以 $\mu g \cdot mL^{-1}$ 计）：
$$样品色氨酸含量 = c_{样品} \times 250 \text{ mL} \times 5$$
式中，$c_{样品}$ 为 250 mL 容量瓶中样品溶液浓度。

【思考题】

(1) 荧光效率高的分子具有什么结构特点？
(2) 哪些因素影响荧光波长和强度？
(3) 如何应用荧光光谱进行定性分析？

实验十九　紫外吸收光谱测定蒽醌粗品中蒽醌的含量

【实验目的】

(1) 了解 TU-1900 型紫外-可见分光光度计的基本结构及使用方法。
(2) 学习应用紫外吸收光谱进行定量分析的方法及 ε 值的测定方法。
(3) 掌握测定蒽醌粗品试样时测定波长的选择方法。

【实验原理】

紫外吸收光谱分析是基于物质对紫外光的选择性吸收，根据朗伯-比尔定律进行定量分析，其中选择合适的测定波长是紫外吸收光谱定量分析的重要环节。在本实验中，蒽醌粗品中含有邻苯二甲酸酐，为避免邻苯二甲酸酐干扰蒽醌含量的测定，要分别测定它们的吸收光谱图来确定合适的测定波长。

摩尔吸光系数 ε 是吸收光谱分析中的一个重要参数，是衡量吸光度定量分析方法灵敏程度的重要指标，通常可通过求取标准曲线斜率的方法求得。

【实验仪器及试剂】

TU-1900 型紫外-可见分光光度计；容量瓶；移液管；洗耳球；石英比色皿；等等。

邻苯二甲酸酐（0.1 $mg \cdot mL^{-1}$）的甲醇溶液；甲醇。

蒽醌标准贮备液（4.000 $mg \cdot mL^{-1}$）：准确称取 0.4000 g 蒽醌置于 100 mL 烧杯中，用甲醇溶解后，转移到 100 mL 容量瓶中，并用甲醇稀释至刻度，摇匀备用。

蒽醌标准使用液（0.2000 $mg \cdot mL^{-1}$）：吸取 5.00 mL 上述蒽醌标准贮备液于 100 mL 容量瓶中，并用甲醇稀释至刻度，摇匀备用。

【实验步骤】

1. 配制蒽醌标准溶液系列

用吸量管分别吸取 0.00 mL、2.00 mL、4.00 mL、6.00 mL、8.00 mL、10.00 mL 蒽醌标准使用液于 6 个 50 mL 容量瓶中，然后分别用甲醇稀释至刻度，摇匀备用。

2. 配制样品溶液

称取 0.0500 g 蒽醌粗品于 50 mL 烧杯中，用甲醇溶解，然后转移到 25 mL 容量瓶中，并用甲醇稀释至刻度，摇匀备用。

3. 选定测定波长

根据实验条件，按 TU-1900 型分光光度计操作规程开机、调试、预热。以甲醇溶液作参比，取蒽醌标准溶液系列中的 1 份溶液，测量蒽醌吸收光谱；以甲醇溶液作参比，取 0.1 mg·mL^{-1} 邻苯二甲酸酐的甲醇溶液，测量邻苯二甲酸酐的紫外吸收光谱。绘制它们的吸收光谱图，确定合适的测定波长。

4. 测定吸光度

以甲醇作参比溶液，在选定波长下测定蒽醌标准溶液系列和蒽醌粗品试液的吸光度。

【数据记录及处理】

（1）记录实验条件。

（2）绘制蒽醌、邻苯二甲酸酐的紫外吸收光谱图，选择合适的测定波长，并说明选择测定波长的理由。

（3）绘制标准曲线，以标准曲线法计算蒽醌粗品中蒽醌的含量，并计算蒽醌的 ε 值。

【思考题】

（1）在光度分析中参比溶液的作用是什么？

（2）本实验为什么要用甲醇作参比溶液？可否用其他溶剂（如水）来代替？为什么？

（3）在光度分析中测绘物质的吸收光谱有何意义？

实验二十 苯甲酸、苯胺、苯酚的鉴定及废水中苯酚含量的测定

【实验目的】

（1）掌握 TU-1900 型紫外-可见分光光度计的基本结构及使用方法。

（2）学习用紫外吸收光谱法进行物质定性、定量分析的基本原理。

【实验原理】

含有苯环和共轭双键的有机物在紫外区有特征吸收。含有不同官能团的物质的紫外吸收光谱不同。但应注意，紫外吸收光谱相同，两种化合物不一定相同，故在定性分析时，除了要比较最大吸收波长 λ_{max}，还要比较摩尔吸光系数 ε_{max}，如果待测物质和标准物质 λ_{max} 和 ε_{max} 都相同，则可认为是同一物质。本实验通过比较 λ_{max} 和 ε_{max} 来鉴定化合物。苯甲酸、苯胺、苯酚 3 种物质的紫外吸收光谱数据如表 4-2-15 所示。

表 4-2-15 苯甲酸、苯胺、苯酚的紫外吸收光谱数据

物质	λ_{max}/nm	ε_{max}/(L·mol^{-1}·cm^{-1})	$\varepsilon_{max1}/\varepsilon_{max2}$	溶剂
苯甲酸	230	10000	12.5	水
	270	800		
苯胺	230	8600	6.0	水
	280	1430		
苯酚	210	6200	4.3	水
	270	1450		

有紫外吸收的物质可依据朗伯-比尔定律用紫外-可见分光光度法进行定量分析：

$$A = \varepsilon b c$$

式中，ε 为摩尔吸光系数；b 为吸收池液层厚度；c 为溶液浓度。

【实验仪器及试剂】

TU-1900 型紫外-可见分光光度计；容量瓶；吸量管；洗耳球（2 个）；石英比色皿；等等。

未知样品 1：约 1×10^{-4} mol·L^{-1} 苯酚水溶液。

未知样品 2：约 1×10^{-4} mol·L^{-1} 苯甲酸水溶液，制备时若不溶可稍加热。

未知样品 3：约 1×10^{-4} mol·L^{-1} 苯胺水溶液。

苯酚标准贮备液：称取 1.000 g 苯酚，用去离子水溶解，转入 1000 mL 容量瓶中，用水稀释到刻度，摇匀，即为 1 g·L^{-1} 苯酚标准溶液。

苯酚标准使用液：吸取上述 1 g·L^{-1} 苯酚 10.00 mL 于 100 mL 容量瓶中，用水稀释至刻度，摇匀，即为 100 mg·L^{-1}。

含苯酚的废水。

【实验步骤】

1. 定性分析

在 TU-1900 型紫外-可见分光光度计上，用 1 cm 石英比色皿，以蒸馏水作参比溶液，在 200～330 nm 波长范围扫描。绘制苯甲酸、苯胺及苯酚的吸收曲线。从曲线上找出 λ_{max1}、λ_{max2}，并测得其所对应的吸光度，进而计算相应的 ε_{max}，比较 $\varepsilon_{max1}/\varepsilon_{max2}$，鉴定未知样品 1、未知样品 2 以及未知样品 3 各为何种物质。

2. 定量分析

（1）标准曲线的制作

取 5 个 50 mL 的容量瓶，分别加入 2.00 mL、4.00 mL、6.00 mL、8.00 mL、10.00 mL 100 mg·L^{-1} 苯酚标准使用液，用去离子水稀释到刻度，摇匀。稀释后得到的苯酚标准溶液浓度依次为 4 mg·L^{-1}、8 mg·L^{-1}、12 mg·L^{-1}、16 mg·L^{-1}、20 mg·L^{-1}。用 1 cm 石英比色皿，以去离子水作参比，在选定的最大波长下，分别测定各溶液的吸光度。以吸光度对浓度作图，作出标准曲线。

（2）废水中苯酚含量测定

准确移取废水 25.00 mL 于 50 mL 容量瓶中，用去离子水稀释到刻度，摇匀。在同样条件下测定其吸光度，在标准曲线上查出苯酚的浓度，计算出废水中苯酚的含量。

【数据记录及处理】

（1）记录实验条件。

（2）请将苯甲酸、苯胺、苯酚的定性分析数据记入表 4-2-16 中。

表 4-2-16 定性分析结果

物质	λ_{max1}/nm	λ_{max2}/nm	ε_{max1}	ε_{max2}	$\varepsilon_{max1}/\varepsilon_{max2}$	鉴定结果
未知样品 1						
未知样品 2						
未知样品 3						

（3）请将苯酚标准溶液和废水吸光度测定的相关数据记入表 4-2-17 中。

表 4-2-17　苯酚标准溶液和废水吸光度的测定结果

物质	苯酚标准溶液					废水
	4 mg·L^{-1}	8 mg·L^{-1}	12 mg·L^{-1}	16 mg·L^{-1}	20 mg·L^{-1}	
吸光度						

绘制标准曲线，并计算废水中苯酚的含量。

【思考题】

(1) 如何使用紫外吸收光谱进行定性分析？

(2) 苯酚的紫外吸收光谱中 210 nm、271 nm 的吸收峰是由哪些价电子跃迁产生的？

实验二十一　紫外-可见分光光度法测定自来水中硝酸盐氮

【实验目的】

(1) 进一步熟悉 TU-1900 型紫外-可见分光光度计的基本结构及使用。

(2) 学习用紫外-可见分光光度法测定水中硝酸盐氮的原理。

【实验原理】

硝酸盐氮（NO_3^--N）是评价水质的重要指标，可用紫外-可见分光光度法测定其含量。本实验不经显色反应，利用 NO_3^- 在 220 nm 波长的特征吸收直接测定一般饮用水和其他较洁净的地表水中 NO_3^- 含量，具有简单、快速、准确的优点。测定时要注意消除有关干扰：用 $Al(OH)_3$ 絮凝共沉淀消除天然水中悬浮物以及 Fe^{3+}、Cr^{3+} 的干扰；SO_4^{2-}、Cl^- 不干扰测定，Br^- 对测定有干扰，但一般淡水中不常见；HCO_3^-、CO_3^{2-} 在 220 nm 处有微弱吸收，加入一定量的盐酸可消除 HCO_3^-、CO_3^{2-} 以及絮凝中的细微胶体等的影响；加入氨基磺酸可消除亚硝酸盐的干扰，亚硝酸盐低于 0.1 mg·L^{-1} 时可以不加氨基磺酸。

对于饮用水和较清洁水可以不做上述预处理。

水中有机物在 220 nm 产生吸收干扰，可利用有机物在 275 nm 有吸收，而 NO_3^- 在 275 nm 无吸收这一特征，对水样在 220 nm 和 275 nm 处分别测定吸光度，用 A_{220} 减去 A_{275} 扣除有机物的干扰，这种经验性的校正方法对有机物含量不太高或者稀释后的水样可以得到相当准确的结果。本法中硝酸盐氮的最低检出浓度为 0.08 mg·L^{-1}，测定上限为 4 mg·L^{-1}。

【实验仪器及试剂】

TU-1900 型紫外-可见分光光度计；容量瓶；吸量管；洗耳球；石英比色皿；等等。

氢氧化铝悬浮液：125 g $KAl(SO_4)_2·12H_2O$（化学纯）或 $NH_4Al(SO_4)_2·12H_2O$（化学纯）溶解于水中，加热至 60 ℃，然后在搅拌下慢慢加入 55 mL 浓氨水，放置 1 h 后转入大瓶内，倾去上部清液，用蒸馏水反复洗涤沉淀至上部清液中不含氨、氯化物及硝酸盐和亚硝酸盐为止。澄清后，把上层清液尽量倾出，只留浓的悬浮液，最后加 100 mL 水。使用前应振荡均匀。

硝酸盐氮标准贮备液：称取 0.7218 g 无水 KNO_3 溶于去离子水中，移至 1000 mL 容量瓶中，用去离子水稀释至刻度，此标准溶液含氮 100 $\mu g \cdot mL^{-1}$。

硝酸盐氮标准液：准确移取硝酸盐氮标准贮备液于容量瓶中，用去离子水稀释至刻度，此标准溶液含氮 10 $\mu g \cdot mL^{-1}$。

氨基磺酸溶液（1.0%）：避光保存于冰箱中。

HCl 溶液（1 $mol \cdot L^{-1}$）。

【实验步骤】

1. 水样预处理

根据水样来源选择如下一种预处理方法进行预处理：

① 若水样中有明显悬浮物以及 Fe^{3+}、Cr^{3+}，取适量 $Al(OH)_3$ 絮凝加入水样中，共沉淀后过滤，得到清亮水样。

② 若水样中含有大量 HCO_3^-、CO_3^{2-}，加入一定量的盐酸，确保 HCO_3^-、CO_3^{2-} 全部反应，得到清亮水样。

③ 若水样是清洁水样，则不需要进行上述处理，可直接取样。

2. 待测水样的配制

取上述澄清水样 25.00 mL 于 50 mL 容量瓶中，加入 1 mL 1 $mol \cdot L^{-1}$ HCl 溶液、0.1 mL 1.0%氨基磺酸溶液，用去离子水稀释至刻度，摇匀。

3. 硝酸盐氮标准溶液系列配制

准确移取硝酸盐氮标准溶液 0.0 mL、0.5 mL、1.0 mL、3.0 mL、5.0 mL、10.0 mL 分别于 6 只 50 mL 容量瓶中，加入 1 mL 1 $mol \cdot L^{-1}$ HCl 溶液、0.1 mL 1.0%氨基磺酸溶液，用去离子水稀释到刻度，摇匀。稀释后硝酸盐氮标准溶液的浓度依次为 0.0 $\mu g \cdot mL^{-1}$、0.1 $\mu g \cdot mL^{-1}$、0.2 $\mu g \cdot mL^{-1}$、0.6 $\mu g \cdot mL^{-1}$、1 $\mu g \cdot mL^{-1}$、2 $\mu g \cdot mL^{-1}$。

4. 测定标准溶液系列及样品的吸光度

在紫外-可见分光光度计上，用 1 cm 石英比色皿，在 220 nm 和 275 nm 处测定标准溶液系列的吸光度，将两者的吸光度差对硝酸盐氮标准溶液的浓度作工作曲线；同样条件测定水样在 220 nm 和 275 nm 处的吸光度，计算其吸光度差，在标准溶液的工作曲线上找出其对应的硝酸盐氮标准溶液的浓度。

【数据记录及处理】

（1）记录实验条件。

（2）请将硝酸盐氮标准溶液和水样吸光度测定的相关数据记入表 4-2-18 中。

表 4-2-18 硝酸盐氮标准溶液和水样吸光度的测定结果

吸光度	硝酸盐氮标准溶液						水样
	0.0 $\mu g \cdot mL^{-1}$	0.1 $\mu g \cdot mL^{-1}$	0.2 $\mu g \cdot mL^{-1}$	0.6 $\mu g \cdot mL^{-1}$	1 $\mu g \cdot mL^{-1}$	2 $\mu g \cdot mL^{-1}$	
A_{220}							
A_{275}							
$A = A_{220} - A_{275}$							

（3）绘制标准曲线，并按下式计算原待测水样中硝酸盐氮的含量。

$$\text{硝酸盐氮的含量}(\mu g \cdot mL^{-1}) = \frac{\text{硝酸盐氮总量}(\mu g)}{\text{水样}(mL)}$$

【思考题】

(1) 此实验中，能否用普通光学玻璃比色皿进行测定？为什么？

(2) 加入氨基磺酸的作用是什么？

实验二十二 红外吸收光谱法测定车用汽油中的苯含量

【实验目的】

(1) 学习红外吸收光谱定量分析技术。

(2) 熟悉红外吸收光谱法定量的过程。

(3) 了解车用汽油中苯含量测定的红外吸收光谱标准方法。

【实验原理】

红外吸收光谱定量分析通过对特征吸收谱带强度的测量来求出组分含量，其理论依据是朗伯-比尔定律。由于红外吸收光谱的谱带较多，选择的余地大，所以能方便地对单一组分和多组分进行定量分析。此外，该法不受样品状态的限制，能定量测定气体、液体和固体样品，因此在环境、医药等诸多领域应用广泛。但红外吸收光谱法定量分析灵敏度较低，尚不适用于微量组分的测定。

苯是一种有毒化合物，测定汽油中苯的含量有助于评价汽油使用过程中对人体的伤害。本实验用红外吸收光谱法测定车用汽油中苯的含量。由于汽油中有甲苯干扰测定，需要对结果进行校正。

【实验仪器及试剂】

红外光谱仪；溴化钾窗片；样品架；液体池，等等。

苯；甲苯；异辛烷或正庚烷；车用汽油样品。

【实验步骤】

1. 标准溶液的配制

苯标准溶液：移取一定量的苯于 100 mL 容量瓶中，用不含苯的汽油稀释至刻度，摇匀备用。标准溶液的浓度（体积分数）为 1％、2％、3％、4％、5％。

甲苯标准溶液：准确取 2.00 mL 甲苯于 10 mL 容量瓶中，用正庚烷或异辛烷稀释至刻度备用。

2. 工作曲线的绘制

(1) 测定甲苯的校正系数

用微量进样器准确取 100 μL 甲苯标准溶液，扫描 690～400 cm^{-1} 范围内的红外吸收光谱图，分别用 460 cm^{-1}（甲苯特征吸收峰）和 673 cm^{-1}（苯特征吸收峰）分析峰的峰面积减去基线 500 cm^{-1} 的峰面积，得到相应波数的净峰面积。甲苯的校正系数等于 673 cm^{-1} 和 460 cm^{-1} 的净峰面积之比。测量温度为 25 ℃，相对湿度为 50％。

(2) 校正后的苯的峰面积的计算

用微量进样器准确取 10 μL 苯标准溶液，扫描 690～400 cm^{-1} 波数范围内的红外吸收光谱图，并测定如下波数的峰面积：673 cm^{-1}、460 cm^{-1}以及500 cm^{-1}。计算校正后的苯的峰面积 $[A=(A_{673}-A_{460})\times$甲苯校正系数$]$。

(3) 标准曲线的绘制

用苯标准溶液浓度对校正后的苯峰面积作图，得到标准曲线。

3. 样品测定

测定车用汽油样品的谱图，并计算待测样品中苯的浓度。

【数据记录及处理】

请将本实验的相关数据记入表 4-2-19 中。

表 4-2-19 实验数据

测试溶液		峰面积			甲苯校正系数	苯校正峰面积
		673 cm^{-1}	460 cm^{-1}	500 cm^{-1}		
甲苯标准溶液						
不同浓度的苯标准溶液	1%					
	2%					
	3%					
	4%					
	5%					
车用汽油样品						

【实验注意事项】

(1) 样品池需用异辛烷或类似溶剂进行洗涤，并真空干燥。

(2) 所有测试在 25 ℃ 条件下进行，装样时要避免形成气泡。

(3) 由于湿气对实验有影响，所以测定过程中要避免样品吸湿。

【思考题】

(1) 峰面积校正的原理是什么？

(2) 如何选取红外定量分析中的分析峰？

实验二十三 核磁共振波谱仪测定乙酸乙酯和丙磺舒

【实验目的】

(1) 了解核磁共振仪的基本结构和工作原理。

(2) 掌握有机化合物的氢谱解析方法。

(3) 了解碳谱及二维谱的一些基本概念和应用。

【实验原理】

在静磁场中，具有磁矩的原子核存在着不同的能级。此时，如运用某一特定频率的电磁波来照射样品，并使该电磁波满足 $h\nu=r\hbar B_0$，原子核即可进行能级间的跃迁，这就是核磁共振。跃迁时，必须满足选律 $\Delta m=\pm 1$。所以产生核磁共振的条件为：

$$h\upsilon = r\hbar B_0 \qquad \upsilon = \frac{rB_0}{2\pi}$$

式中，υ 为电磁波频率，其相应的角频率为 $\omega = 2\pi\upsilon = rB_0$。

为满足核磁共振发生的条件，可采取以下两种方式：

① 固定静磁场强度 B_0，扫描电磁波频率 υ。
② 固定电磁波频率，扫描静磁场强度 B_0。

【实验仪器及试剂】

核磁共振波谱仪等。

乙酸乙酯（分析纯）；丙磺舒（分析纯）。

【实验步骤】

本次实验测定乙酸乙酯和丙磺舒的氢谱和碳谱。

(1) 配制样品：取大约 10 mg 样品溶于 $CDCl_3$ 或 DMSO 中，倒入核磁试管内。
(2) 打开采样窗口，将样品放入磁体内。
(3) 匀场：反复调节 Z1c 和 Z2c 直至氘代信号为最大，再进行自动匀场。
(4) 设置采样参数（^1H 谱和 ^{13}C 谱）。
(5) 采集分析数据。
(6) 结果处理并对所得数据进行分析，主要内容为：化学位移、耦合常数、氢原子个数。

【思考题】

(1) 如何计算核磁共振氢谱的耦合常数？
(2) 什么是弛豫过程？弛豫的两种方式是什么？
(3) 解析丙磺舒的氢谱。

实验二十四　粒度仪测定果汁中微粒粒径

【实验目的】

(1) 了解公共实验室粒度仪的基本结构、使用方法、操作注意事项。
(2) 学习测定食品（果汁、牛奶等）的粒径，并根据结果分析。
(3) 扩展粒径分布法在食品和其他方面的应用的相关知识。

【实验原理】

LS230/VSM+激光粒度分析仪是基于激光的散射或衍射进行的。颗粒的大小可直接通过散射角的大小表现出来，小颗粒对激光的散射角大，大颗粒对激光的散射角小。通过对颗粒角向散射光强的测量（不同颗粒散射的叠加），再运用矩阵反演分解角向散射光强即可获得样品的粒度分布。不同尺寸范围的颗粒对激光所产生的散射模式也不同，散射的模式由颗粒尺寸和入射光的波长决定。

来自固体激光器的一束窄光束经扩束系统扩束后，平行地照射在样品池中的被测颗粒群上，由颗粒群产生的衍射光或散射光经凸透镜会聚后，利用光电探测器进行信号的光电转换，并通过信号放大、A/D 变换、数据采集送到计算机中。通过预先编制的优化程序，即可快速求出颗粒群的尺寸分布。

【实验仪器及试剂】

LS230/VSM+激光粒度分析仪等。

果汁饮料；蒸馏水。

【实验步骤】

① 按照粒度仪、计算机的顺序将电源打开，并使样品台里充满蒸馏水，开泵，仪器预热10分钟。

② 进入LS230的操作程序，建立连接，再进行相应的参数设置：

a. 选择"measure office"（测量补偿），"Aligment"（光路校正），"measure background"（测量空白），"louding"（加样浓度），"start 1 run"（开始测量）。

b. 输入样品的基本信息，并将分析时间设为60秒，点击"start"。如需要测量粒径小于0.4 μm 的颗粒，选择"include PIDS"，并将分析时间改为90秒，点击"start"。

c. 泵速的测定根据样品的大小来定，一般设在50，颗粒越大，泵速越高，反之亦然。

③ 利用仪器进行测量补偿，光路校正，测量空白试样，准备待测样品，用离心管配一定浓度的溶液。

④ 听到仪器"嘟"一声之后，加入样品，用移液枪慢慢加，控制好浓度，"obscuration"应稳定在8%~12%。假如选择了PIDS，则要把PIDS稳定在0~50%，待软件出现"OK"提示后，点击"done"（完成）。

⑤ 分析结束后，排液，并用清水洗两遍，且最后一次不排水，保持有水状态。

⑥ 做平行实验，保存结果。

⑦ 退出程序，关电源，样品台里加满水，防止残余颗粒附着在镜片上。

【实验注意事项】

(1) 空白测量如果超过 5×10^6，则样品台需要清洗。

(2) 加样品时一定要用移液枪慢慢加，因为它是循环系统，需要一定时间才能有反应，防止加入的样品过量。

(3) 做完实验一定要用蒸馏水清洗干净，而且使用完毕的样品台一定要保持充水状态。

【思考题】

(1) 粒径测量精度的影响因素有哪些？

(2) 样品制备有哪些注意事项？

第三节 设计性实验

实验二十五 甲酚同分异构体的气相色谱分析

【提示】

邻甲酚是一种重要的精细化工中间体，它是由苯酚和甲醇在高温和催化剂作用下合成的。在苯酚甲基化的过程，除了生成主要产物邻甲酚外，还生成少量副产物——同分异构体对甲酚和间甲酚，反应液中除了这 3 种物质外，还有未反应完的苯酚、过量的甲醇以及生成的水。

试用气相色谱分析法对此反应液中的苯酚、邻甲酚、对甲酚、间甲酚进行测定。

实验二十六 　白酒中甲醇的气相色谱分析

【提示】

甲醇是白酒食品安全国家标准的重要指标之一，为白酒中有害成分。甲醇在人体内氧化为甲醛、甲酸，其产物毒性更胜于甲醇。甲醛有凝蛋白质的作用，甲酸有很强的腐蚀性，甲醇在体内有积累作用，因此即使是少量甲醇也能引起慢性中毒，头痛恶心，视力模糊，严重时失明，更为甚者导致死亡。因此，严格控制白酒中甲醇的含量，是质量监督检测部门的一项重要任务。国家标准规定：凡以粮谷类为原料制成的白酒，甲醇的含量不得超过 $0.6 \text{ g} \cdot \text{L}^{-1}$，以薯类等其他为原料制成的白酒，则不得超过 $2.0 \text{ g} \cdot \text{L}^{-1}$。试用气相色谱分析法检测白酒中甲醇的含量。

实验二十七 　高效液相色谱法测定复方阿司匹林

【提示】

复方阿司匹林（APC）是应用广泛的解热镇痛药，其有效成分为乙酰水杨酸（阿司匹林）、非那西丁和咖啡因。乙酰水杨酸易水解，在生产及储藏期间容易水解成水杨酸。采用 HPLC 将上述各组分分离时，HPLC 中流动相的组成和 pH 值对组分的滞留和分离影响较大。

试用高效液相色谱法测定复方阿司匹林中的乙酰水杨酸、非那西丁、咖啡因和水杨酸的含量。

实验二十八 　电解二氧化锰中铜和铅的含量测定

电解二氧化锰是锌锰电池正极的主要材料，具有放电容量大、活性强、体积小、寿命长等特点，可适应不同类型电池和配方的要求，其纯度对电池的放电性能和使用寿命具有重要影响。随着电池工业的发展，对电解二氧化锰中的杂质含量要求也越来越严格，二氧化锰中铜、铅等杂质含量的高低成为评价其产品质量的重要指标。

试用原子吸收分光光度法对电解二氧化锰中微量杂质铜和铅的含量进行测定。

【提示】
(1) 查阅文献资料，设计电解二氧化锰的消化方案。
(2) 学习标准加入法，设计标准溶液系列的配制方案。
(3) 以标准加入法进行定量分析有什么优点？采用标准加入法定量应注意哪些问题？

实验二十九　光谱分析法测定工业废水中三价铬和六价铬含量

【提示】
(1) 认真查阅铬含量测定的文献资料，了解铬测定的意义。
(2) 掌握高锰酸钾氧化-二苯碳酰二肼分光光度法测定六价铬的原理及方法。
(3) 掌握原子吸收分光光度法测定总铬含量的原理及方法。
(4) 设计如何利用两种光谱法（高锰酸钾氧化-二苯碳酰二肼分光光度法、原子吸收分光光度法）对工业废水中总铬含量进行检测。
(5) 对两种方法的特点、优劣和适用性进行比较。

实验三十　纸张中金属离子含量的测定

【提示】
纸张中的金属离子首先来源于造纸原料，植物在生长过程中需要吸收金属离子作为养分，而植物种类的不同或产地的不同，致使植物纤维中的金属离子的含量也不尽相同。同时，制浆过程中，例如机械设备的磨损、生产用水、化学药品等都会引入一定量的金属离子。

试用原子吸收分光光度法对纸张中钠离子、镁离子、钙离子、锰离子、铁离子等的含量进行测定。

实验三十一　活性炭对染料吸附的紫外-可见光谱分析

【提示】
罗丹明B作为一种人工合成的有机染料，具有一定的致癌性，被广泛应用于造纸、纺织、皮革和油漆等行业，在印染废水中罗丹明B是一种极具代表性的污染物。活性炭孔隙丰富，在水处理中常用作吸附剂以去除水体中的污染物。

试用紫外-可见分光光度法研究活性炭对罗丹明B的吸附性能。

实验三十二 生物样品中游离氨基酸的紫外-可见分光光度法测定

【背景】

氨基酸是人和动物新陈代谢过程必不可少的重要物质，其中半胱氨酸（Cys）、高半胱氨酸（Hcy）、谷胱甘肽（GSH）是生物体内重要的活性物质，一旦代谢异常就会导致一系列疾病发生。三种氨基酸的分子结构如图 4-3-1，由于其具有相似的分子结构及生物活性，如何有效地避免干扰，实现单一或多种生物硫醇选择性分辨具有重要研究意义，同时也具有挑战性。

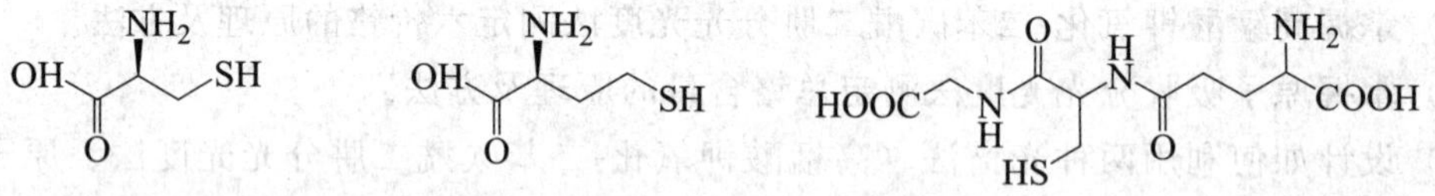

(a) 半胱氨酸(Cys)　　　(b) 高半胱氨酸(Hys)　　　(c) 谷胱甘肽(GSH)

图 4-3-1　三种氨基酸的分子结构图

【要求】

（1）认真查阅新型纳米酶的制备及表面调控的相关文献及资料，培养文献检索及独立思考的能力。

（2）熟悉纳米酶催化 3,3′,5,5′-四甲基联苯胺（TMB）显色反应的原理、特点和主要应用。

（3）掌握紫外-可见分光光度法对生物样品中的游离氨基酸进行可视化分辨及选择性测定的方法。

【提示】

（1）设计合理的纳米酶合成方案和实验装置，考察反应物浓度、反应 pH、反应温度、反应时间的影响。

（2）建立简便、快速、灵敏的分析测试方法，选择性地检测一种或多种氨基酸。

（3）通过调控反应测试条件，如 pH 及响应时间构建可视化分辨传感平台。

实验三十三 碳酸饮料中防腐剂苯甲酸钠的测定

【提示】

苯甲酸钠是一种常用的食品防腐剂，碳酸饮料多以苯甲酸钠作为防腐剂。从药理和毒理学研究看，苯甲酸钠会损害人体神经系统，导致大脑萎缩、神经衰弱、失去平衡、儿童多动症；会破坏线粒体，严重危害人体细胞，引起染色体断裂继而引起癌变；等。我国食品安全标准规定在碳酸饮料中（以苯甲酸计）添加量每公斤不得超过 0.2 g。

查找文献资料,试用高效液相色谱法测定碳酸饮料中防腐剂苯甲酸钠的含量。

实验三十四 HPLC法测定雷贝拉唑钠中杂质含量

【背景】

雷贝拉唑钠,化学名为2-[[4-(3-甲氧基丙氧基)-3-甲基-2-吡啶基]甲基亚硫酰基]-1H-苯并咪唑钠盐,分子式为$C_{18}H_{20}N_3NaO_3S$,分子量为381.43,其结构式如图4-3-2。

雷贝拉唑钠为苯并咪唑类化合物,是第二代质子泵抑制剂,它主要通过抑制胃壁细胞H^+/K^+-ATP酶的活性从而发挥抑制胃酸分泌的作用,其抑酸作用较第一代质子泵抑制剂起效更快、维持时间更长、个体差异更小、与其他药物相互影响小,临床上主要用于治疗胃溃疡、十二指肠溃疡、吻合口溃疡、反流性食管炎、卓-艾氏综合征以及辅助用于胃溃疡或十二指肠溃疡患者幽门螺杆菌的根除。据文献报道,雷贝拉唑钠的主要合成路线是采用2-氯甲基-3-甲基-4-(3-甲氧基丙氧基)吡啶盐酸盐与2-巯基苯并咪唑经缩合制备雷贝拉唑硫醚,然后经过氧化、成盐等步骤得到雷贝拉唑钠成品。

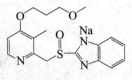

图4-3-2 雷贝拉唑钠的结构式

【要求】

(1) 通过查阅文献,分析采用上述主要合成路线制备雷贝拉唑钠中可能存在的杂质结构及性质。

(2) 根据雷贝拉唑钠中所需考察的杂质种类和性质,开发建立一种简便高效的HPLC方法对各杂质进行定量测定。通过查阅文献,初步掌握HPLC方法建立的一般思路、需筛选的关键条件(溶剂、检测波长、色谱柱、流动相组成及洗脱程序等)。综合文献报道及初步试验结果,确定分析方法。

(3) 对所建立分析方法的专属性、灵敏度等进行评价。

(4) 对实际样品进行测定。

读一读

练一练

第五章 创新研究性实验

实验一 化学沉淀法去除废水中的镉

【提示】

镉离子是工业废水中常见的重金属离子，人体摄入过量的镉时，会引起骨痛病等疾病。因此，除去水体中的镉离子对于恢复环境水质量，确保人类健康具有非常重要的意义。化学沉淀法具有方便、快捷和经济适用等优势，常常被用作处理含高浓度镉离子水体的重要手段。根据沉淀物的性质，化学沉淀法大致可分为碳酸镉沉淀法、氢氧化物沉淀法、磷酸镉沉淀法和硫化镉沉淀法。

1. 碳酸镉沉淀法

碳酸镉的溶度积常数为 5.2×10^{-12}，是一种中度难溶的化合物。在碱性条件下，以碳酸钠作沉淀剂，将镉离子以碳酸镉形式沉淀出来，可使水体中镉的浓度小于 $0.1\ mg\cdot L^{-1}$。通过控制 pH 为 8~9，让其自然沉降 6~8 h，然后进行过滤或离心，实现固液分离。

2. 氢氧化物沉淀法

氢氧根离子与镉离子结合可生成氢氧化镉沉淀。含镉废水的氢氧化物沉淀法通常采用价廉的石灰作为沉淀剂。该方法的关键是控制 pH，水体中镉沉淀的最佳 pH 为 11。一般控制 pH 在 10~13 范围内，使氢氧化镉的溶解度达到最小。该方法具有较高的经济性和可操作性。

3. 硫化镉沉淀法

硫化镉溶度积常数为 8.0×10^{-27}，属于一种高度难溶的化合物。根据溶度积原理，向含镉废水中加入硫化钠等沉淀剂，使硫离子与游离态的镉离子反应，生成难溶的硫化镉沉淀。该方法对镉离子的去除率一般可达到 99% 以上。

4. 磷酸镉沉淀法

磷酸镉的溶度积常数为 2.5×10^{-33}，比 CdS 的溶度积常数还要小，单从理论角度考虑，磷酸镉的沉淀效果比 CdS 还好。以 Na_3PO_4 和 NaOH 作沉淀剂，将其加入含镉废水中，可以使镉离子以磷酸镉的形式沉淀出来。该方法处理的废水中镉的浓度小于 $0.008\ mg\cdot L^{-1}$。目前该法处理含镉废水处于试验阶段，实际应用需要进一步探索和研究。

本实验涉及的主要反应如下：

$$Cd^{2+} + CO_3^{2-} \rightleftharpoons CdCO_3(s) \quad (K_{sp}[CdCO_3]=5.2\times10^{-12})$$

$$Cd^{2+} + 2OH^- \rightleftharpoons Cd(OH)_2(s) \quad (K_{sp}[Cd(OH)_2]=7.2\times10^{-15})$$

$$Cd^{2+} + S^{2-} \rightleftharpoons CdS(s) \quad (K_{sp}[CdS]=8.0\times10^{-27})$$

$$3Cd^{2+} + 2PO_4^{3-} \rightleftharpoons Cd_3(PO_4)_2(s) \quad (K_{sp}[Cd_3(PO_4)_2]=2.5\times10^{-33})$$

上述镉化合物的溶度积大小排序为：$Cd_3(PO_4)_2 < CdS < Cd(OH)_2 < CdCO_3$。

实验二　喹诺酮类铜配合物的制备

【提示】

通过喹诺酮类药物与金属离子的相互作用，可以获得许多与母体喹诺酮类化合物具有同等或更强的抗菌活性的金属配合物。铜很容易在还原态 Cu(Ⅰ) 和氧化态 Cu(Ⅱ) 之间转换，是生物系统、生命活动不可或缺的重要元素。铜配合物比铂类药物的副作用低，并被认为能够克服顺铂的获得性耐药。

本实验选用喹诺酮类抗生素环丙沙星作为第一配体，苯并咪唑类化合物作为第二配体，通过微波辅助合成法合成新型三元铜配合物（图 5-1），利用红外、紫外、元素、质谱分析对配合物进行表征。

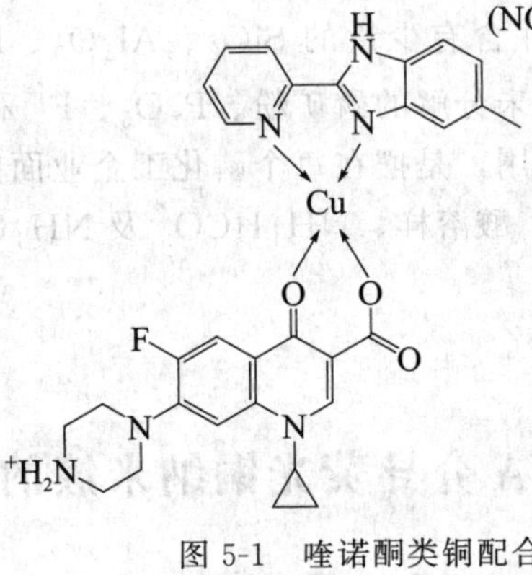

图 5-1　喹诺酮类铜配合物

实验三　火电厂脱硫石膏制备硫酸钙晶须

【提示】

目前，我国火电厂普遍采用的烟气脱硫（FGD）技术是世界上应用最广泛的钙基湿法烟气脱硫，采用该工艺每处理 1 吨 SO_2 会产生脱硫石膏 2.7 吨。我国每年烟气脱硫产生的脱硫石膏约为 760 万吨，全国堆放的含硫石膏在内的化工副产石膏达 4000 多万吨。然而国内对脱硫石膏的综合利用还刚刚起步，对其应用价值和市场竞争力普遍认识不够，对烟气脱硫石膏的应用研究主要集中在水泥混凝剂、建材、建筑石膏、土壤改性等方面，存在产品品质不高、价格比较低廉、产品销售受到限制等不足。利用脱硫石膏制备高品质石膏产品以拓展其应用领域，是将脱硫石膏变废为宝的根本途径。硫酸钙晶须具有强度高、韧性好、耐高温、耐腐蚀和电绝缘性好等特点，广泛应用于树脂、橡胶、塑料等行业。硫酸钙晶须添加到塑料、橡胶中，可提高复合材料的力学性能和热学性能，如抗拉强度、弯曲强度、弯曲弹性率和热变形温度等，具有良好的应用前景。

以火电厂烟气脱硫石膏为原料制备硫酸钙晶须的反应过程可以归纳为如下步骤：溶解→重结晶。具体反应如下：

溶解：$CaSO_4 \cdot 2H_2O(颗粒状) \rightleftharpoons Ca^{2+} + SO_4^{2-} + 2H_2O$

重结晶：$Ca^{2+} + SO_4^{2-} + 2H_2O \rightleftharpoons CaSO_4 \cdot 2H_2O(纤维状)$

一般流程是：预处理→调浆→抽滤→结晶陈化→干燥。

实验四　以磷石膏为原料制备纳米碳酸钙

【提示】

磷石膏的治理和利用是一个世界性的难题。中国作为全球最大的磷肥生产国，副产物磷石膏渣产量位居世界第一。磷石膏是湿法磷酸生产时排出的固体废弃物，每生产 1 吨磷酸约产生 4～5 吨磷石膏。

磷石膏的主要成分为 $CaSO_4$，并含有少量的 SiO_2、Al_2O_3、Fe_2O_3、CaO、MgO，微量的重金属离子及放射性元素，以及未分解的磷矿粉、P_2O_5、F^- 和游离酸等杂质。

如何实现磷石膏资源化、高效利用，是摆在每个磷化工企业面前的重要课题。本实验以磷石膏为原料，通过粗 $CaCO_3$ 制备、酸溶样、NH_4HCO_3 及 NH_4OH 沉淀的工艺流程，制备纯度较高的碳酸钙纳米材料。

实验五　DNA 介导荧光铜纳米簇的合成

【提示】

金属纳米材料因其具有特异的光学、催化性能，在化学化工、生物医药、环境监测等诸多领域备受关注，其中纳米材料的合成是该前沿领域的研究基础。DNA 分子由于具有良好的纳米线性几何结构以及与金属离子的高结合作用，在还原剂存在下，DNA 分子可作为模板介导和稳定金属纳米材料的合成。以 DNA 为模板合成金属纳米材料具有成本低、重现性好、反应速度快的特点，为生化分析与生物传感等提供了有效工具。本实验的原理如图 5-2 所示。

室温下，在含有还原剂抗坏血酸钠的 MOPS 缓冲液（pH 7.5～8.5 为较佳范围）中，poly(T) 上的 T 碱基 N3 与铜离子选择性配位结合，在还原剂作用下生成铜原子，再以种子生长方式高效稳定地合成荧光铜纳米簇。该纳米材料具有优良的荧光性质，在 340 nm 左右具有最大的吸收；在 625 nm 左右具有荧光发射，体现为肉眼可见的红色荧光。

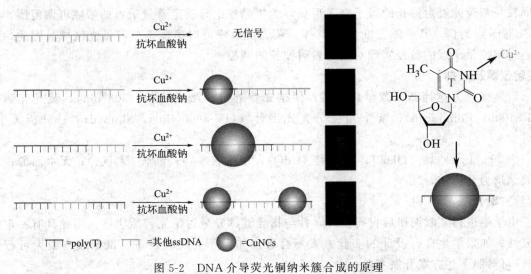

图 5-2　DNA 介导荧光铜纳米簇合成的原理

试用 poly(T)、铜离子溶液、抗坏血酸钠溶液等,制备荧光铜纳米簇,并测试其荧光性能。

实验六　CdSe 量子点的制备及其光学性质调控

【提示】

量子点是一种无机半导体纳米晶体,直径通常小于 10 nm,具有荧光强度高、吸收光谱宽、发射光谱窄、荧光发射波长可调等独特光学性质。CdSe 量子点是研究相对成熟的量子点,其荧光发射波长可以覆盖整个可见光区。相较于碳量子点,CdSe 量子点的粒径更均一、结晶度更高、光学性质更为优异,如荧光强度更高、半峰宽更窄等,更适于转化应用。近年来,CdSe 量子点在生物医学检测与成像、背光显示、光电器件、光伏电池及光催化等多个领域有重要应用,尤其是基于其研发的量子点电视,色彩更鲜艳、分辨率更高,且可降低能耗,有效促进了液晶产业提质升级,在新型显示领域展现出广阔的应用前景,是科技成果转化的典型代表之一。此外,基于 CdSe 量子点材料研发的抗原、抗体等快速检测试剂盒,灵敏度高、准确度高、成本低、操作便捷,可用于居家快检或临床辅助检测。

量子点通常由无机晶核和表面配体组成。无机晶核的组成和尺寸决定了其电子结构,即带隙,从而决定了量子点光学性质。在量子点无机晶核组成和尺寸已知的条件下,可用下式对带隙 E_g 进行估算:

$$E_g = E_{g,bulk} + \frac{\hbar^2 \pi^2}{2R^2}\left(\frac{1}{m_e} + \frac{1}{m_h}\right) - \frac{1.8e^2}{\varepsilon R}$$

式中,$E_{g,bulk}$ 为该组分块体材料的带隙;R 为量子点的半径;m_e 和 m_h 分别为电子和空穴的有效质量。

此外,量子点具有量子限域效应,其荧光发射波长取决于材料组成和粒径。同种量子点,随着粒径增大,带隙变窄,荧光发射波长逐渐红移,因此,可以通过调控其生长,制备不同粒径与荧光发射波长的量子点。可见，无机晶核组分决定着量子点的带隙可调范围，以 CdSe 量子点为例，其带隙宽度为 1.8 eV，荧光发射峰可以覆盖整个可见光区域。因此，可以通过调控量子点的粒径实现对荧光发射波长的调控。

【实验仪器及试剂】

数显型磁力搅拌器；微量移液器；便携式紫外灯（激发波长：308 nm）；荧光光谱仪（FLS1000，Edinburgh）；紫外-可见分光光度计（UV-3600 Plus，Shimadzu）；分析天平；等等。

Se 粉；1-十八烯（ODE）；氧化镉（CdO）；油酸（OA）；油胺（ODA）；无水乙醇；正己烷。均为分析纯。

【实验方案】

由学生进行文献调研后自行设计，并与指导教师充分讨论完善后实施，因此具有一定的开放性。如果学生自行设计的实验方案不合理（如无相关实验设备、试剂或方案无可行性等），可参照下述方案开展实验。

1. 前体制备

Se 前体：将 0.188 g Se 粉（2.4 mmol）、1.94 g ODA（7.2 mmol）和 18 mL ODE 加入至 50 mL 三口烧瓶中，搅拌下升温至 100 ℃，保温 20 min，继续升温至 220 ℃ 保温 3 h。制备得到的 Se 前体为黄色透明溶液，降温后凝固成黄色固体，保存于室温，使用前需加热至 100 ℃。

Cd 前体：将 15.4 mg CdO（0.12 mmol）、114 μL OA（0.36 mmol）、5 mL ODE 加入至 25 mL 三口烧瓶中，在空气氛围、搅拌条件下加热至 240 ℃，使其全部溶解，变为无色透明溶液。Cd 前体应现配现用。

2. 量子点的合成

准备 12 个 10 mL 试管，每个试管中加入 3 mL 无水乙醇用于反应，并用记号笔标记序号。制备的 Cd 前体加热至 280 ℃，快速注入 2 mL Se 前体溶液，开始计时，在反应 5、10、15、30、60、120、180、240、300、360、480、600 s 时分别用滴管取样（约 0.5 mL）加入相应试管。

3. 光学性质表征

试管摇晃均匀后静置，待量子点沉淀后将试管中的乙醇用滴管吸去，用正己烷分散。制备得到的量子点溶液用便携式紫外灯激发，肉眼观察荧光。用紫外-可见分光光度计和荧光光谱仪测定吸收光谱（400～700 nm）和荧光光谱（420～750 nm）。

实验七　电子废料中金的绿色特异性回收

【提示】

黄金，作为广为人知的贵金属，因色泽明亮、化学性质稳定，广泛应用于货币、装饰品、印刷电路板和光电纳米催化等领域。目前，人类活动产生的报废的电子电气设备（Waste electrical and electronic equipment，WEEE）急剧增加，其中贵金属含量远高于一般矿石，如 1 吨电子板卡中含有 454 克金；WEEE 中还含有重金属等有害物质。因此，从

WEEE 中回收金元素有望实现经济和环保效益的双赢。

在超分子化学研究领域中，两个或更多分子可以通过非共价键形成具有一定结构特征的络合物。研究发现，常见的超分子主体（Host）α-环糊精（α-CD）可以与 $[AuBr_4]^-$ 客体（Guest）特异性结合，形成一维超分子复合物，其中 α-CD 的疏水空腔至关重要。该新发现属于提金领域的前沿，α-CD 与 $[AuBr_4]^-$ 通过氢键等非共价键特异性结合，化学原理明确。

本实验涉及合成和分析实验两个部分：合成实验是通过"富金—溶金—萃金—成金"四步法实现 CPU 针脚中金的选择性提取；分析实验主要是对萃金步骤所得的 Au(Ⅲ)超分子复合物和成金步骤所得的单质金进行结构表征和纯度分析。具体实验原理如下：

1. 合成实验

（1）富金（稀硝酸除杂质金属）

CPU 针脚中金含量低（1%左右），还含有大量 Cu、Ni 和 Co 等金属。通过稀硝酸氧化的方法可以除去一部分杂质金属实现金的富集，同时不会造成金的损失（方程式 1~3）。依据的原理是 $E^{\ominus}_{Au^{3+}/Au}$（1.498 V）$> E^{\ominus}_{NO_3^-/NO}$（0.957 V）$> E^{\ominus}_{Cu^{2+}/Cu}$（0.3419 V）$> E^{\ominus}_{Ni^{2+}/Ni}$（$-0.257$ V）$> E^{\ominus}_{Co^{2+}/Co}$（$-0.28$ V）。

$$3Cu + 8HNO_3(稀) = 3Cu(NO_3)_2 + 2NO\uparrow + 4H_2O \tag{1}$$

$$3Ni + 8HNO_3(稀) = 3Ni(NO_3)_2 + 2NO\uparrow + 4H_2O \tag{2}$$

$$3Co + 8HNO_3(稀) = 3Co(NO_3)_2 + 2NO\uparrow + 4H_2O \tag{3}$$

（2）溶金 [Au(0) 氧化成 Au(Ⅲ)]

由于氧化还原电位高（$E^{\ominus}_{Au^{3+}/Au} = 1.498$ V），因此只有极强的氧化剂才能实现单质金的氧化，加入配位剂可降低其氧化难度。$E^{\ominus}_{[AuBr_4]^-/Au}$ 仅为 0.854 V，比王水体系（$E^{\ominus}_{[AuCl_4]^-/Au} = 1.002$ V）的标准电极电势还低，更容易实现金的氧化。在"一溴两酸"温和氧化体系中，KBr 解离得到的 Br^- 可以与金形成配合物，CH_3COOH 作为弱酸可以提供质子协助硝酸氧化金单质（方程式 4）。由于避免了浓硝酸的使用，反应安全性大大提高。

$$Au + NO_3^- + 5H^+ + 4Br^- = HAuBr_4 + NO\uparrow + 2H_2O \tag{4}$$

（3）萃金 [α-CD 识别 Au(Ⅲ)]

根据主客体化学研究成果，使用商业易得的 α-CD 作为主体，与电子废料溶于蚀刻剂中所形成的 $[AuBr_4]^-$ 客体，在溶液中发生高度特异性识别的自组装、快速共沉淀，形成具有延伸结构的 $\{[K(OH_2)_6][AuBr_4]\subset(\alpha\text{-}CD)_2\}_n$ 一维超分子复合物 α·Br。此反应灵敏，室温下仅需要几分钟即可出现棕色沉淀。α·Br 的单晶数据显示，K：Au：α-CD 的物质的量比为 1：1：2，中心离子分别为 K^+ 和 Au^{3+}，第一配位层为 H_2O、Br^-，第二配位层为 α-CD；K^+ 与 6 个水分子形成八面体 $[K(H_2O)_6]^+$，Au^{3+} 与 4 个 Br^- 形成平面四边形 $[AuBr_4]^-$。

（4）成金 [Au(Ⅲ) 还原为 Au]

超分子复合物 α·Br 形成后，使用非金属还原剂 $Na_2S_2O_5$ 将其还原为金单质（方程式 5）。相比于 Zn 等金属还原剂，$Na_2S_2O_5$ 安全性高，后处理方便。

$$4[AuBr_4]^- + 3S_2O_5^{2-} + 18OH^- = 4Au\downarrow + 6SO_4^{2-} + 16Br^- + 9H_2O \tag{5}$$

2. 分析实验

萃金步骤所得的超分子复合物的纯度是综合提金效率的决定因素之一，可通过 ICP-MS

定量分析，也可通过阳离子分析法定性分析。

(1) 定性分析

利用 Au^{3+} 的特征鉴定反应判断超分子复合物是否含有金元素；利用阳离子分析法判断超分子复合物中是否含有 Cu^{2+}、Ni^{2+}、Co^{2+}。

① Au^{3+} 的鉴定：$[Mn(CDTA)]^{2-}$（CDTA＝反式-1,2-环己二胺四乙酸）与 Au^{3+} 之间发生特有的氧化还原反应，形成紫红色胶体，可以观察到丁铎尔现象（方程式6）。

$$Au^{3+} + 3[Mn(CDTA)]^{2-} = \underset{\text{紫红色胶体}}{Au} + 3[Mn(CDTA)]^- \tag{6}$$

② 杂离子 Cu^{2+}、Ni^{2+} 和 Co^{2+} 的鉴定：

$$Cu^{2+} + K_4[Fe(CN)_6] = \underset{\text{红棕色沉淀}}{K_2Cu[Fe(CN)_6]\downarrow} + 2K^+ \tag{7}$$

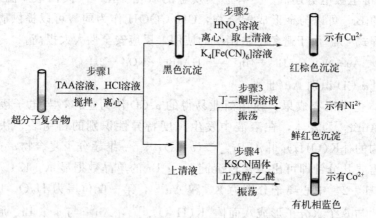

鲜红色沉淀 (8)

$$Co^{2+} + 4SCN^- = [Co(SCN)_4]^{2-} \tag{9}$$

超分子复合物中的 Au^{3+} 含量最高，直接分别鉴定杂离子会影响检测效果，因此依据系统分析法进行杂离子鉴定（图 5-3）。

图 5-3 系统分析法鉴定超分子复合物纯度

步骤 1：向超分子复合物中加入硫代乙酰胺（TAA）和 HCl 溶液，离心，得到黑色沉淀（含有 Au_2S_3，可能含有 CuS）和上清液（可能含 Ni^{2+} 和 Co^{2+}）。

步骤 2：将黑色沉淀氧化、离心、取上清液与 $K_4[Fe(CN)_6]$ 反应，如有红棕色 $K_2Cu[Fe(CN)_6]$ 沉淀形成，说明产物含有 Cu^{2+} 杂质（方程式7）。

步骤 3：将步骤 1 所得上清液分成两份。一份加入丁二酮肟后振荡，如有鲜红色沉淀形成，说明产物含有 Ni^{2+} 杂质（方程式8）。

步骤 4：另一份依次加入正戊醇-乙醚混合溶剂、KSCN 固体，振荡，如有机相中形成蓝色的 $[Co(SCN)_4]^{2-}$ 说明产物中含有 Co^{2+} 杂质（方程式 9）。

(2) 定量分析

每组以 10 g CPU 针脚为原料，可回收黄金质量小（理论值 0.16 g），以此为标准评价实验完成情况误差较大；与之相比，萃金步骤所得的超分子复合物 α·Br 质量大（理论值 2.11 g），再经 $Na_2S_2O_5$ 还原即可得到金单质，水洗即可除去杂质，因此 α·Br 的纯度可反映回收金的纯度，故本实验以 α·Br 的产率来评价合成效率。

α·Br 的产率计算公式如下：

$$产率 = \frac{m_{α·Br(实测)}}{m_{α·Br(理论)}} = \frac{m_{α·Br(实测)}}{(m_{针脚} \times \omega_{金}) \times \frac{M_{α·Br}}{M_{金}}}$$

式中，$m_{α·Br(实测)}$ 和 $m_{α·Br(理论)}$ 分别为 α·Br 质量的实测值和理论值；$m_{针脚}$ 为每组学生使用的针脚原料的质量；$\omega_{金}$ 为针脚中金的含量；$M_{α·Br}$ 和 $M_{金}$ 分别为 α·Br 和金的分子量。

实验八　电厂水质综合检测

【提示】

设计实验方案，选择合适水质分析的方法，如滴定分析法、重量分析法、仪器分析法等，具体测定水样中电导率、pH、溶解固体的含量、碱度、硬度，以及钠、铁、钙、铜、钾、磷酸盐、二氧化硅的含量、化学耗氧量等项目。对水质分析结果进行报告。

实验九　自组装膜金电极用于微量汞离子的检测研究

【提示】

(1) 认真查阅采用硫醇分子自组装膜金电极的制备方法和微量汞离子测定方法的相关文献及资料，培养查阅文献资料和独立思考的能力。

(2) 熟悉新型硫醇分子自组装膜金电极的制备方法、原理、特点和主要应用。

(3) 研制新型硫醇分子自组装膜金电极。

(4) 掌握新型硫醇分子自组装膜金电极测定微量汞离子的方法和原理。

实验十　新型金纳米颗粒传感膜的制备和表面修饰

【提示】

(1) 认真查阅金纳米颗粒传感膜制备及表面修饰研究的相关文献及资料，培养查阅文献资料和独立思考的能力。

（2）了解纳米金膜制备方法和表面修饰方法，熟悉传感膜的制备、修饰和应用。

（3）采用溶胶-凝胶法配制纳米颗粒乳浊液，掌握纳米金溶胶的电化学、光化学和电镜测量的表征方法。

（4）研制能均向排列于基质表面的单层金纳米颗粒膜，采用自组装膜技术对金纳米颗粒膜表面进行各种化学修饰，制备出具有最佳光学性能的金纳米颗粒膜，并形成微纳米传感芯片。

实验十一　电化学分析法用于食品中微量亚硝酸根的检测

【提示】

（1）认真查阅电化学分析测定食品中亚硝酸根的相关文献，培养查阅文献资料和独立思考的能力。

（2）熟悉纳米二氧化钛薄膜修饰金电极的原理、特点和主要应用。

（3）用循环伏安法研究亚硝酸根在纳米二氧化钛薄膜修饰金电极上的电化学行为。

（4）掌握用电化学分析法测定食品中微量亚硝酸根的方法。

实验十二　原子吸收分光光度法测定火电厂水汽中微量铁、铜、锌

【提示】

对火力发电厂炉水和饱和水蒸气中铁、铜、锌等微量元素的测定一直是火电厂水汽品质监督中的重要项目。火力发电厂炉水和饱和水蒸气中的铁的分析长期以来一直是用邻二氮菲分光光度法进行测定的，该方法在分析过程中要经过加热浓缩，加入的反应试剂多达 4 种，因此分析速度慢、干扰严重且实验结果不稳定；对铜、锌的测定也是采用分光光度法，方法同样存在许多不足。

试用原子吸收分光光度法测定火电厂炉水中铁、铜、锌的含量。

实验十三　奶粉中微量元素 Zn、Cu 的原子吸收分光光度法测定

【提示】

原子吸收分光光度法是根据物质产生的原子蒸气对待测元素的特征频率的吸收作用来进

行分析的方法。在一定的实验条件下，溶液的吸光度 A 与待测溶液的浓度 c 成正比，即：
$$A = kc$$

测定食品中的微量元素时，首先要将试样进行处理，将其中的待测元素溶解出来。试样可以用湿法处理，即将试样在酸中消解成溶液。试用原子吸收分光光度法测定奶粉中微量元素 Zn、Cu 的含量。

实验十四　电位滴定法测定维生素 B_1 药丸中维生素 B_1 含量

【提示】

维生素 B_1 的化学名称为氯化 4-甲基-3-[（2-甲基-4-氨基-5-嘧啶基）甲基]-5-(2-羟基乙基)噻唑鎓盐酸盐，可通过测定其中 Cl^- 的含量来确定维生素 B_1 的含量。

试用电位滴定法测定维生素 B_1 药丸中维生素 B_1 的含量。

实验十五　金纳米颗粒的制备及紫外光谱分析

【提示】

（1）认真查阅金纳米颗粒制备的相关文献及资料，培养学生查阅文献及独立思考的能力，在理论学习之余提高文献阅读分析能力。

（2）熟悉金纳米颗粒制备的基本方法、原理，掌握制备相关金属纳米颗粒的通用方法。掌握紫外-可见分光光度计的使用。

（3）采用柠檬酸还原法制备金纳米颗粒，掌握金纳米颗粒尺寸的量化方法及粒度仪的基本使用，掌握颗粒尺寸与吸收峰位置变化规律。

（4）制备不同尺寸金纳米颗粒，总结粒径与溶液颜色变化关系，掌握初步分析纳米颗粒尺寸的颜色鉴定法，提高举一反三的分析能力。

实验十六　仿生纳米孔道用于手性氨基酸的检测

【提示】

（1）认真查阅聚合物仿生纳米孔道的制备方法和手性氨基酸的检测方法的文献资料。

（2）熟悉在仿生纳米孔道内通过共价键修饰超分子识别元件的实验方法与条件。

（3）熟悉利用电化学工作站、皮安表测量纳米孔道电流-电压（I-V）曲线的方法。

（4）掌握超分子识别元件修饰纳米孔道定量检测手性氨基酸的方法和原理。

实验十七　核酶传感体系的荧光光谱分析

【提示】

（1）认真查阅核酶及 DNA 双链嵌入剂相关文献及资料，培养学生查阅文献及独立思考能力，在理论学习之余提高文献阅读分析能力。

（2）熟悉核酶传感体系制备的基本方法、原理，掌握荧光光谱仪的使用，熟悉分子结构与激发峰、发射峰的关系。

（3）考察核酶浓度、双链嵌入剂浓度和反应温度对荧光强度的影响，总结变化规律。

（4）采用核酶及 DNA 双链嵌入剂体系检测一系列标准溶液，做出标准曲线，归纳线性方程。再测试 L-组氨酸样品，计算其浓度。

实验十八　未知有机物的结构鉴定

【提示】

物质分子中的各种不同基团，在有选择地吸收不同频率的红外辐射后，发生振动能级之间的跃迁，形成各自独特的红外吸收光谱。由于基团的振动频率和吸收强度与组成基团的原子量、化学键类型及分子的几何构型等有关，因此，根据红外吸收光谱的峰位、峰强、峰形和峰的数目，可以判断物质中可能存在的某些官能团，进而推断未知物的结构。

现有一未知样品，试通过所学的分析鉴定手段，来推断和鉴定其化学结构。

实验十九　卷烟纸助燃剂的快速测定

【提示】

现代卷烟生产中，会加入一定量的碱金属盐作为燃烧调节剂。该助燃剂既能协调卷烟的燃烧性能，又能改善卷烟总体感官品质，还可降低一定程度的焦油，减少对肺部的影响。

试查阅文献，通过试验确定助燃剂中的主要成分，探究可行的具有快速检测能力的方法，对卷烟纸助燃剂中的主要阳离子、阴离子的含量进行测定。

参考文献

[1] 牟文生. 无机化学实验 [M]. 3版. 北京：高等教育出版社，2014.

[2] 赵新华. 无机化学实验 [M]. 4版. 北京：高等教育出版社，2014.

[3] 武汉大学化学与分子科学学院实验中心. 分析化学实验 [M]. 2版. 武汉：武汉大学出版社，2013.

[4] 四川大学化工学院，浙江大学化学系. 分析化学实验 [M]. 4版. 北京：高等教育出版社，2015.

[5] 胡坪. 仪器分析实验 [M]. 3版. 北京：高等教育出版社，2016.

[6] 郭栋才，蔡炳新，陈贻文. 基础化学实验 [M]. 3版. 北京：科学出版社，2021.

[7] 谢协忠. 水分析化学 [M]. 2版. 北京：中国电力出版社，2020.

[8] 濮文虹，刘光虹，龚建宇. 水质分析化学 [M]. 2版. 武汉：华中科技大学出版社，2004.

[9] 徐玲，魏恒伟，魏灵灵，等. 基础无机化学实验课程思政的探索与实践——以氧化型石墨烯制备实验为例 [J]. 大学化学，2020，36（3）：76-82.

[10] 青雯玥，陈起游，贾阿龙，等. $Ce_{0.75}Zr_{0.25}O_2$ 的制备及其催化净化汽车尾气 [J]. 大学化学，2022，37（5）：59-67.

[11] 李俊彬，李承麟，骆嘉琪，等. DNA介导荧光铜纳米簇的合成及表征——推荐一个研究型综合化学实验 [J]. 大学化学，2023，38（9）：122-130.

[12] 李强，刘福立，尚超，等. 微波外场强化电石渣制备硫酸钙晶须及其机理分析 [J]. 人工晶体学报，2020，49（1）：125-130.

[13] 赵晨阳，吴丰辉，瞿广飞，等. 废石膏制备硫酸钙晶须的高附加值利用前景 [J]. 环境化学，2022，41（3）：1086-1096.

[14] 陈秋菊. 磷石膏制备碳酸钙的工艺技术与反应过程研究 [D]. 绵阳：西南科技大学，2021.

[15] Young-Shin P, Jaehoon L, Victor I K. Asymmetrically strained quantum dots with non-fluctuating single-dot emission spectra and subthermal room-temperature linewidths [J]. Nature Materials, 2019, 18: 249-255.

[16] Cao Z, Zhang L, Guo C Y, et al. Evaluation on corrosively dissolved gold induced by alkanethiol monolayer with atomic absorption spectroscopy [J]. Materials Science and Engineering：C, 2009, 29 (3): 1051-1056.

[17] Cao Z, Gong F C, Li H P, et al. Approach on quanitative structure-activity relationship for design of a pH neutral carrier containing teriary amino group [J]. Analytica Chimica Acta, 2007, 581 (1): 19-26.

[18] Cao Z, Xiao Z L, Gu N, et al. Corrosion behaviors on polycrystalline gold substrates in self-assembled processes of alkanethiol momolayers [J]. Analytical Letters, 2005, 38 (8): 1289-1304.

[19] 单云. 原子吸收法同时测定大豆及其乳制品中 Zn、Cu、Co、Fe、Mn [J]. 光谱实验室，1998，15（2）：94-95.

[20] Zhou Y B, Yang S, Yang R H, et al. Cytoplasmic protein-powered in situ fluorescence amplification for intracellular assay of low-abundance analyte [J]. Analytical Chemistry, 2019, 91 (23): 15179-15186.

[21] Zhou Y B, Yang S, Yang R H, et al. *In vivo* imaging of hypoxia associated with inflammatory bowel disease by a cytoplasmic protein-powered fluorescence cascade amplifier [J]. Analytical Chemistry, 2020, 92 (8): 5787-5794.

[22] Gnaim S, Shabat D. Self-immolative chemiluminescence polymers: innate assimilation of chemiexcitation in a domino-like depolymerization [J]. Journal of the American Chemical Society, 2017, 139 (29): 10002-10008.

[23] Ma T J, Janot J M, Balme S, Track-etched nanopore/membrane: from fundamental to applications [J]. Small Methods, 2020, 4 (9): 2000366.

[24] He J L, Zhu S L, Wu P, et al. Enzymatic cascade based fluorescent DNAzyme machines for the ultrasensitive detection of Cu(II) ions [J]. Biosensors and Bioelectronics, 2014, 60 (15): 112-117.

[25] 陈鹏飞，王思露，喻赛波，等. 卷烟纸中钾含量的快速检测 [J]. 食品与机械，2022，38（6）：99-105.

[26] Li X Q, Liang H Q, Cao Z, et al. Simple and rapid mercury ion selective electrode based on 1-undecanethiol assembled Au substrate and its recognition mechanism [J]. Materials Science and Engineering C, 2017, 72: 26-33.

[27] Zhang M L, Huang D K, Cao Z, et al. Determination of trace nitrite in pickled food with a nano-composite electrode by electrodepositing ZnO and Pt nanoparticles on MWCNTs substrate [J]. LWT-Food Science and Technology, 2015, 64 (2): 663-670.

[28] 曹忠，张玲. 基础化学实验（上）[M]. 武汉：华中科技大学出版社，2009.

附 录

附录 A 常用指示剂

表 A-1 酸碱指示剂（18~25 ℃）

指示剂名称	pH 值变色范围	颜色变化	溶液配制方法
甲基紫（第一变色范围）	0.13~0.5	黄色~绿色	1 g·L^{-1} 或 0.5 g·L^{-1} 的水溶液
甲酚红（第一变色范围）	0.2~1.8	红色~黄色	0.04 g 指示剂溶于 100 mL 50%乙醇
甲基紫（第二变色范围）	1.0~1.5	绿色~蓝色	1 g·L^{-1} 水溶液
百里酚蓝（麝香草酚蓝）（第一变色范围）	1.2~2.8	红色~黄色	0.1 g 指示剂溶于 100 mL 20%乙醇
甲基紫（第三变色范围）	2.0~3.0	蓝色~紫色	1 g·L^{-1} 水溶液
甲基橙	3.1~4.4	红色~黄色	1 g·L^{-1} 水溶液
溴酚蓝	3.0~4.6	黄色~蓝色	0.1 g 指示剂溶于 100 mL 20%乙醇
刚果红	3.0~5.2	蓝紫色~红色	1 g·L^{-1} 水溶液
溴甲酚绿	3.8~5.4	黄色~蓝绿色	0.1 g 指示剂溶于 100 mL 20%乙醇
甲基红	4.4~6.2	红色~黄色	0.1 g 或 0.2 g 指示剂溶于 100 mL 60%乙醇
溴酚红	5.0~6.8	黄色~红色	0.1 g 或 0.04 g 指示剂溶于 100 mL 20%乙醇
溴百里酚蓝	6.0~7.6	黄色~蓝色	0.05 g 指示剂溶于 100 mL 20%乙醇
中性红	6.8~8.0	红色~黄色	0.1 g 指示剂溶于 100 mL 60%乙醇
酚红	6.8~8.4	黄色~红色	0.1 g 指示剂溶于 100 mL 20%乙醇
甲酚红	7.2~8.8	亮黄色~紫红色	0.1 g 指示剂溶于 100 mL 50%乙醇
百里酚蓝（麝香草酚蓝）（第二变色范围）	8.0~9.6	黄色~蓝色	0.1 g 指示剂溶于 100 mL 20%乙醇
酚酞	8.2~10.0	无色~红色	0.1 g 指示剂溶于 100 mL 60%乙醇
百里酚酞	9.4~10.6	无色~蓝色	0.1 g 指示剂溶于 100 mL 90%乙醇

表 A-2 酸碱混合指示剂

指示剂溶液的组成	变色点 pH 值	颜色 酸色	颜色 碱色	备注
3 份 1 g·L⁻¹ 溴甲酚绿乙醇溶液 1 份 2 g·L⁻¹ 甲基红乙醇溶液	5.1	酒红色	绿色	—
1 份 2 g·L⁻¹ 甲基红乙醇溶液 1 份 1 g·L⁻¹ 亚甲基蓝乙醇溶液	5.4	红紫色	绿色	pH=5.2 红紫色 pH=5.4 暗蓝色 pH=5.6 绿色
1 份 1 g·L⁻¹ 溴甲酚绿钠盐水溶液 1 份 1 g·L⁻¹ 氯酚红钠盐水溶液	6.1	黄绿色	蓝紫色	pH=5.4 蓝绿色 pH=5.8 蓝色 pH=6.2 蓝紫色
1 份 1 g·L⁻¹ 中性红乙醇溶液 1 份 1 g·L⁻¹ 亚甲基蓝乙醇溶液	7.0	蓝紫色	绿色	pH=7.0 蓝紫色
1 份 1 g·L⁻¹ 溴百里酚蓝钠盐水溶液 1 份 1 g·L⁻¹ 酚红盐水溶液	7.5	黄色	紫色	pH=7.2 暗绿色 pH=7.4 淡紫色 pH=7.6 深紫色
1 份 1 g·L⁻¹ 甲酚红钠盐水溶液 3 份 1 g·L⁻¹ 百里酚蓝钠盐水溶液	8.3	黄色	紫色	pH=8.2 玫瑰色 pH=8.4 紫色

表 A-3 金属指示剂

指示剂名称	解离平衡和颜色变化	溶液配制方法
铬黑 T (EBT)	$H_2In^- \underset{}{\overset{pK_{a_2}=6.3}{\rightleftharpoons}} HIn^{2-} \underset{}{\overset{pK_{a_3}=11.55}{\rightleftharpoons}} In^{3-}$ (紫红色) (蓝色) (橙色)	5 g·L⁻¹ 水溶液
二甲酚橙 (XO)	$H_3In^{4-} \underset{}{\overset{pK_a=6.3}{\rightleftharpoons}} H_2In^{5-}$ (黄色) (红色)	2 g·L⁻¹ 水溶液
K-B 指示剂	$H_2In \underset{}{\overset{pK_{a_1}=8}{\rightleftharpoons}} HIn^- \underset{}{\overset{pK_{a_2}=13}{\rightleftharpoons}} In^{2-}$ (红色) (蓝色) (紫红色) (酸性铬蓝 K)	0.2 g 酸性铬蓝 K 与 0.4 g 萘酚绿 B 溶于 100 mL 水中
钙指示剂	$H_2In^- \underset{}{\overset{pK_{a_2}=7.4}{\rightleftharpoons}} HIn^{2-} \underset{}{\overset{pK_{a_3}=13}{\rightleftharpoons}} In^{3-}$ (酒红色) (蓝色) (酒红色)	5 g·L⁻¹ 的乙醇溶液
吡啶偶氮萘酚 (PAN)	$H_2In^+ \underset{}{\overset{pK_{a_1}=1.9}{\rightleftharpoons}} HIn \underset{}{\overset{pK_{a_2}=12.2}{\rightleftharpoons}} In^-$ (黄绿色) (黄色) (红色)	1 g·L⁻¹ 的乙醇溶液
Cu-PAN 溶液 (CuY-PAN)	CuY + PAN + M ⇌ MY + Cu-PAN (浅绿色) (无色) (红色)	向 10 mL 0.05 mol·L⁻¹ Cu²⁺ 溶液中加 5 mL pH=5~6 的 HAc 缓冲液,1 滴 PAN 指示剂,加热至 60 ℃ 左右,用 EDTA 滴至绿色,得到约 0.025 mol·L⁻¹ 的 CuY 溶液。使用时取 2~3 mL 于试液中,再加数滴 PAN 溶液

续表

指示剂名称	解离平衡和颜色变化	溶液配制方法
磺基水杨酸	$H_2In \xrightleftharpoons[]{pK_{a_1}=2.7} HIn^- \xrightleftharpoons[]{pK_{a_2}=13.1} In^{2-}$ （无色）	$10\ g \cdot L^{-1}$ 水溶液
钙镁指示剂	$H_2In^- \xrightleftharpoons[]{pK_{a_2}=8.1} HIn^{2-} \xrightleftharpoons[]{pK_{a_3}=12.4} In^{3-}$ （红色）　　（蓝色）　　（红橙色）	$5\ g \cdot L^{-1}$ 水溶液

注：EBT、钙指示剂、K-B 指示剂等在水溶液中稳定性较差，可以配成指示剂与 NaCl 之比为 1∶100 或 1∶200 的固体粉末。

表 A-4　氧化还原指示剂

指示剂名称	$E^{\ominus}/V$ $[H^+]=1\ mol \cdot L^{-1}$	颜色变化 氧化态	颜色变化 还原态	溶液配制方法
二苯胺	0.76	紫色	无色	$10\ g \cdot L^{-1}$ 的浓 H_2SO_4 溶液
二苯胺磺酸钠	0.85	紫红色	无色	$5\ g \cdot L^{-1}$ 的水溶液
N-邻苯氨基苯甲酸	1.08	紫红色	无色	0.1 g 指示剂加 20 mL $50\ g \cdot L^{-1}$ 的 Na_2CO_3 溶液，用水稀释至 100 mL
邻二氮菲-Fe(Ⅱ)	1.06	浅蓝色	红色	1.485 g 邻二氮菲加 0.965 g $FeSO_4$ 溶解，稀释至 100 mL（$0.025\ mol \cdot L^{-1}$ 水溶液）
5-硝基邻二氮菲-Fe(Ⅱ)	1.25	浅蓝色	紫红色	1.685 g 5-硝基邻二氮菲加 0.695 g $FeSO_4$ 溶解，稀释至 100 mL（$0.025\ mol \cdot L^{-1}$ 水溶液）

表 A-5　吸附指示剂

名称	配制	测定要求 可测元素（括号内为滴定剂）	测定要求 颜色变化	测定要求 测定条件
荧光黄	0.1% 乙醇溶液	Cl^-、Br^-、I^-、SCN^-（Ag^+）	黄绿色～粉红色	中性或弱碱性
二氯荧光黄	0.1% 乙醇溶液	Cl^-、Br^-、I^-（Ag^+）	Cl^-、Br^-：红紫～蓝紫；I^-：黄绿～橙色	pH=4.4～7.2
曙红	0.5% 水溶液	Br^-、I^-（Ag^+）	橙红色～红紫色	pH=1～2

附录 B　常用缓冲溶液的配制

表 B-1　常缓冲溶液的配制

缓冲溶液组成	pK_a	缓冲液 pH 值	缓冲溶液配制方法
氨基乙酸-HCl	2.35（pK_{a_1}）	2.3	取 150 g 氨基乙酸于 500 mL 水中后，加 80 mL 浓 HCl 溶液，稀释至 1 L
H_3PO_4-柠檬酸盐	—	2.5	取 113 g $Na_2HPO_4 \cdot 12H_2O$ 溶于 200 mL 水中后，加 387 g 柠檬酸，溶解，过滤后，稀释至 1 L

续表

缓冲溶液组成	pK_a	缓冲液 pH 值	缓冲溶液配制方法
氯乙酸-NaOH	2.86	2.8	取 200 g 氯乙酸溶于 200 mL 水中,加 40 g NaOH,溶解后,稀释至 1 L
邻苯二甲酸氢钾-HCl	2.95(pK_{a_1})	2.9	取 500 g 邻苯二甲酸氢钾溶于 500 mL 水中,加浓 HCl 溶液 80 mL,稀释至 1 L
甲酸-NaOH	3.76	3.7	取 95 g 甲酸和 40 g NaOH 于 500 mL 水中,溶解,稀释至 1 L
NaAc-HAc	4.74	4.7	取无水 83 g NaAc 溶于水中,加 60 mL 冰醋酸,稀释至 1 L
六亚甲基四胺-HCl	5.15	5.4	取 40 g 六亚甲基四胺溶于 200 mL 水中,加 10 mL 浓 HCl,稀释至 1 L
Tris[三羟甲基氨基甲烷,$CNH_2(HOCH_3)_3$]-HCl	8.21	8.2	取 25 g Tris 试剂溶于水中,加 8 mL 浓 HCl 溶液,稀释至 1 L
NH_3-NH_4Cl	9.26	9.2	取 54 g NH_4Cl 溶于水中,加 63 mL 浓氨水,稀释至 1 L

注:1. 缓冲液配制后可用 pH 试纸检查,如 pH 值不对,可用共轭酸或碱调节。pH 值欲调节精确时,可用 pH 计调节。
2. 若需增加或减少缓冲液的缓冲容量时,可相应增加或减少共轭酸碱对的物质的量,再调节之。

附录 C 常用浓酸、浓碱的密度和浓度

表 C-1 常用浓酸、浓碱的密度用浓度

试剂名称	$\rho(25\ ℃)/(g \cdot mL^{-1})$	$w/\%$	$c/(mol \cdot L^{-1})$
盐酸	1.18~1.19	36~38	11.6~12.4
硝酸	1.39~1.40	65.0~68.0	14.4~15.2
硫酸	1.83~1.84	95~98	17.8~18.4
磷酸	1.69	85	14.6
高氯酸	1.67	70.0~72.0	11.7~12.0
冰醋酸	1.05	99.8(优级纯) 99.0(分析纯、化学纯)	17.4
氢氟酸	1.13	40	22.5
氢溴酸	1.49	47.0	8.6
氨水	0.88~0.90	25.0~28.0	13.3~14.8

附录 D　常用基准物质及其干燥条件与应用

表 D-1　常用基准物质及其干燥条件与应用

基准物质		干燥后组成	干燥条件 $T/℃$	标定对象
名称	分子式			
碳酸氢钠	$NaHCO_3$	Na_2CO_3	270~300	酸
碳酸钠	$Na_2CO_3 \cdot 10H_2O$	Na_2CO_3	270~300	酸
硼砂	$Na_2B_4O_7 \cdot 10H_2O$	$Na_2B_4O_7 \cdot 10H_2O$	放在含 NaCl 和蔗糖饱和溶液的干燥器中	酸
碳酸氢钾	$KHCO_3$	K_2CO_3	270~370	酸
草酸	$H_2C_2O_4 \cdot 2H_2O$	$H_2C_2O_4 \cdot 2H_2O$	室温空气干燥	碱或 $KMnO_4$
邻苯二甲酸氢钾	$KHC_8H_4O_4$	$KHC_8H_4O_4$	110~120	碱
重铬酸钾	$K_2Cr_2O_7$	$K_2Cr_2O_7$	140~150	还原剂
溴酸钾	$KBrO_3$	$KBrO_3$	130	还原剂
碘酸钾	KIO_3	KIO_3	130	还原剂
铜	Cu	Cu	室温干燥器中保存	还原剂
三氧化二砷	As_2O_3	As_2O_3	室温干燥器中保存	氧化剂
草酸钠	$Na_2C_2O_4$	$Na_2C_2O_4$	130	氧化剂
碳酸钙	$CaCO_3$	$CaCO_3$	110	EDTA
锌	Zn	Zn	室温干燥器中保存	EDTA
氧化锌	ZnO	ZnO	900~1 000	EDTA
氯化钠	NaCl	NaCl	500~600	$AgNO_3$
氯化钾	KCl	KCl	500~600	$AgNO_3$
硝酸银	$AgNO_3$	$AgNO_3$	浓硫酸干燥器中干燥至恒重	氯化物
氨基磺酸	$HOSO_2NH_2$	$HOSO_2NH_2$	在真空 H_2SO_4 干燥器中保存 48 h	碱
氟化钠	NaF	NaF	铂坩埚中 500~550 ℃下保存 40~50 min 后，H_2SO_4 干燥器中冷却	—

附录 E 原子量表

表 E-1 国际原子量表（2009 年）

元素符号	名称	相对原子质量	元素符号	名称	相对原子质量	元素符号	名称	相对原子质量	元素符号	名称	相对原子质量
Ac	锕	227.03	Er	铒	167.259	Mn	锰	54.938	Ru	钌	101.07
Ag	银	107.868	Es	锿	252.08	Mo	钼	95.96	S	硫	32.065
Al	铝	26.982	Eu	铕	151.964	N	氮	14.006	Sb	锑	121.760
Am	镅	243.06	F	氟	18.998	Na	钠	22.989 8	Sc	钪	44.956
Ar	氩	39.948	Fe	铁	55.845	Nb	铌	92.906	Se	硒	78.96
As	砷	74.922	Fm	镄	257.10	Nd	钕	144.242	Si	硅	28.084
At	砹	209.99	Fr	钫	223.02	Ne	氖	20.179 7	Sm	钐	150.36
Au	金	196.967	Ga	镓	69.723	Ni	镍	58.693	Sn	锡	118.71
B	硼	10.811	Gd	钆	157.25	No	锘	259.10	Sr	锶	87.62
Ba	钡	137.327	Ge	锗	72.64	Np	镎	237.05	Ta	钽	180.948
Be	铍	9.012	H	氢	1.007 8	O	氧	15.999	Tb	铽	158.925
Bi	铋	208.980	He	氦	4.002 6	Os	锇	190.23	Tc	锝	98.907
Bk	锫	247.07	Hf	铪	178.49	P	磷	30.974	Te	碲	127.60
Br	溴	79.904	Hg	汞	200.59	Pa	镤	231.036	Th	钍	232.038
C	碳	12.010	Ho	钬	164.930	Pb	铅	207.2	Ti	钛	47.867
Ca	钙	40.078	I	碘	126.904	Pd	钯	106.42	Tl	铊	204.382
Cd	镉	112.411	In	铟	114.818	Pm	钷	144.91	Tm	铥	168.934
Ce	铈	140.116	Ir	铱	192.217	Po	钋	208.98	U	铀	238.029
Cf	锎	251.08	K	钾	39.098	Pr	镨	140.908	V	钒	50.942
Cl	氯	35.453	Kr	氪	83.798	Pt	铂	195.084	W	钨	183.84
Cm	锔	247.07	La	镧	138.905	Pu	钚	244.06	Xe	氙	131.293
Co	钴	58.933	Li	锂	6.941	Ra	镭	226.03	Y	钇	88.906
Cr	铬	51.996	Lr	铹	260.11	Rb	铷	85.468	Yb	镱	173.054
Cs	铯	132.905	Lu	镥	174.967	Re	铼	186.207	Zn	锌	65.38
Cu	铜	63.546	Md	钔	258.10	Rh	铑	102.906	Zr	锆	91.224
Dy	镝	162.500	Mg	镁	24.305	Rn	氡	222.02			

附录 F 常用化合物的分子量表

表 F-1 常用化合物的分子量表

化合物	分子量	化合物	分子量	化合物	分子量
Ag_3AsO_4	462.52	CaC_2O_4	128.10	Cu_2O	143.09
$AgBr$	187.77	$CaCl_2$	110.99	CuS	95.61
$AgCl$	143.32	$CaCl_2 \cdot 6H_2O$	219.08	$CuSO_4$	159.60
$AgCN$	133.89	$Ca(NO_3)_2 \cdot 4H_2O$	236.15	$CuSO_4 \cdot 5H_2O$	249.68
$AgSCN$	165.95	$Ca(OH)_2$	74.09	$FeCl_2$	126.75
Ag_2CrO_4	331.73	$Ca_3(PO_4)_2$	310.18	$FeCl_2 \cdot 4H_2O$	198.81
AgI	234.77	$CaSO_4$	136.14	$FeCl_3$	162.21
$AgNO_3$	169.87	$CdCO_3$	172.42	$FeCl_3 \cdot 6H_2O$	270.30
$AlCl_3$	133.34	$CdCl_2$	183.32	$FeNH_4(SO_4)_2 \cdot 12H_2O$	482.18
$AlCl_3 \cdot 6H_2O$	241.43	CdS	144.47	$Fe(NO_3)_3$	241.86
$Al(NO_3)_3$	213.00	$Ce(SO_4)_2$	332.24	$Fe(NO_3)_3 \cdot 9H_2O$	404.00
$Al(NO_3)_3 \cdot 9H_2O$	375.13	$Ce(SO_4)_2 \cdot 4H_2O$	404.30	FeO	71.846
Al_2O_3	101.96	$CoCl_2$	129.84	Fe_2O_3	159.69
$Al(OH)_3$	78.00	$CoCl_2 \cdot 6H_2O$	237.93	Fe_3O_4	231.54
$Al_2(SO_4)_3$	342.14	$Co(NO_3)_2$	182.94	$Fe(OH)_3$	106.87
$Al_2(SO_4)_3 \cdot 18H_2O$	666.41	$Co(NO_3)_2 \cdot 6H_2O$	291.03	FeS	87.91
As_2O_3	197.84	CoS	90.99	Fe_2S_3	207.87
As_2O_5	229.84	$CoSO_4$	154.99	$FeSO_4$	151.90
As_2S_3	246.02	$CoSO_4 \cdot 7H_2O$	281.10	$FeSO_4 \cdot 7H_2O$	278.01
$BaCO_3$	197.34	$Co(NH_2)_2$	60.06	$FeSO_4 \cdot (NH_4)_2SO_4 \cdot 6H_2O$	392.13
BaC_2O_4	225.35	$CrCl_3$	158.36	H_3AsO_3	125.94
$BaCl_2$	208.24	$CrCl_3 \cdot 6H_2O$	266.45	H_3AsO_4	141.94
$BaCl_2 \cdot 2H_2O$	244.27	$Cr(NO_3)_3$	238.01	H_3BO_3	61.83
$BaCrO_4$	253.32	Cr_2O_3	151.99	HBr	80.912
BaO	153.33	$CuCl$	98.999	HCN	27.026
$Ba(OH)_2$	171.34	$CuCl_2$	134.45	$HCOOH$	46.026
$BaSO_4$	233.39	$CuCl_2 \cdot 2H_2O$	170.48	CH_3COOH	60.052
$BiCl_3$	315.34	$CuSCN$	121.62	H_2CO_3	62.025
$BiOCl$	260.43	CuI	190.45	$H_2C_2O_4$	90.035
CO_2	44.01	$Cu(NO_3)_2$	187.56	$H_2C_2O_4 \cdot 2H_2O$	126.07
CaO	56.08	$Cu(NO_3)_2 \cdot 3H_2O$	241.60	HCl	36.461
$CaCO_3$	100.09	CuO	79.545	HF	20.006

续表

化合物	分子量	化合物	分子量	化合物	分子量
HI	127.91	$KHSO_4$	136.16	HCO_3	79.055
HIO_3	175.91	KI	166.00	$(NH_4)_2MoO_4$	196.01
HNO_3	63.013	KIO_3	214.00	NH_4NO_3	80.043
HNO_2	47.013	$KIO_3 \cdot HIO$	389.91	$(NH_4)_2HPO_4$	132.06
H_2O	18.015	$KMnO_4$	158.03	$(NH_4)_2S$	68.14
H_2O_2	34.015	$KNaC_4H_4O_6 \cdot 4H_2O$	282.22	$(NH_4)_2SO_4$	132.13
H_3PO_4	97.995	KNO_3	101.10	NH_4VO_3	116.98
H_2S	34.08	KNO_2	85.104	Na_3AsO_3	191.89
H_2SO_3	82.07	K_2O	94.196	$Na_2B_4O_7$	201.22
H_2SO_4	98.07	KOH	56.106	$Na_2B_4O_7 \cdot 10H_2O$	381.37
$Hg(CN)_2$	252.63	K_2SO_4	174.25	$NaBiO_3$	279.97
$HgCl_2$	271.50	$MgCO_3$	84.314	NaCN	49.007
Hg_2Cl_2	472.09	$MgCl_2$	95.211	NaSCN	81.07
HgI_2	454.40	$MgCl_2 \cdot 6H_2O$	203.30	Na_2CO_3	105.99
$Hg_2(NO_3)_2$	525.19	MgC_2O_4	112.33	$Na_2CO_3 \cdot 10H_2O$	286.14
$Hg_2(NO_3)_2 \cdot 2H_2O$	561.22	$Mg(NO_3)_2 \cdot 6H_2O$	256.41	$Na_2C_2O_4$	134.00
$Hg(NO_3)_2$	324.60	$MgNH_4PO_4$	137.32	CH_3COONa	82.034
HgO	216.59	MgO	40.304	$CH_3COONa \cdot 3H_2O$	136.08
HgS	232.65	$Mg(OH)_2$	58.32	NaCl	58.443
$HgSO_4$	296.65	$Mg_2P_2O_7$	222.55	NaClO	74.442
Hg_2SO_4	497.24	$MgSO_4 \cdot 7H_2O$	246.47	$NaHCO_3$	84.007
$KAl(SO_4)_2 \cdot 12H_2O$	474.38	$MnCO_3$	114.95	$Na_2HPO_4 \cdot 12H_2O$	358.14
KBr	119.00	$MnCl_2 \cdot 4H_2O$	197.91	$Na_2H_2Y \cdot 2H_2O$	372.24
$KBrO_3$	167.00	$Mn(NO_3)_2 \cdot 6H_2O$	287.04	$NaNO_2$	68.995
KCl	74.551	MnO	70.937	$NaNO_3$	84.995
$KClO_3$	122.55	MnO_2	86.937	Na_2O	61.979
$KClO_4$	138.55	MnS	87.00	Na_2O_2	77.978
KCN	65.116	$MnSO_4$	151.00	NaOH	39.997
KSCN	97.18	$MnSO_4 \cdot 4H_2O$	233.06	Na_3PO_4	163.94
K_2CO_3	138.21	NO	30.006	Na_2S	78.04
K_2CrO_4	194.19	NO_2	46.006	$Na_2S \cdot 9H_2O$	240.18
$K_2Cr_2O_7$	294.18	NH_3	17.03	Na_2SO_3	126.04
$K_3Fe(CN)_6$	329.25	CH_3COONH_4	77.083	Na_2SO_4	142.04
$K_4Fe(CN)_6$	368.25	NH_4Cl	53.491	$Na_2S_2O_3$	158.10
$KFe(SO_4)_2 \cdot 12H_2O$	503.24	$(NH_4)_2CO_3$	96.086	$Na_2S_2O_3 \cdot 5H_2O$	248.17
$KHC_2O_4 \cdot H_2O$	146.14	$(NH_4)_2C_2O_4$	124.10	$NiCl \cdot 6H_2O$	237.69
$KHC_2O_4 \cdot H_2C_2O_4 \cdot 2H_2O$	254.19	$(NH_4)_2C_2O_4 \cdot H_2O$	142.11	NiO	74.69
$KHC_4H_4O_6$	188.18	NH_4SCN	76.12	$Ni(NO_3)_2 \cdot 6H_2O$	290.79

续表

化合物	分子量	化合物	分子量	化合物	分子量
NiS	90.75	SO_3	80.06	$SrCrO_4$	203.61
$NiSO_4 \cdot 7H_2O$	280.85	SO_2	64.06	$Sr(NO_3)_2$	211.63
P_2O_5	141.94	$SbCl_3$	228.11	$Sr(NO_3)_2 \cdot 4H_2O$	283.69
$PbCO_3$	267.20	$SbCl_5$	299.02	$SrSO_4$	183.68
PbC_2O_4	295.22	Sb_2O_3	291.50	$UO_2(CH_3COO)_2 \cdot 10H_2O$	424.15
$PbCl_2$	278.10	Sb_3S_3	339.68	$ZnCO_3$	125.39
$PbCrO_4$	323.20	SiF_4	104.08	ZnC_2O_4	153.40
$Pb(CH_3COO)_2$	325.30	SiO_2	60.084	$ZnCl_2$	136.29
$Pb(CH_3COO)_2 \cdot 3H_2O$	379.30	$SnCl_2$	189.62	$Zn(CH_3COO)_2$	183.47
PbI_2	461.00	$SnCl_2 \cdot 2H_2O$	225.65	$Zn(CH_3COO)_2 \cdot 2H_2O$	219.50
$Pb(NO_3)_2$	331.20	$SnCl_4$	260.52	$Zn(NO_3)_2$	189.39
PbO	223.20	$SnCl_4 \cdot 5H_2O$	350.596	$Zn(NO_3)_2 \cdot 6H_2O$	297.48
PbO_2	239.20	SnO_2	150.71	ZnO	81.38
$Pb_3(PO_4)_2$	811.54	SnS	150.776	ZnS	97.44
PbS	239.30	$SrCO_3$	147.63	$ZnSO_4$	161.44
$PbSO_4$	303.30	SrC_2O_4	175.64	$ZnSO_4 \cdot 7H_2O$	287.54

附录 G 仪器分析常用仪器介绍

一、气相色谱仪

1. 典型气相色谱仪简介

如图 G-1-1 所示,气相色谱仪包括载气系统、进样系统、色谱柱分离系统、检测系统、数据处理及记录系统等 5 部分。载气由高压钢瓶 1 输出,经减压阀 2、净化干燥管 3、针形阀 4、转子流量计 5、压力表 6、进样气化器 7,然后进入色谱柱 8。当进样后,载气携带气化组分进入色谱柱进行分离,并依次进入检测器 9 被检测,检测的信号由记录仪 10 记录。若仪器带有色谱微处理机或色谱工作站,即可进行数据处理。

2. 主要部件

(1) 气源

气源为色谱分离提供洁净、稳定的连续气流。气相色谱仪的气路系统一般由载气、氢气和空气 3 种气路组成,由高压钢瓶供给。常用的载气有氢气和氮气,其压力为 10000~15000 kPa,在教学实验中,为了安全,通常使用氮气作载气。对充灌不同气体的钢瓶,涂有不同颜色的色带作为标记,以防意外事故的发生。

(2) 色谱柱

色谱柱是色谱仪的重要部件之一。色谱柱的效能涉及固定液和载体的选择、固定液与载

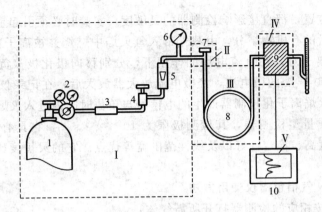

图 G-1-1 气相色谱仪结构示意图
1—高压钢瓶；2—减压阀；3—净化干燥管；4—针形阀；5—转子流量计；
6—压力表；7—进样气化器；8—色谱柱；9—检测器；10—记录仪；
Ⅰ—载气系统；Ⅱ—进样系统；Ⅲ—色谱柱分离系统；Ⅳ—检测系统；Ⅴ—数据处理及记录系统

体的配比、固定液的涂渍状况、固定相的填充状况等许多因素，应根据具体分析要求，选择合适的固定相装填于色谱柱中。色谱柱的材质有不锈钢、玻璃、紫铜、聚四氟乙烯等。

(3) 检测器

检测器也是气相色谱仪的重要部件之一，应用最为广泛的是热导池检测器（TCD）和氢火焰离子化检测器（FID）。

① 热导池检测器。不同物质具有不同的热传导性质，利用它们在热敏元件上传热过程的差异而产生电信号。在一定的组分浓度范围内，电信号的大小与组分的浓度呈线性关系，因此热导池检测器是浓度型检测器。该检测器有两臂和四臂两种，池体多数采用不锈钢材料，在池体上钻有孔径相同的呈平行对称的两孔道或四孔道。将阻值相等的钨丝或其他金属丝热敏元件，装入孔道，分别作参比臂和测量臂，构成两臂或四臂的热导池检测器，后者比前者的灵敏度要提高 1 倍。热导池检测器电路以惠斯通电桥方式连接。

其注意事项如下。

a. 使用热导池检测器时，开机前，应先通载气，并保持一定流量后，再接通电源，否则将导致钨丝或其他热敏元件烧毁。

b. 热导池检测器的灵敏度 S 与桥电流 I 的三次方成正比，但桥电流也不可过高，否则将使噪声增大，基线不稳，严重时将烧毁热敏元件。为此，当使用氦气作载气时，桥电流应控制在 100～150 mA；使用氢气时，则取 150～200 mA。

c. 仪器要注意防震，以免受震造成钨丝折断或脱落，触及池体发生短路。

② 氢火焰离子化检测器。氢火焰离子化检测器由绝缘子、收集极、极化极、喷嘴、离子室底座、加热块等组成，并与微电流放大器电路相连接。氢焰点燃前应先将其加热至 110 ℃ 左右，以防氢气和氧气燃烧后生成的水凝结在不锈钢圆罩上，造成绝缘性能下降，影响实验正常进行。喷嘴由铂管制成，其内径为 0.10～0.15 mm。喷嘴内径较粗时，检测灵敏度将下降，但受流量波动的影响小，可使测量线性范围变宽。极化极是一个由较粗铂丝制成的圆环，固定在喷嘴附近，兼用作氢焰点火。收集极是用铂片或铂丝网加工制成的小圆筒。两个电极间距约 10 mm，施加 100～300 V 极化电压。圆罩起电屏蔽作用和防止外界气流对氢火焰的扰动以及防止灰尘侵入。离子室内两个电极的结构、几何形状、极间距离以及

它们相对于火焰的位置，都直接影响检测器的灵敏度，实验时必须引起重视。

经色谱柱分离后的有机物组分，由载气带入氢火焰中燃烧并被离子化，经一系列反应，形成带正负电荷的离子对，在直流电场的作用下，分别移向极化极（负极）和收集极（正极），形成 $10^{-14} \sim 10^{-6}$ A 的微电流，经微电流放大器放大后，在记录仪上绘出相应有机物组分的色谱峰。氢火焰离子化检测器产生的电信号与单位时间内进入火焰的有机物组分质量成正比，因此它是质量型检测器，其检测极限为 $10^{-12}\text{g}\cdot\text{s}^{-1}$。它具有结构简单、死体积小、响应快、灵敏度高、稳定性好以及线性范围宽等优点。它的灵敏度比热导池检测器高 3 个数量级。

3. Agilent 6890N 气相色谱仪使用方法

① 打开气源（按相应的检测器打开所需气体）。

② 打开计算机，进入 Windows 气相色谱仪界面。

③ 打开 6890N 气相色谱仪电源开关。

④ 待仪器自检完毕，双击"Instrument 1 Online"图标，化学工作站自动与 6890N 通信，进入工作站。

⑤ 设置色谱参数（进样器、色谱柱、阀、载气、柱温、检测器等）。

⑥ 待仪器稳定后，用注射器手动进样，须等前一个试样中各组分都出峰后再进第二个试样。

⑦ 根据标样和未知样中相应组分的保留时间进行定性分析，根据各峰的峰面积或峰高按选定的定量方法进行定量分析，打印结果。

⑧ 完成实验后，按开机的逆顺序关机。

4. 进样操作要点

① 图 G-1-2 为微量注射器进样操作示意图，进样时要求注射器垂直于进样口，左手扶着针头以防弯曲，右手拿注射器。右手食指卡在注射器芯子和注射器管的交界处，这样可避免当针进到气路中由于载气压力较高把芯子顶出，影响正确进样。

图 G-1-2　微量注射器的进样操作

② 注射器取样时，应先用被测试液洗涤 5~6 次，然后缓慢抽取一定量试液。若仍有空气带入注射器内，可将针头朝上，待空气排除后，再排去多余试液便可进样。

③ 进样时要求操作稳当、连贯、迅速，进针位置及速度、针尖停留和拔出速度都会影响进样重现性，一般进样相对误差为 2%~5%。

④ 要注意经常更换进样器上硅橡胶密封垫片，该垫片经 10~20 次穿刺进样后，气密性降低，容易漏气。

5. 注意事项

① 使用气相色谱仪必须做到开机时"先通气，后通电"，关机时"先断电，后断气"。

② 注射器是易碎器械，使用时要多加小心，进样完毕随手放回盒内，不要随便来回空抽，以免磨损，影响气密性，降低准确度。

③ 微量注射器在使用前后都必须用丙酮等洗净。当高沸点物质沾污注射器时，一般可用 5% 氢氧化钠水溶液、蒸馏水、丙酮、氯仿依次清洗，最后抽干。

④ 对 10~100 μL（有寄存容量）的注射器，如遇针尖堵塞，宜用直径为 0.1 mm 的细

钢丝耐心穿通。

⑤ 若不慎将 0.5～5 μL（无寄存容量）的注射器的芯子拉出，应马上交指导教师处理。

二、高效液相色谱仪

1. 典型高效液相色谱仪简介

高效液相色谱仪器有多种型号，其基本结构如图 G-2-1 所示。在贮液器内贮存有载液（流动相），它由高压泵输送，流经进样器、色谱柱、检测器，最后至废液槽。当试样由进样器注入后，被载液携带到色谱柱进行分离，分离后各组分依次经检测器检测，产生的电信号在记录仪上以色谱图形式被记录，或由微处理机进行数据处理给出各组分含量。

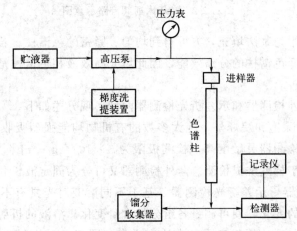

图 G-2-1　高效液相色谱仪典型结构示意图

2. 主要部件

高效液相色谱仪有整机式和组合式两类，其部件有高压泵、梯度洗提装置、进样器、色谱柱、检测器和记录仪或色谱微处理机等。主要部件的简介如下。

(1) 高压泵

由于固定相颗粒为 10 μm，因此校前压力可高达 $9.8×10^3$～$2.0×10^4$ kPa，甚至更高，因此需用高压泵输送流动相。高压泵应耐压、耐腐蚀，且输液量可连续调节、稳定，压力平稳、无脉冲或紊流等现象。常用的高压泵有恒流泵和恒压泵两种。

(2) 进样器

进样器以高压六通进样阀为主。六通进样阀的原理如图 G-2-2 所示。其操作过程分两步，第一步把切换手柄切向"Load"处为充样状态[图 G-2-2(a)]，此时 1 和 6、2 和 3、4 和 5 连通，在常压下用平头注射器从注样口 5 注入试液，试液流经定量管，多余试液由排液口 6 排出，而流动相由高压泵直接输入色谱柱；第二步把切换手柄切向"Inject"处为进样状态[图 G-2-2(b)]，流动相流经样品定量管，把试液推入色谱柱进样，完成一次进样操作。样品定量管有 5 μL、10 μL、20 μL 等不同规格，可根据实验需要注入小于样品定量管的试液量。该阀操作简便，可在高压下准确进样，重现性好，但柱外死体积较大，容易造成色谱峰的展宽。

(3) 色谱柱

色谱柱采用长 10～30 cm、内径 3～5 mm 的不锈钢管，管内填充 5～10 μm 固定相。由

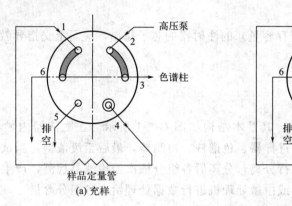
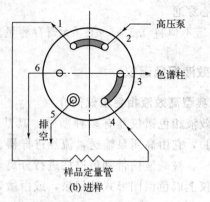

(a) 充样　　　　　　　　　　(b) 进样

图 G-2-2　高压六通阀流路示意图

于颗粒细、小、密，用匀浆法填充，方可得到均匀、紧密的色谱柱。若填充不均匀或有柱层裂缝、空隙等，将降低色谱柱的分离效能，因此填充高效液相色谱柱是一项高技术性工作。

(4) 检测器

常用检测器有紫外检测器和示差折光检测器两种，现分述如下。

① 紫外检测器。除饱和烷烃外，绝大多数的有机物均能强烈吸收紫外光，且吸光度与其浓度成正比。这种检测器灵敏度高，检测极限为 3×10^{-9} g·mL^{-1}，对流动相的流量和温度等不敏感，可用于梯度洗提检测。紫外检测器又可分为固定波长和可变波长两种。

② 示差折光检测器。示差折光检测器是基于不同溶液对光具有不同的折射率，通过连续测量溶液中折射率的变化，便可测量各组分的含量变化。溶液的折射率等于纯溶剂（流动相）和溶质（试样组分）的折射率乘各自浓度之和。图 G-2-3 是 RI-3H 型偏转式示差折光检测器的光学系统示意图。由光源 8 射出的光经光栅 6、准直透镜 4 得平行光束，再经测量池和参比池 3 后，照射到平面反射镜 2 上，光被全反射，再经参比池和测量池 3、准直透镜 4、平面镜 5 和棱镜 7 的棱口后，分解为两束光强相等的光束，分别照射到两个光电管 9 上，产生相等的光电流，此时无电信号输出，在记录仪上得到 1 条平直基线。进样后，含有试样某组分的流动相流过测量池时，光束发生折射而偏离棱口，使照射到两个光电管上的光强不相等，产生的光电流也不等，其差值转变为电信号输出。信号经放大器放大后，由记录仪记录该组分的色谱峰。这种检测器对任一试液组分均可检测，检测极限为 10^{-7} g·mL^{-1}，但

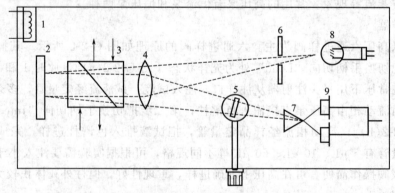

图 G-2-3　RI-3H 型偏转式示差折光检测器的光学系统示意图

1—温度控制；2—平面反射镜；3—测量池和参比池；4—准直透镜；
5—平面镜；6—光栅；7—棱镜；8—光源；9—光电管

因折射率随流动相组成改变而改变,故不能用于梯度洗提,同时折射率对温度变化极为敏感,因此对检测器温度必须严格控制。

3. Agilent 1100 高效液相色谱仪操作步骤

图 G-2-4 为 Agilent 1100 高效液相色谱仪的示意图。

图 G-2-4　Agilent 1100 高效液相色谱仪示意图

① 开机。

a. 打开计算机,进入 Windows NT 界面,并运行 Bootp Server 程序。

b. 打开 1100 高效液相色谱仪各模块电源。

c. 待各模块自检完成后,双击"Instrument 1 Online"图标,化学工作站自动与 1100 高效液相色谱仪通信,进入工作站画面。

d. 装入流动相。

② 设置参数,包括泵参数、柱温箱参数、检测器参数等,编辑采集方法。

③ 设置积分参数,编辑数据分析方法。

④ 打印报告。

⑤ 关机。

4. 注意事项

① 色谱柱长时间不用,存放时,柱内应充满溶剂,两端封死。

② 流动相使用前必须过滤,不要使用多日存放的蒸馏水(易长菌)。

③ 当使用缓冲溶液作流动相时,要特别注意以下两点。

a. 每天用注射器注入二次蒸馏水清洗手动进样器几次(可上午、下午各 2 次)。

b. 每次实验做完后用二次蒸馏水作流动相冲洗半小时,否则,缓冲溶液易在管路系统中结晶、堵塞,甚至出现漏液。若出现结晶,可取下泵的进、出口螺帽,用镊子卷上镜头纸擦洗里面,外螺帽内壁也要用水擦洗。左、右两个内螺帽也要用二次蒸馏水超声波清洗半小时(左右两个不要弄混)。

④ 极性流动相换成非极性流动相时,中间用水清洗一下。

⑤ 及时更换冲洗阀内的过滤芯(当打开冲洗阀时,压力高于 1 MPa,表明过滤芯已堵)。

⑥ 高效液相色谱用的微量注射器与气相色谱的有所不同,它的针头不是尖的而是平的,切忌弄错,否则针尖可能刺坏六通阀密封垫。

三、原子吸收分光光度计

1. 典型原子吸收分光光度计简介

原子吸收分光光度计有单光束和双光束两种类型，其基本结构如图 G-3-1 和图 G-3-2 所示。它们的主要部件基本相同，有光源、外光路系统、原子化系统、分光系统、检测系统等。但在双光束型外光路系统中增加了斩光器、平面反射镜和半透半反射镜等。因此单光束型仪器结构简单，光源发射的锐线光在外光路系统中损失少，但受光源不稳定影响大，而双光束恰能克服这个不足。目前普遍使用双光束型仪器，其工作原理是：由光源发射出的锐线光束，被斩光器分解为强度相等的两束光，一束为参比光束 I_R，另一束为试样光束 I_S（斩光器以一定频率旋转）；两束光通过半透半反射镜后经单色器色散，先后在检测器上进行检测，获得 I_S/I_R 比值的交变信号。如果未进样，则 $I_S=I_R$，记录仪上将获得 1 条平直基线。在进样后，试样光束通过火焰时，部分光被待测元素基态原子蒸气所吸收，此时 $I_S \neq I_R$，记录仪上获得 1 个吸收峰，吸收峰的大小与试液中待测元素的含量呈线性关系。由于双光束系统测定交变的信号，而火焰热辐射在检测时只产生直流信号，因而被交流放大器所截止，提高了测量结果的准确度。

图 G-3-1　单光束型原子吸收分光光度计基本结构示意图

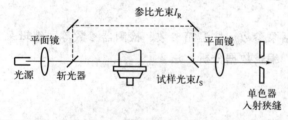

图 G-3-2　双光束型原子吸收分光光度计基本结构示意图

2. 主要部件

（1）光源

光源的作用是提供待测元素的共振线供原子蒸气吸收。共振线应是中心波长和待测元素吸收线中心波长重合但宽度比吸收线窄得多的锐线。在原子吸收分光光度计中最常用的光源是空心阴极灯。空心阴极灯采用脉冲供电维持发光，点亮后要预热 20～30 min，发光强度才能稳定。空心阴极灯需要调节的实验条件有灯电流的大小和灯的位置（使灯所发出的光与光度计的光轴对准）。

（2）原子化系统

原子化系统由原子化器和辅助设备所组成。它的作用是使试样溶液中的待测元素转变成气态的基态原子蒸气。根据原子化方式的不同，原子化器可分为火焰原子化器、电热石墨炉原子化器和氢化物原子化器。有的原子吸收分光光度计固定装有一种原子化器，而多数原子吸收分光光度计的原子化器是可卸式的，可以根据分析任务，将选用的原子化器装入光路。

原子化系统的工作状态对于原子吸收法的灵敏度、精密度和干扰程度有非常大的影响,因此优化原子化系统的实验条件十分重要。火焰原子化器由雾化器、雾室和燃烧器组成,再加上乙炔钢瓶、空压机、气体流量计等外部设备;需优化的实验条件有燃气和助燃气的流量、燃烧器的高度和水平位置等。电热石墨炉原子化器由石墨管和石墨炉体所组成,再加上加热电源、屏蔽气源、冷却水等外部设备;需要优化的条件有石墨炉的升温程序、屏蔽气流量等。

(3) 光学系统

原子吸收分光光度计的光学系统由外光路系统和分光系统两部分组成,其中外光路的作用是将光源发出的光汇聚在原子蒸气浓度最高的位置,并将透过原子蒸气的光聚焦在分光器的狭缝上。分光系统的功能是将共振线与其他波长的光(如来自光源的非共振线和原子化器中的火焰发射)分开,仅允许共振线的透过光投射到光电倍增管上。光学系统需要调整的实验参数有测定波长、狭缝宽度。

(4) 检测和显示系统

检测和显示系统的功能是将原子吸收信号转换为吸光度值并在显示器上显示出来。实验中需要调节的实验参数有光电倍增管的负高压、显示方式(吸光度、吸光度积分)等。

3. AA-6880 型原子吸收分光光度计使用方法

图 G-3-3 为 AA-6880 型原子吸收分光光度计示意图。

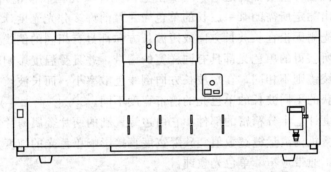

图 G-3-3　AA-6880 原子吸收分光光度计示意图

① 开机前准备工作。

a. 打开排风扇及各气体开关,确认仪器外部乙炔压力为 0.09 MPa,空气压力为 0.35 MPa,并检漏。

b. 确认电压为 220 V、水封注满水、炉头无障碍物。

c. 根据待测元素安装空心阴极灯。

② 打开仪器主机开关。

③ 打开 PC 机电源开关,启动 MSWindows,双击 AA 软件。

④ 设置参数,操作流程为 Wizard 选择→元素选择→制备参数→样品标识符→样品选择→连接主机并发送参数,此时 AA 主机进行初始化。

⑤ 设置光学参数,并进行燃烧器和气体流量设置。

⑥ 点火测定。

⑦ 测完样品后吸进蒸馏水清洁燃烧器;熄火后先关乙炔气,再关空压机。

4. 注意事项

乙炔为易燃易爆气体,必须严格按照操作步骤进行。在点燃乙炔火焰之前,应先开空气,然后开乙炔气;结束或暂停实验时,应先关乙炔气,后关空气。切记保障安全。

四、紫外-可见分光光度计

1. 典型紫外-可见分光光度计简介

紫外-可见分光光度计有很多型号，分单光束和双光束两大类型，目前应用都很普遍。两者主要部件大致相同，多以氢灯和钨灯分别作紫外光和可见光的光源，以棱镜或光栅作色散元件，通过狭缝分出测定波长的单色光，由切换镜把一定强度的紫外光或可见光引入光路，经吸收池吸收后，透过的光被光电管检测，转换成电信号。有些仪器采用记录仪记录溶液的吸光度或透光率，同时用数字显示，或者直接从刻有吸光度或透光率的转盘上读取。

2. 主要部件

（1）光源

常用的有钨灯和氢灯，提供连续光谱的波长范围分别为 400~760 nm 和 200~400 nm，其中 H 656.28 nm 和 H 486.13 nm 谱线常用于校正光栅或棱镜位置，以提高分光光度计波长读数的准确性。另外，为了获得稳定的具有一定强度的光源，仪器上还配有稳压电源和稳流电源设备。通常光源在使用前需预热 15 min。

（2）单色器

单色器是分光光度计重要部件之一，主要由色散元件（光栅或棱镜）、狭缝、准直镜等组成，其作用是输出测定所需的某一波长的单色光。目前许多分光光度计采用光栅作色散元件，与棱镜相比，光栅无论在长波长方向或短波长方向都具有相同的倒线色散率，因此，在固定狭缝宽度后，所获得的单色光都具有同样宽的谱带，并且受温度影响较小，使波长具有较高的精确度。而棱镜则不相同，在短波长方向倒线色散率小，而长波长方向大，因而在固定狭缝宽度后，所获得的不同波长的单色光的谱带宽度不同。

狭缝是分光光度计上十分精密的部件，它由边缘锐利的两片金属薄片构成。狭缝宽度连续可调，一般由测微机构测量缝宽数值。狭缝宽度直接影响单色光的纯度。通常用光谱通带来表示仪器的性能，通带愈窄，单色光愈纯。

（3）比色皿

比色皿规格（指光程）有 0.50 cm、1.0 cm、2.0 cm、3.0 cm、5.0 cm 等，其材料有石英和玻璃两种。玻璃比色皿仅适用于可见光和近红外光区，而石英比色皿不仅适用于上述光区，还适用于紫外光区。比色皿应配对使用，其透光率相差应小于 0.5%。测量吸光度时，应把比色皿竖立于吸收池架内，并用夹件固定位置，以免发生位移，保证两个比色皿透光面平行一致，透光率也一致。比色皿不可用火烘烤干燥，以免破裂。若试样使用易挥发的溶剂配制，测量时为了避免因溶剂挥发而改变试液浓度，应加盖或磨口塞。

（4）光度检测器

光度检测器是根据光电效应，把光信号转换为电信号的光电元件，种类有硒光电池、光电管、光电倍增管等。硒光电池对可见光（380~760 nm）最为敏感，产生的光电流较大，可直接用灵敏电流计测量，但使用时要注意防潮和防止腐蚀性气体的侵蚀，否则将导致灵敏度严重下降，影响使用寿命。硒光电池在长时间光照后，会出现"疲劳现象"，这时应把它置于暗处使之复原。光电管有蓝敏光管（用于 200~650 nm 波段的锑铯光电管）和红敏光电管（用于 625~1000 nm 波段的氧化铯光电管）。它是一支二极真空管，阴极表面涂有光敏材料，加工成半筒形，受光照后便发射出电子；阳极为镍棒，收集阴极射出的电子。光电管适宜的工作电源为直流电，电压在 90 V 左右，若工作电压过高，会导致暗电流增大。

3. TU-1900 型双光束紫外-可见分光光度计的操作步骤

① 测量前的准备工作。

a. 开机。确认主机样品室中无挡光物,打开主机电源开关;打开 PC 机电源开关,双击"TU-1900 UVWin",此时仪器自检。

b. 设置通信端口→基线校正→暗电流校正。

② 根据需要选定工作模式,对应"应用"菜单的"光谱测量""光度测量""定量测量""时间扫描"项。

③ 设定相应的测量参数和计算参数。

④ 测量仪器将按照所设定的参数进行测量,并保存结果。

4. 比色皿使用注意事项

① 比色皿要配对使用,因为相同规格的比色皿仍存在或多或少的差异,致使光通过比色溶液时,吸收情况有所不同。

② 注意保护比色皿的透光面,拿取时,手指应捏住其毛玻璃的两面,以免沾污或磨损透光面。

③ 在已配对的比色皿的毛玻璃面上作好记号,使其中一个专置参比溶液,另一个专置试液。同时,还应注意比色皿放入比色皿槽架时应有固定朝向。

④ 如果试液是易挥发的有机溶剂,则应加盖后,放入比色皿槽架上。

⑤ 倒入溶液前,应先用该溶液淋洗内壁 3 次。溶液倒入量不可过多,以比色皿高度的 4/5 为宜。

⑥ 每次使用完毕后,应用蒸馏水仔细淋洗,并以吸水性好的软纸吸干外壁水珠,放回比色皿盒内。

⑦ 在紫外光区测定时,应使用石英比色皿。其价格昂贵,务必小心使用,以免损坏。

五、傅里叶变换红外光谱仪

1. 典型傅里叶变换红外光谱仪简介

傅里叶变换红外光谱仪(FTIR Spectrometer)是由计算机自动控制的一种全新智能型红外光谱仪,可进行定性分析、定量分析及化合物的结构分析。

(1) 傅里叶变换红外光谱仪工作原理

傅里叶变换红外光谱仪的核心部件是迈克尔逊干涉仪,其工作原理如图 G-5-1 所示。光源发出的红外光直接进入迈克尔逊干涉仪,它将这束辐射光分成两束,使 50% 的光透过到达动镜;50% 光反射到达固定镜,由于动镜的移动,这两束光重新在分束器结合后产生光程差。这时相应变化的光程差干涉图被获得,经计算机傅里叶变换后得到红外吸收光谱图。

(2) 傅里叶变换红外光谱仪的特点

从原理上讲,傅里叶变换红外光谱仪的迈克尔逊干涉仪较经典的色散型仪器有以下几个优点。

① 多通路。干涉仪可同时测量所有频率的信号,1 幅完整的红外吸收光谱图可以在几秒钟内完成。

② 高光通量。因不受狭缝限制,光透过率高。

③ 高测量精度。在红外测量中,波长的计算是以氦氖激光频率作为基准的。干涉仪的频率范围是由氦氖激光在每次扫描时进行自身干涉而产生的,这种激光的频率是非常稳定

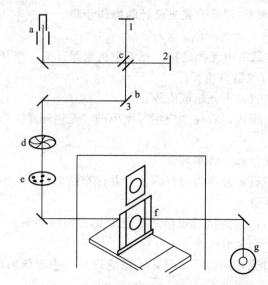

图 G-5-1　傅里叶交换红外光谱仪工作原理图

1—固定镜；2—动镜；3—固定镜；a—光源；b—由 1、2、3、c 组成干涉仪；c—分束器；
d—光圈；e—滤光轮；f—样品架；g—检测器

的。因此，干涉仪的频率刻度要比色散仪器精确得多且具有较长时间的稳定性。

④ 杂散光小（可忽略）。因为该仪器不采用分光系统，所以没有分光不彻底而引起的杂散光。

⑤ 恒定的分辨率。该仪器比色散型仪器有更高的光通量，其分辨率不是用狭缝来确定的，而是以 J-Stop 设定孔的大小来确定的，此孔在采集数据过程中是不变的。在色散型仪器中，光通量是根据选定的扫描时的狭缝宽度而确定的，因而信噪比恒定，但分辨率改变。

⑥ 无间断（连续）。由于没有光栅或滤光器的变化，因而谱图中无间断。

2. 傅里叶变换红外光谱仪使用方法（赛默飞尼高力 iS20 红外光谱仪）

① 开主机，进行预热。

② 打开电脑，点击 OMNIC 软件。

③ 仪器自检，然后根据需要装入即插即用型附件，仪器自动识别，并设置相应的参数。

④ 进行背景扣除。

⑤ 将样品装入样品架进行扫描。

⑥ 谱图的处理。

a. 点击 Process 菜单，选择 "Baseline Correction"，点击 "Automatic Correction" 进行自动基线校正。

b. 点击 Process 菜单，选择 "Smooth"，点击 "Automatic Smooth" 进行自动平滑处理。

⑦ 点击打印，命令打印机打印。

⑧ 解析图谱。

3. 注意事项

① 工作电压要保持 220 V。

② 开机时室内的湿度小于 65%。

③ 样品尽量纯化处理。